海洋工學의 基礎知識

吉田宏一郎 監修
元綱数道 · 熊倉靖 共著
兪 洪 善 外 共譯

東 明 社

감수자 서문

바다와 인간의 관계는 대단히 밀접하며 또한 다양하다. 바다는 지구상의 기후와 물, 연안역, 동식물 등을 지배하고 있는 대자연으로서 인간 생존의 근원과 직접 연결되어 있을 뿐만 아니라 다른 한편으로는 인간의 채워질 줄 모르는 탐구심의 대상이기도 하다. 또한 바다는 인간의 생활에 직접적으로 유용하게 사용되는 많은 자원과 에너지 그리고 광대한 공간을 가지고 있으며, 인간의 마음을 부드럽게 해주는 독특한 친근성도 구비하고 있다.

최근에는 세계적인 인구증가와 함께 육상의 자원, 공간, 에너지의 유한성을 인식하게 되면서 종래의 해상수송, 수산, 연안역 이용에 추가하여 해저·해중자원, 증·양식어업의 개발, 해양공간, 에너지의 이용에 관한 실적들이 착실히 증가하고 있으며 21세기에 들면 이 경향은 더욱 가속될 것으로 생각한다.

다른 한편으로는 인구증가와 인간활동이 전반적으로 확대되고 있기 때문에 바다에 있어서 자연환경의 파괴가 심각해지고 있으며 이대로 진행된다면 그리 멀지 않은 장래에 그 영향이 현저하게 나타날 가능성이 있다는 견해가 유력하다. 즉 앞으로 우리의 생활이 바다에 대한 의존이 높아지면 높아질수록 이와 함께 해양환경을 보존 혹은 개선해 나가는 일이 더욱 필요해질 수밖에 없다.

이 책은 오랜 세월 동안 바다에서 이용되는 각종 선박 및 기기의 개발과 설계에 종사해온 두 사람의 전문가가 그 귀중한 경험과 광범위한 지식을 바탕으로 도쿄대학(東京大學) 공학부 선박해양공학과에서 강의해온 내용을 개론적으로 정리한 것이다. 바다의 이용·개발, 조사·계측을 위한 기기와 기술에 관하여 될 수 있는 대로 넓은 분야를 대상으로 거기에 사용되는 기술의 본질을 이해하기 쉽도록 기술하고 있다. 또한 다수의 도면을 사용하여 시각적으로 그리고 정량적으로 파악할 수 있도록 배려하고 있다.

이 책은 앞으로 합리적인 해양의 이용과 개발에 있어서 필요할 것으로 예상되는 새로운 기술의 전개에 대해서 유용한 기초지식을 제공할 것으로 믿는 바이다.

1990년 4월

요시다 고이치로(吉田 宏一郎)

저자 서문

해양개발은 21세기에 걸쳐서 꽃이 필, 꿈이 있는 기술 그리고 산업으로서 큰 기대를 모으고 있다. 본격적인 해양개발은 해저석유개발로부터 시작되어 이제 불과 40년 정도의 역사밖에 안된다. 그 밖의 해양개발분야로 해양공간의 이용이 도시 재개발, 친수공간(waterfront)의 개발이란 측면에서 각광을 받고 있으나 그 외에 해양에너지 이용, 해저 광물자원의 개발 등은 아직 연구단계이기 때문에 실용화를 위해서는 해결해야할 문제가 많이 남아 있다.

일본은 국토가 좁고 자원도 빈약하지만 다행히 주변이 바다로 둘러싸여 있어서 200해리 경제수역이 451만 km^2에 달해 육지면적의 11.9배에 이른다. 그리고 경제수역을 포함한 전체 면적은 세계 6위가 된다. 이러한 점에서 해양이 가지고 있는 잠재자원(해양에너지, 광물자원, 해양공간 등)을 효과적으로 활용한다면 앞으로 국가의 발전에 커다란 기여가 될 것이며 또한 국내에서 개발된 기술을 잘 활용하면 넓게는 세계 경제발전에 공헌하는 일도 될 것이다. 이를 위해서는 우선 해양개발과 관련된 연구자, 기술자 및 산업체의 층을 현재보다 더욱 두텁게 하는 일이 필요하다.

해양개발에 이용되는 기술은 조선공학은 물론 해양토목·건축공학, 기계공학, 전자공학, 수중음향공학, 자원공학, 수산공학 등 대단히 광범위한 분야에 걸쳐있고 따라서 해양공학을 공부하고자 하는 사람이 해양공학 전반의 기초지식을 알고자 해도 한 권의 책으로 정리된 개괄서를 찾기가 대단히 어려운 실정이다.

이 책은 저자들이 도쿄대학 선박해양공학과에서 강의했던 교재를 정리하고 일부 수정한 뒤 재편집한 것이다. 이 책의 목적은 이제부터 해양공학에 관해서 공부를 하려고 하는 학생이나 기술자 또는 해양개발에 흥미를 갖고 있는 일반인에게 해양개발에 이용되고 있는 기술이나 시스템 전반에 대해서 그 기초적인 사항을 알기 쉽게 설명하려는 것이다. 따라서 될 수 있는 대로 알기 쉽게 설명하기 위하여 제 2장과 10장 및 부록을 제외하고는 수식을 가능한 한 사용하지 않도록 하였다. 또한 지면의 제약 때문에 각 항목의 설명에 있어서 꼭 필요한 만큼의 최소한으로 한정할 수밖에 없었으므로 각 분야의 전문가들에게는 만족스럽지 못하리라 생각되지만, 미약하나마 해양공학 전반에 관한 입문서로서의 역할을 할 수 있다면 다행이라 생각한다. 이 책의 뒤에는 이 책을 작성하는 데 참조한 문헌을 열거해 놓았으므로 더 공부하고자 하는 사람은 참고하기 바란다.

이 책의 구성은 다음과 같이 되어 있다.

제 1 장은 해양개발의 의의, 해양기술의 개요, 해양개발을 추진하는 정부기관 등 해양개발에 관한 전반적인 설명을 하고 있다. 제 2 장은 공통적인 기초기술의 설명으로서 해양구조물의 설계조건, 운동, 위치유지, 위치탐지, 수중통신, 재료강도, 강재, 부식방지 등에 대하여 설명하고 있으나 약간 전문적인 내용도 있으므로 일반적인 교양지식을 얻기 위해서라면 이 부분은 생략해도 무방하다. 제 3 장에서 10 장까지는 각 분야별 설명으로서 해양조사, 잠수작업, 해저석유개발, 해저 광물자원 개발, 해양공간 이용, 빙해역의 해저석유개발에 대해서 다루고 있다. 부록으로 단위계의 비교와 그외에 반잠수식 해양구조물을 예로 들면서 상하동요, 계류, 피로강도에 대해서 간단한 계산방법을 기술하였다.

이 책을 정리하는 데 있어서 도쿄대학교 선박해양공학과의 요시다 교수로부터 여러 가지 유익한 조언을 얻었는데 이에 대하여 깊은 감사를 드리는 바이다. 또한 해양과학기술센터를 위시한 많은 분들에게 귀중한 자료를 제공하거나 참고도표의 발표를 허가해 주신 데 대하여 이 자리를 빌어 깊이 감사를 드리는 바이다.

1990 년 4 월

모도츠나 카즈미치(元綱 數道)

구마쿠라 야스시(熊倉 靖)

개정판 발행에 즈음하여

초판 발행 이래 4년이 지났다. 이 짧은 사이에 세계의 정치와 경제도 크게 변화하였다. 일본도 버블경제의 붕괴와 함께 전 산업이 불황으로 많은 어려움을 겪고 있다.

그런 가운데 해양개발도 일시적으로는 하강국면을 면치 못하고 있으나 그래도 다음의 비약을 대비한 신기술에 대한 연구개발은 착실하게 진행되고 있다. 개정판을 출판하면서 이와 같은 기술진보를 중시하여 다음과 같은 점을 수정하였다.

(1) 초판 발행 당시 시행이 계획단계에 있었으나 현 시점에는 이미 실현된 것은 실상에 맞추어 수정하였다.

(2) 당시와 비교하여 특기할 정도로 우수한 기기가 출현한 것은 그것으로 대체하였다.

(3) 당시 조업을 계획하고 있었으나 그후 중지한 것은 삭제하였다.

(4) 문헌에서 인용한 도표의 경우를 제외하고는 단위를 모두 국제표준단위계(SI)로 수정하였다.

1994년 6월

모도츠나 카즈미치(元綱 數道)

구마쿠라 야스시(熊倉 靖)

역자 서문

대망의 21세기가 눈앞에 바짝 다가왔다. 무릇 모든 새로운 출발이 다 그러하듯이 우리들은 희망과 불안을 가지고 새로운 세기를 마주하고 있다. 바다를 대상으로 하여 공부하고 또 생업으로 삼고 활동하고 있는 우리 해양인들은 21세기를 신해양시대로 규정하며 희망을 가지고 바라본다. 그러면서 '바다를 지배하는 자가 세계를 지배한다'는 역사의 교훈을 되풀이 강조하고 있다. 아마도 바다의 중요성이 갈수록 강조될 것이라는 사실을 부정하는 사람은 없으리라. 다만 바다의 세기에 해양산업의 열매를 풍요롭게 거두기 위해서는 준비와 노력이 필요하다는 것을 명심해야 할 것이다.

그런 의미에서 우리 정부가 해양수산부를 신설하고 해양산업 전반을 통괄케 하며 기획과 추진력을 강화하려는 의지를 분명히 한 것은 고무적인 일이 아닐 수 없다. 바다의 세기, 21세기를 위하여 준비하는 일 중에 중요한 항목 중의 하나는 일꾼을 양성하는 일 일진대 우리 나라 대학들에 해양학과 또는 해양공학과 등이 개설되어 일찍이 미래를 바라보고 꾸준히 바다에 관한 연구인력과 산업인력을 양성해 오고 있는 것은 참으로 다행한 일이다.

저자들은 이 책을 쓰면서 해양개발기술에 관한 지식을 폭 넓게 그리고 쉽게 소개하여 해양산업에 대해 관심을 갖는 사람이 많아지기를, 그리고 해양산업에 종사하는 사람과 공부하는 사람들에게 교재나 참고서로 쓰여지기를 바란다는 얘기를 하고 있다. 번역하는 우리의 바람도 같다.

이 책을 번역하게 된 계기는 유홍선 교수가 대학원생들의 강의와 학부 4학년들의 논문지도 과정에서 학생들의 외국어 독해실력 향상을 위해 영어 혹은 일본어 책을 내용이해에 부담이 안되는 것으로 선택해 한 학기 중 한 학생이 한 장(章)씩 번역토록 하는 과제물을 부과하는 데에서 시작되었다. 1996년도 1학기 수강자들에게 본 교재를 과제물로 선택해 주면서 저자들의 저술 목표와 똑같은 이유로 번역서를 발간할 필요를 느끼게 되었으며 그리하여 본 학부 해양공학 전공 교수들이 합의하여 번역작업을 빠른 시일 안에 완료하기로 하였다.

유교수는 학생들의 과제물을 전체적으로 원문 대조하여 초벌 번역원고를 만들고 각 교수들이 전공별로 각 장을 맡아서 완역원고를 만들었다. 서문과 제1장과 목차, 참고문헌, 찾아보기는 유홍선, 제2장과 10장, 부록은 최경식, 제3장과 8장은 노 일, 제4장은 강신영, 제5장은 박한일, 제6장과 9장은 강효진, 제7장은 김재수 등 제 교수가 맡았다. 이렇게 하여 마련된 원고를 재편집하고 용어와 외래어표기 등을 통일하며 문장을 다듬는 작업을 최교수가 맡아 하였으며 다시 각 교수들의 분담통독과 전체통독 등을 수 차례 거쳐 최종원고가 완성되었다.

번역출판을 허락해주신 일본 成山堂서점과 저자들에게 감사를 드리고 번역판을 출판해 주신 동명사에 감사를 드린다. 그리고 초벌번역에 참여한 학생들에게도 감사를 드린다. 끝으로 유교수가 1996년 8월초 2주간 동안 러시아의 R/V Prof. Khromov호에 승선하여 동해극전선 이북의 냉수역의 시원한 기후를 만끽하며 초벌 번역원고를 정리하는 작업을 완료하였던 일을 상기하면서 WESTPAC의 관측활동의 일환인 동아시아연해 순환 학술조사연구(CREAMS, Circulation Research of the East Asian Marginal Seas)의 1996년도 여름 관측항해에 초청해주신 서울대학교의 김 구 교수에게 감사를 드리며 동선의 승무원들과, 동승하여 관측에 수고 많았던 여러분들에게도 감사를 드린다.

1997년 7월

번역자 일동

차 례

제 3 장 해양조사

부 록

제 1 장 해양개발의 개요

1.1 해양개발이란 무엇인가?

1.1.1 해양개발의 의의

지구 표면의 약 70%는 바다로 덮여 있다. 옛날부터 인류는 이 광대한 바다를 교통, 화물의 수송과 수산자원 확보를 위한 터전으로 이용해 왔다. 그러나 최근 어려워진 천연자원과 에너지 사정 그리고 육상의 토지부족 등으로 인하여 앞으로 인류의 경제, 사회의 발전을 지속적으로 추구하기 위해서는 해양에 풍부하게 존재하는 광물자원, 에너지자원 및 해양공간의 이용이 불가피하게 되었다.

해양개발은 이와 같은 해양이 가지고 있는 잠재력을 종합적으로 이용하는 것으로서 일반적으로 '해양개발이란 인간의 안전과 환경을 지켜가면서 해양을 인류에 도움이 되도록 공학적으로 이용하는 것이다'라고 말할 수 있다. 해양개발이 가지는 주요한 의의는 다음과 같다(해양개발심의회 답신, 1973).

① 동물성 단백질 식량의 장기 안정적 확보

② 광물자원의 장기 안정적 확보

③ 해수 및 해양에너지 자원의 개발

④ 해양공간의 다각적인 개발

⑤ 과학기술의 진전

⑥ 신규산업으로서 앞으로의 경제발전을 선도하는 효과

해양개발이 본격화된 것은 이제 30～40년밖에 되지 않는다. 이것은 선박의 역사에 비하면 아주 짧아서 아직도 미지의 분야가 많은, 이제부터 21세기에 걸쳐서 발전할, 꿈이 있는 미래산업이라고 말할 수 있다.

1.1.2 해양과 지구오염

공업의 발전과 더불어 지구 규모의 오염이 급속히 진행되어 심각한 문제를 던지고 있다. 대기오염은 이미 프레온 가스에 의한 오존층의 파괴, 탄산가스의 증가에 의한 지구온난화 그리고 산성비에 의한 삼림의 파괴 등 많은 피해를 초래하고 있으며 해양에서도 공업폐수, 생활하수, 유조선 사고시 기름유출 등에 의해서 오염의 정도가 심해지고 있다.

해양은 지금까지 인류 공통의 쓰레기 처리장으로 생각되어 왔으나, 인류가 배출하는 쓰레기나 오염물의 양이 자정능력을 넘고 가정용 세제 등 처리되기 어려운 물질이 다량으로 유입되면서 해양오염이 악화되어 가고 있다. 그 결과로서 공업폐수에 의한 중금속 중독, 연근해에서의 적조(赤潮) 발생, 유조선 좌초에 의한 대량의 기름유출 등으로 많은 사람과 동식물이 직접적인 큰 피해를 입게 되었다. 더욱이 해양오염이 진행되어 바다 속의 플랑크톤으로부터 어패류까지 생태계가 파괴되면서 인간의 식생활도 큰 영향을 받게 되었다. 바다는 지구 표면의 70%를 점하고 있어서 대기순환에 미치는 영향도 대단히 크다. 대기와 접한 해수면이 오염되지 않은 채 정상적으로 기능을 발휘하고 있으면 해양은 기온이나 대기중 탄산가스 농도에 대한 조절을 오묘하게 수행하게 되지만 일단 이 기능이 손상되면 가까운 장래에 이상기후나 지구온난화 현상이 두드러지게 나타날 위험이 있다.

1.1.3 해양개발과 오염방지

자연환경은 한 번 파괴되면 다시 살리는 데 긴 세월이 필요하고 종류에 따라서는 재생되지 않는 물질도 있다. 앞에서 말한 바와 같이 해양은 지구환경의 미묘한 균형을 유지하는 역할을 담당하고 있지만 해양은 쉽게 오염되어 그 기능을 잃어버린다. 그리고 그 회복에는 오랜 세월이 필요하다.

해양개발은 그 추진에 따라 해양오염과 환경파괴를 일으킬 원인을 내포하고 있다. 이를 방지하는 데는 다음과 같은 대책이 필요하다.

① 공업폐수중의 유해물질이나 생활하수내 영양염류의 처리와 해양으로의 유출방지

② 선박으로부터 배출되는 기름이 섞인 폐수(bilge)나 밸러스트(ballast)의 배출금지와 유조선 사고시 기름유출 방지

③ 해저석유개발 및 생산설비의 사고 방지

④ 해양오염 모니터링 시스템의 정비

⑤ 해수면에 떠 있는 기름이나 쓰레기의 회수 및 확산 방지

앞에서 말한 해양개발의 의의를 이해하고 그 목적을 추구하기 위해서는 우선 해양오염을 방지하고 환경을 보전하는 일을 우선적으로 추구하는 개발사업을 수행할 필요가 있다.

1.1.4 해양개발의 분야

해양개발의 분야는 극히 광범위하지만 이것을 크게 구분하면 다음과 같다.

(1) 해양조사(제 3 장, 4 장 참조)

해양개발을 추진하는 데에는 먼저 바다를 잘 알아야 한다. 해양조사는 인공위성, 조사선, 잠수조사선, 부이(buoy) 등을 사용해서 해상의 기상, 파도, 해류, 수심, 수온, 염분, 해양생물, 해저지형과 지질, 수중음향, 오염도 등 해양개발이나 해양오염 방지에 필요한 여러 가지 정보를 획득하고 이것을 유효하게 활용하기 위하여 수행된다.

(2) 해저석유개발(제 5 장, 10 장 참조)

해저면 아래의 땅 속에 매장되어 있는 석유, 천연가스를 채굴해서 이용하는 것이 해저석유개발이다. 해양개발로서는 가장 오래 전부터 산업화된 분야로서 그 기술도 단기간에 고도로 발전되었지만 앞으로 개발되는 지역은 심해역(수심 1,000 m 이상)이나 극지(極地)와 같이 환경조건이 열악한 곳이 많아서 고도의 기술개발이 필요하다.

(3) 해수 및 해저 광물자원 개발(제 6 장 참조)

해수중의 우라늄이나 심해저(수심 2,000~5,000 m)에 있는 광물자원(망간단괴(manganese nodule), 코발트각(cobalt crust) 등)을 개발하는 것인데 현재는 조사나 연구단계에 와있기 때문에 장래가 기대되는 분야이다.

(4) 해양 에너지자원 개발(제 7 장 참조)

해양의 에너지자원 즉 파도가 가진 운동에너지, 조석간만차에 의한 위치에너지, 해수의 열에너지 등을 효과적으로 뽑아 내어 이것을 전기에너지로 변환하여 이용하는 것이다. 현재 각 방면에서 연구하고 있으나 현 수준으로는 경제성이 떨어져 아직 거의 실용화되지 못하고 있다. 그러나 해양에너지는 공해 문제가 생기지 않는 청정에너지이므로 지구환경을 보존한다는 관점에서 각광을 받을 가

능성이 충분하다.

(5) 해양 생물자원 개발(제 8 장 참조)

육상의 목장에서 소나 말을 사육하는 것과 같이 해양의 목장에서 어패류 등을 인공적으로 대량 양식하는 어업이다. 200해리 경제수역 시대를 맞아 원양어업이 점점 어려워지고 있기 때문에 현재 일본에서는 연구개발이 활발히 진행되고 있고 벌써 일부는 실용화 실험도 실시하고 있다.

(6) 해양공간 이용(제 9 장 참조)

해양의 광대한 공간을 이용하여 해상플랜트, 교통시설, 물류기지, 레저(leisure)시설, 도시기능 등을 새롭게 만들어 내는 것을 말한다. 각종 공장시설을 바지(barge)에 탑재하여 개발도상국에 수출하는 해상플랜트 바지는 현재 상당수 건조된 바 있다. 연안역의 일부를 매립해서 인공섬을 만들어 여기에 교통, 물류, 레저시설이나 업무, 거주구역 등을 건설하는 이른바 친수공간(waterfront) 개발이 진행되고 있으며 현재 수행중인 프로젝트도 많다. 더욱이 최근에는 해양이라는 특수한 환경을 대상으로 하는 레크리에이션 활동도 해양공간 개발의 한 가지 목표가 되고 있다.

1.2 해양개발의 기술

1.2.1 해양개발에 이용되는 기술

앞서 1.1.4 절에서도 말한 바와 같이 해양개발은 아주 넓은 분야에 걸쳐 있으며 따라서 이용되는 기술도 거의 모든 분야가 필요하다. 더욱이 해양은 육상과 달리 극히 열악한 환경이므로 해양개발에 필요한 기기나 시스템을 개발할 경우 먼저 다음과 같은 여러 문제들을 극복하지 않으면 안된다.

① 해양에서는 바람, 파도, 조류, 해류에 의해 복잡하고 큰 외력이 작용한다.

② 심해에서는 높은 수압이 걸린다. 해양의 평균 수심은 약 4,000m, 최대 수심은 10,900m 이다.

③ 물속에서는 빛과 전자파의 이용이 어렵다.

④ 해양에서는 구조물의 조립, 설치작업이나 보수, 점검작업이 어렵다.

⑤ 해수에 의해 재료가 부식하기 쉽고 또 해양생물이 부착하기 쉽다.

해양개발에 필요한 기술로는 분야별로 특유의 전문기술과 각 분야에 공통적인 핵심기술, 전문기술과 공통 핵심기술의 기초가 되는 해양학이나 기초공학이 있다. 아래에서는 각 기술에 대한 개요를 설명하기로 한다.

(1) 분야별 전문기술

1.1.4 절에서 언급한 해양개발의 각 분야에는 고유한 전문기술이 있다. 해저석유개발을 예로 들어서 설명하자면 육상의 유전개발기술도 많이 활용될 수 있지만 해양에서는 육지와는 달리 심한 파도나 수압에 의한 외력을 견딜 수 있어야 하며 기름이 유출되어 바다를 오염시키는 일은 절대로 일어나서는 안된다. 이 때문에 다음과 같은 해양에 특유한 전문기술이 개발되어 있다.

· 해저면 아래의 지층구조를 수면상에서 탐지하는 시스템
· 파도에 의해 부체가 동요하여도 안전하게 가동되는 굴착장치
· 깊은 수심에서 안전하게 석유생산이 가능하게 하는 생산 시스템
· 해상에서 안전한 석유생산이 가능하게 하는 각종의 생산 시스템
· 해저 파이프라인의 부설
· 수중기기의 보수와 점검

(2) 공통 핵심기술(제 2 장, 4 장 참조)

해양개발의 각 분야에 공통적으로 이용되고 있는 기술을 말하는데 주된 항목은 다음과 같다.

· 전파통신 · 계측 기술 : 해상에서의 위치를 고정도(高精度)로 계측하거나 인공위성 등을 이용하는 통신기술
· 수중통신 · 계측 기술 : 초음파를 이용하여 수중에서의 위치를 계측하거나 통신을 하는 기술
· 위치유지 기술 : 파랑중에서 부유식 구조물의 위치를 허용범위 내에 유지하도록 하는 각종의 계류 시스템
· 수중작업 기술 : 수중에서의 작업이나 조사를 수행하는 유인 혹은 무인의 각종 기기류
· 제어 기술 : 기기류를 제어하는 유압, 공기, 전기 및 컴퓨터 시스템
· 해양기계 기술 : 해양에서 사용하는 각종 기기류를 설계, 제작하는 기술
· 재료평가 기술 : 해양기기나 구조물에 적합한 재료를 선택, 평가하는 기술
· 방식 기술 : 재료의 부식을 방지하는 도장(塗裝) 기술이나 전기방식(電氣防蝕) 기술
· 해양건설 기술 : 해양의 외력에 견디는 구조물을 설계 · 건조하고 이것을 해

중·해상에 설치하는 기술
- 해상수송 기술 : 대형 구조물, 해상플랜트를 안전하게 정해진 장소에 수송하는 기술
- 안전 기술 : 해양기기 및 시스템의 신뢰성 평가, 화재 및 기타 재해를 방지하는 기술
- 시스템 기술 : 해저석유개발이나 해양도시의 건설과 같은 대규모의 해양개발을 진행할 경우에 필요한 시스템의 해석·평가 기술. 즉 설계개념의 검토, 경제성, 기술면의 관점에서 프로젝트가 성립되는가의 여부를 사전에 검토하여(feasibility study), 사회, 경제, 지역, 자연환경 등에 미치는 영향을 사전에 평가하는 기술

(3) 기초공학

기초공학은 앞에 설명한 전문기술과 공통 핵심기술의 기초가 되는 과학이나 공학분야로서 예를 들면 다음과 같은 것들이다.

· 유체역학	· 토질역학	· 신뢰성공학
· 부유체 운동역학	· 정보처리공학	· 안전공학
· 구조역학	· 계측제어공학	· 해양물리화학
· 진동공학	· 통신공학	· 해상기상학
· 재료강도학	· 전기공학	· 해양생물학
· 기계공학	· 시스템공학	· 생물공학

1.2.2 해양개발을 추진하는 프로젝트 방식

해양개발을 추진하는 데는 막대한 자금과 인력, 시간, 기술이 필요하므로 소기의 목적을 달성하기 위해서 프로젝트를 조직하여 개발을 추진하는 경우가 있다. 그림 1.2.1 은 그 한 예로서 해저의 망간단괴를 채광하기 위해 설립된 기술연구조합인 '해저 광물자원 개발 시스템 연구소'의 조직표인데 금속광업사업단과 20개의 민간기업이 참여하고 있으며 민·관 합동으로 연구개발을 추진하고 있다.

1.3 해양기기 및 시스템의 종류

1.1.4 절에서 설명한 바와 같이 해양개발은 광범위한 분야에 걸쳐 있기 때문에 거기에 이용되는 기기와 시스템에도 많은 종류가 있다. 이들 기기와 시스템

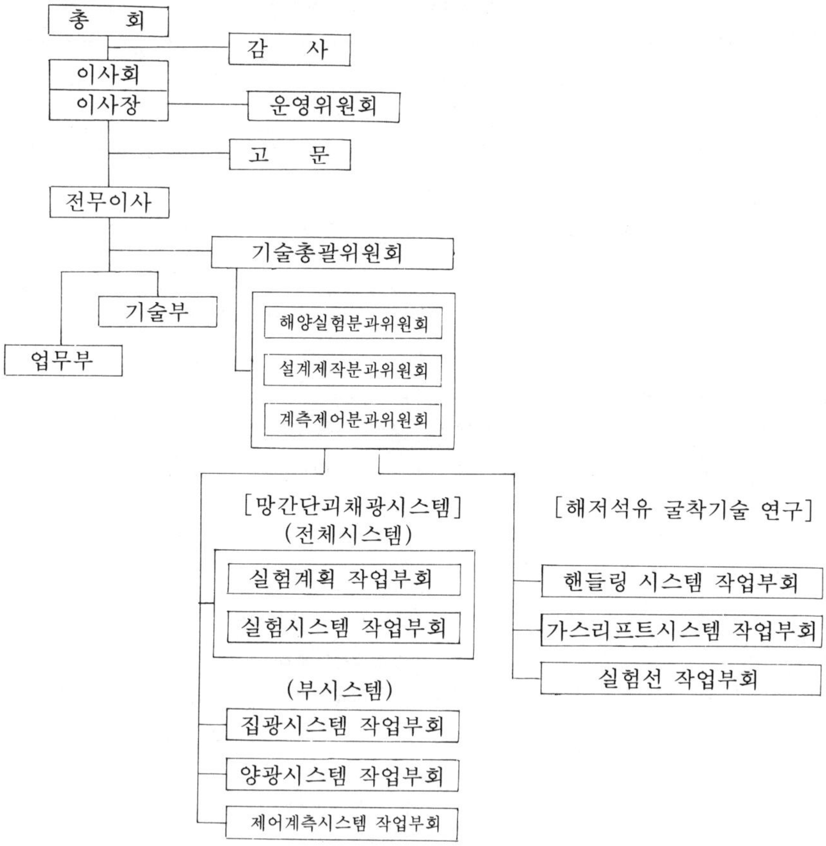

그림 1.2.1 해저 광물자원 개발 시스템 연구소 조직표

중에서 주요한 것을 분류하면 표 1.3.1 과 같다.

1.4 해양개발의 추진기구

1.4.1 각국의 개요

해양개발에는 많은 자금과 시간이 소요되기 때문에 국가의 주도나 지원에 의존해야 할 부분이 많다. 여기서는 해양개발을 추진하고 있는 주요 국가의 해양개발 관련 행정기관 및 연구기관의 개요를 기술한다.

(1) 일 본

일본에 있어서 해양개발은 각 성청(省廳)이 해당 분야에서 폭넓게 수행하고

표 1.3.1 해양기기 및 시스템의 종류

<table>
<tr><th colspan="3">용 도</th><th>기기 및 시스템의 예</th></tr>
<tr><td rowspan="2">1. 해양조사</td><td colspan="2">공중조사</td><td>· 인공위성 · 항공기</td></tr>
<tr><td colspan="2">해상 · 해중조사</td><td>· 조사선 · 잠수조사선(유인, 무인)
· 관측부이(유인, 무인)</td></tr>
<tr><td rowspan="6">2. 해양자원 이용</td><td rowspan="3">해저석유자원</td><td>해저석유 굴착장치</td><td>· 갑판승강식 구조물 · 선박형 구조물
· 반잠수식 구조물 · 각종 빙해용 구조물</td></tr>
<tr><td>해저석유 생산설비</td><td>· 각종 생산용 구조물 모듈(module)
· 자켓(jacket) 구조물
· 중력식(gravity type) 구조물
· 가이드타워식 구조물(guyed tower)
· 인장각식 구조물(tension leg platform)
· 부유식 시스템
· 해저석유 생산 시스템</td></tr>
<tr><td>지원시설</td><td>· 데크 바지(deck barge)
· 크레인 바지(crane barge)
· 보급선(supply boat)
· 승강식 작업대(self-elevating platform)
· 진수용 바지(launching barge)
· 잠수작업 기기
· 파이프라인 부설선(pipe laying vessel)</td></tr>
<tr><td colspan="2">해양광물자원</td><td>· 열수광상 채광 시스템
· 코발트각 채광 시스템
· 망간단괴 채광 시스템</td></tr>
<tr><td colspan="2">해수자원</td><td>· 해수담수화 플랜트
· 우라늄 회수 플랜트</td></tr>
<tr><td colspan="2">해양생물자원</td><td>· 증·양식시설 · 해양목장
· 해조류 대량 재배 시스템</td></tr>
<tr><td rowspan="3">3. 해양에너지 이용</td><td colspan="2">운동·위치에너지</td><td>· 해류 및 조력발전
· 파력발전 · 풍력발전</td></tr>
<tr><td colspan="2">열에너지</td><td>· 온도차 발전</td></tr>
<tr><td colspan="2">생물에너지</td><td>· 해조(海藻)에너지 이용</td></tr>
<tr><td rowspan="3">4. 해양공간 이용</td><td colspan="2">산업용 설비</td><td>· 해상플랜트 바지 · 해상 석유비축기지</td></tr>
<tr><td colspan="2">교통 설비</td><td>· 해상공항</td></tr>
<tr><td colspan="2">도시 기능</td><td>· 해상호텔 · 해상도시 · 매립식 인공섬</td></tr>
<tr><td rowspan="2">5. 항만 정비</td><td colspan="2">항만 정비</td><td>· 각종 작업선 · 소파(消波)장치</td></tr>
<tr><td colspan="2">교통 관련</td><td>· 침매(沈埋) 터널</td></tr>
<tr><td>6. 환경 정비</td><td colspan="2">환경 정비</td><td>· 유회수선 · 오일펜스 부설선</td></tr>
</table>

있으나 해양개발을 전문으로 하는 정부기관은 없다. 일본의 해양개발은 모든 분야에 걸쳐 진행되고 있지만 특히 해양조사(심해를 포함), 해양공간 이용, 해저자원 개발, 재배어업 등에 중점을 두고 있다. 해양에 관련된 연구소는 행정기관 및 대학 소속의 연구기관이 다수 있는데 아래에 그 대표적인 예를 소개한다.

① 도쿄(東京)대학 해양연구소

해양물리·화학, 해양지질, 해양생물 등 해양에 관한 기초연구를 수행하고 있는 연구소이다.

② 해양과학기술센터(JAMSTEC)

과학기술청 소속의 연구소로서 해양과학기술에 관한 종합적인 연구를 수행하고 있는데 특히 수중기술 분야로는 일본에서 유일한 연구소이다.

③ 항만기술연구소

운수성 소속의 연구소로서 연안의 해상자료의 수집과 처리, 항만구조물의 설계기준 작성, 해역제어기술의 개발 등 해양·항만에 관한 종합적인 연구를 수행하고 있다.

④ 선박기술연구소

운수성 소속의 연구소로서 선박·해양구조물에 대한 유체력과 구조에 관한 연구를 수행하고 있다. 또한 해양자원 개발을 담당하는 정부기관으로는 통산성 소관의 석유공단, 금속광업사업단 등이 있다.

(2) 미 국

미국은 매년 팽창하는 많은 예산을 투입하여 해양개발에 관한 연구개발을 진행하고 있다. 해양개발은 다수의 정부기관이 관여하고 있는데 특히 상무부 해양대기국(NOAA), 에너지부(DOE), 내무부(DOI), 국립과학재단(NSF), 국방부(DOD)가 주된 정부기관이다. 그 중에서도 해양대기국(NOAA)은 해양, 대기에 관한 조사 및 연구, 기상위성의 운영, 어업자원 및 해저자원 관리를 전문으로 담당하는 기관으로서 산하에 다수의 연구소, 조사선을 보유하고 있다. 정부기관 연구개발의 중점은 해양의 기초조사 및 조사기술, 해저 광물자원 개발 등에 두고 있고 해저석유와 같이 민간기업이 이미 개발하고 있는 것에 대해서는 정부예산을 많이 투자하고 있지 않다. 해양과 관련된 연구소가 다수 있는데 그 중에서 다음의 두 곳은 해양의 기초과학에 관한 종합적 연구소로서 세계적으로 유명하다.

① 우즈홀 해양연구소(Woods Hole Oceanographic Institution, WHOI)

1930년에 설립된 공익법인의 연구소로서 해양물리, 화학, 지질, 생물 등 해양과학 전반 및 해양조사 기술의 개발 등 광범위한 분야를 담당하고 있다. 또한 심해잠수정 ALVIN(제 4 장 참조) 등을 이용한 심해조사, 연구로 유명하다.

② 스크립스 해양연구소(Scripps Institution of Oceanography, SIO)

캘리포니아대학 부속연구소로 1903 년에 설립된 세계에서 가장 오래된 해양연구소이다. 연구범위는 해양물리, 화학, 지질, 생물 등 해양과학 전반 및 해양 인공위성 연구에 걸쳐 광범위하다.

(3) 프랑스

해양개발에 관련된 프랑스의 정부기관은 도시 · 주거 · 운수부, 연구기술부, 산업재편 통산부 등이다. 프랑스의 해양개발은 해양조사, 해저석유, 해저 광물자원, 해양에너지, 생물자원 개발 등 거의 모든 분야에 걸쳐서 정부 주도로 진행되고 있는데 특히 첨단기술 개발에 주력하고 있다. 해양과 관련된 연구기관은 산업재편 통산부 소속의 해양이용연구소(IFREMER)가 중심이다.

IFREMER는 국립해양이용센터(CNEXO)와 해양생물 과학기술연구소(ISTPM)가 합병하여 1984 년에 발족한 연구소로서 산하에 다수의 연구소와 관련 회사를 소유하고 있다. 이 때문에 연구범위도 해양의 기초연구로부터 응용연구에 이르기까지 광범위하다. 해양조사선 및 어업조사선도 다수 보유하고 있으며 심해잠수선 CYANA, NAUTILE(제 4 장 참조)을 보유하고 있어서 심해조사, 수중기술의 연구, 개발에도 힘을 기울이고 있다. 또 해저 광물자원의 채광기술 연구도 IFREMER가 담당하고 있다.

석유개발도 정부 주도로 진행되는데 정부계획의 입안은 해저석유 조사위원회(CEPM, 산업재편 · 통산부 소속)가 담당하고, 개발은 반관영인 엘파키텐느와 프랑스석유가 담당하고 있다.

(4) 영　국

해양개발을 추진하고 있는 영국의 정부기관은 교육과학부, 무역산업부, 에너지부, 농림 · 수산 · 식량부 등이다. 영국의 해양개발은 주로 북해유전 개발에 중점을 두고 있는데 관련된 정부기관은 에너지부(DOE)로서 개발은 민간회사가 담당하고 있다.

해양에 관련된 주요 연구기관으로는 교육과학부 소속의 해양과학연구소(Institute of Oceanographic Sciences, IOS)와 무역산업부 소속의 국영회사인 영국해사기술(British Maritime Technology, BMT)이 있다. IOS는 해양과학 전반에 대한 연구를 수행하고 있는데 여기서 개발된 해저지형탐사기 Gloria는 우수한 성능으로 잘 알려져 있다. BMT는 선박·해양구조물의 유체력에 관한 연구소로 유명하다.

(5) 노르웨이

노르웨이의 해양개발을 추진하고 있는 정부기관은 산업부, 석유에너지부, 수산부, 교양과학부 등이며 각 부는 산하에 연구평의회를 가지고 있어 연구개발의 계획과 관리를 담당하고 있다. 노르웨이의 해양개발은 영국과 마찬가지로 북해 유전의 개발에 중점이 주어져 있다. 개발을 담당하고 있는 정부기관은 석유에너지부로서 실제의 개발은 국영회사(Statoil, Norske Hydro, Saga Petroleum)나 민간기업이 수행하고 있다.

해양개발에 관한 연구는 산업부과 석유에너지부 산하의 과학산업 연구평의회(NTNF)가 중심이 되어 있다. NTNF는 독자적인 연구부를 가지고 있지만 협력관계에 있는 연구소도 다수 있다. 그 중에서 전술한 세 개의 석유회사가 소유하고 있는 NUTEC(Norwegian Underwater Technology Center)는 미래의 북해 유전 개발에 필요한 심해 수중기술 개발회사로서 유명하다.

1.4.2 국제조직

각국 정부의 협의기관인 국제연합(UN) 안에는 해양에 관한 국제조직이 몇 개 있는데 그중 중요한 것은 다음의 조직들이다.

(1) 정부간해양학위원회(Intergovernmental Oceanographic Commission, IOC)

IOC는 교육과학문화기구(UNESCO) 산하에 있는 위원회로서 해양의 기초과학, 해양조사에 관해 국제적인 활동을 수행하고 있다. 하부조직으로 국제해양자료교환(IODE), 세계해양정보시스템(IGOSS)(3.6.2절 참조), 해양환경오염조사(GIPME) 등의 작업위원회가 설치되어 있다. 또한 서태평양해역조사(WESTPAC, 다음 절 참조)를 비롯하여 국제적인 공동조사사업을 다수 실시하고 있다.

IOC의 자문기관으로 국제해양과학연구위원회(SCOR)와 국제해양자원공학위원회(ECOR)의 2개 학술단체가 있다.

(2) 그 밖의 조직

세계기상기구(WMO), 정부간해사기구(IMO), 국제법위원회, 해저평화이용위원회 등이 있다.

1.4.3 국제협력

(1) 국가간 협력조직

일본과 해양개발을 추진하고 있는 국가 사이에는 정보교환이나 공동조사 실시를 목적으로 협정이 맺어져 있다.

① 천연자원의 개발, 이용에 관한 미국-일본 회의(UJNR)

현재 17개의 전문분과위원회가 있는데 그중 7개가 해양관련 분과이다. UJNR는 해양에 관한 정보의 교환, 공동연구 주제의 입안과 시행을 담당하고 있다.

② 프랑스-일본 과학기술혼합위원회

상기 위원회 중에 해양개발 전문분과가 있어서 정보교환, 공동연구 주제를 검토하고 있다. 다음 절에 언급할 KAIKO(海溝)계획은 그 성과의 하나이다.

③ 일본-독일 과학기술협력협정

상기 협정에 기초하여 해양과학기술회의가 열려 해양에 관한 정보교환을 시행하고 있다.

④ 기타

중국, 캐나다, 호주와도 해양과학기술 분야의 협력관계가 있어서 정보교환을 수행하고 있다.

(2) 국제협력에 의한 해양조사

해양의 기초조사에는 많은 일과 경비가 소요되기 때문에 국제협력에 의해 조사가 수행되고 있다. 몇 가지 예를 들면 다음과 같다.

① 세계해양순환계획(World Ocean Circulation Experiments, WOCE)

세계기상기구(WMO), 국제학술연합(ICSU), 정부간해양학위원회(IOC)가 중심이 되어 한국, 일본, 미국, 영국, 독일 등 44개국이 참가해, 1990년부터 약 5년간 예정으로 기상변동의 키를 잡고 있는 해양의 대기순환 메커니즘을 해명하고 수온, 염분, 해수중 물질을 측정하여 해양의 대순환 메커니즘을 컴퓨터로 시뮬레이션할 수 있는 수치모델을 개발하고 있다.

② 서태평양해역조사(Working Group for the Western Pacific, WESTPAC)

정부간해양학위원회(IOC)가 중심이 되어 진행되고 있는 공동조사로서 한국, 일본을 포함 15개국이 참가하고 있다. WESTPAC는 서태평양의 해양, 지질, 생물 등을 조사하여 해양기상, 해양생물, 해양자원의 변동을 예측하고, 해저지질의 변화과정을 해명하는 작업을 수행하고 있다.

③ 국제심해저굴착계획(Ocean Drilling Program, ODP)

미국의 국립과학재단(NSF)이 중심이 되어 일본을 포함한 세계 6개국이 공동으로 실시하고 있는 심해저 지질조사 프로젝트이다. 심해저 지질조사선 JOIDES RESOLUTION호를 사용해서 1985년부터 10년간 예정으로 대서양, 동태평양, 인도양, 북극해, 남극해를 조사하고 있다.

④ 프랑스-일본 협력 일본해구 공동조사(KAIKO 계획)

프랑스의 IFREMER 소속 잠수조사선 NAUTILE을 사용해서 공동으로 일본해구를 조사하는 프로젝트로서 1985년부터 2년간 실시되었다.

⑤ 세계해양관측 시스템(Global Ocean Observing System, GOOS)

해양의 여러 현상을 지구 규모로 관측, 연구하는 일을 통해 해양의 실태와 기상변동에 대한 해양의 영향을 파악하고자 하는 대규모의 국제 연구프로그램으로서 정부간해양학위원회(IOC)에 의해서 계획되었는데 1992년 브라질에서 개최된 국제연합 환경개발회의(UNCED)에서 각국의 환경과 개발에 대한 행동지침인 AGENDA 21에 삽입되었다. 여기에는 새로운 인공위성, 음향 토모그래피(tomography, 3.5.5절 참조)의 도입 등 고도의 기술이 이용된다.

1.5 해양개발과 해양법

해양개발이 진행됨에 따라 개발의 관리, 해양환경 보존을 목적으로 하는 새로운 국제질서를 확립할 필요가 생겼다. 이 때문에 국제연합에 새로운 해양법(Law of the Sea)의 제정 작업이 진행되어 왔는데 법안은 1982년 12월 10일에 채택되었다. 1993년 11월에는 세계 60개국이 이것을 비준하였고 1년후 1994년 11월에는 조약이 정식으로 발효가 되었다. 아래에서 말하는 바와 같이 영해나 배타적 경제수역 등 주요 개념은 세계의 공통적 인식으로서 실질적으로 새로운 국제질서로 정착되었다. 이 조약중 해양개발에 특히 관계가 있는 사항을 요약하면 다음과 같다.

① 영해(Territorial Sea)

12해리를 넘지 않는 범위. 영해내의 모든 자원은 연안국의 주권(sovereignty) 아래에 있다.

② 배타적 경제수역(Exclusive Economic Zone, EEZ)

200해리를 넘지 않는 범위. 연안국은 수역내의 천연자원(생물 및 비생물자원)

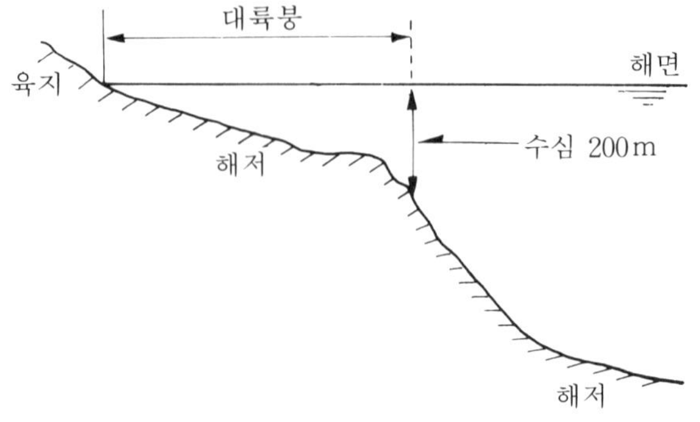

그림 1.5.1 지형학상의 대륙붕의 정의

을 개발하는 주권적 권리(sovereign right)를 인정받는다.

③ 대륙붕(Continental Shelf)

일반적으로 해저는 육지로부터 완만한 경사를 가지고 바다 쪽으로 뻗어 있는데 어느 곳에 이르면 급사면이 되어 심해저에 이른다. 이 완만한 경사면을 지형학에서는 **대륙붕**이라 부르는데 수심은 일반적으로 200m 이내이다.

그러나 해양법에서는 대륙붕을 다음과 같이 정의한다. 우선 지형학적인 대륙붕을 자연 연장해서 다음과 같이 대륙연변부(大陸沿邊部)를 정의한다(그림 1.5.2).

이 대륙연변부가 200해리에 달하지 않는 경우에는 200해리까지를 대륙붕으로 한다. 대륙연변부가 200해리를 넘을 경우에는 최고 350해리, 또는 수심 2,500m 등심선부터 100해리 이내를 대륙붕으로 한다. 대륙연변부의 바깥경계선은 다음 중 하나로 결정한다.

ⓐ 대륙사면 하부로부터 외해쪽으로 60해리 되는 곳

ⓑ 퇴적층의 두께가 대륙사면 하부까지 최단거리의 1%가 되는 곳($Z \leq Y/100$)

200해리를 넘어 대륙붕의 한계를 설정하는 경우에는 자료를 국제연합사무국에 제출해 승인을 얻을 필요가 있다. 일본의 경우 대륙붕은 그림 1.5.3 에서 보는 바와 같다.

이와 같이 정의된 대륙붕에 있는 자원(해저면 및 지하의 광물자원, 그 밖의 비생물자원과 정착성 생물)에 대해서 연안국은 그것을 개발하는 주권적 권리가 인정된다.

이상 설명한 바와 같이 200해리, 350해리의 경계를 결정하는 데에는 정확한 해저지형 측량이 필요한데 일본에서는 해상보안청 수로국이 이것을 실시하고 있

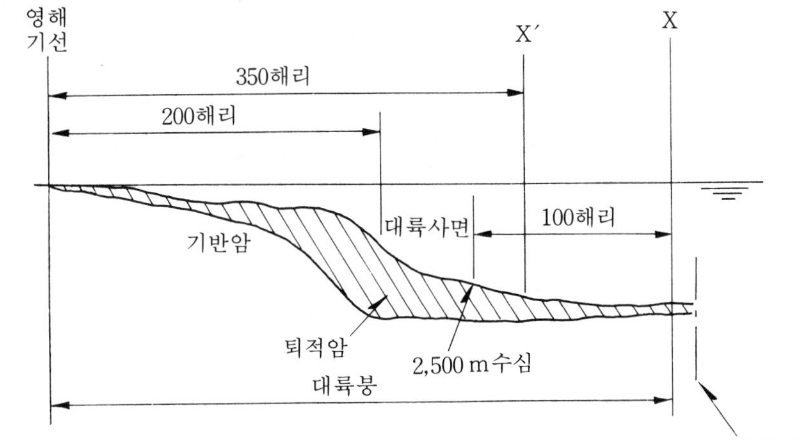

(1) 대륙붕의 정의

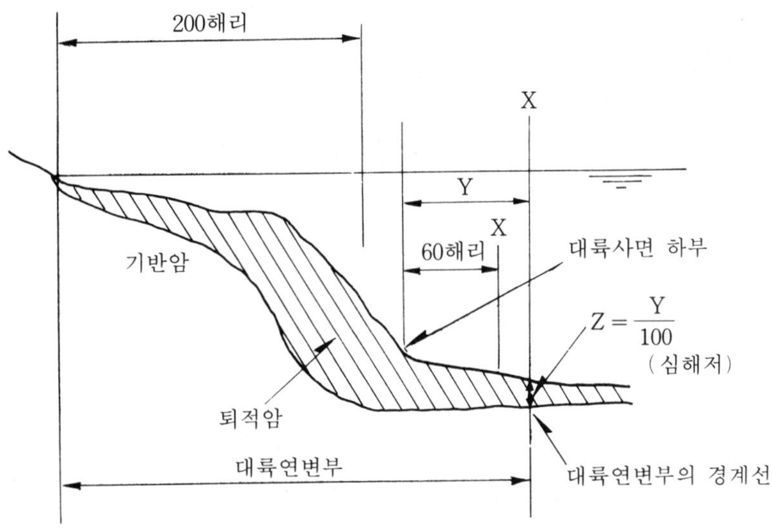

(2) 대륙연변부의 정의

그림 1.5.2 해양법에 의한 대륙붕의 정의

다.

④ 해양과학조사(Marine Scientific Research)

평화 목적을 위한 조사를 국가나 국제기관이 수행하는 것이 인정된다. 단 경제수역, 대륙붕의 조사에는 연안국의 동의가 필요하다.

⑤ 심해저 자원개발

심해저의 망간단괴(manganese nodule) 개발참여국으로 국제해저기구(Inter-

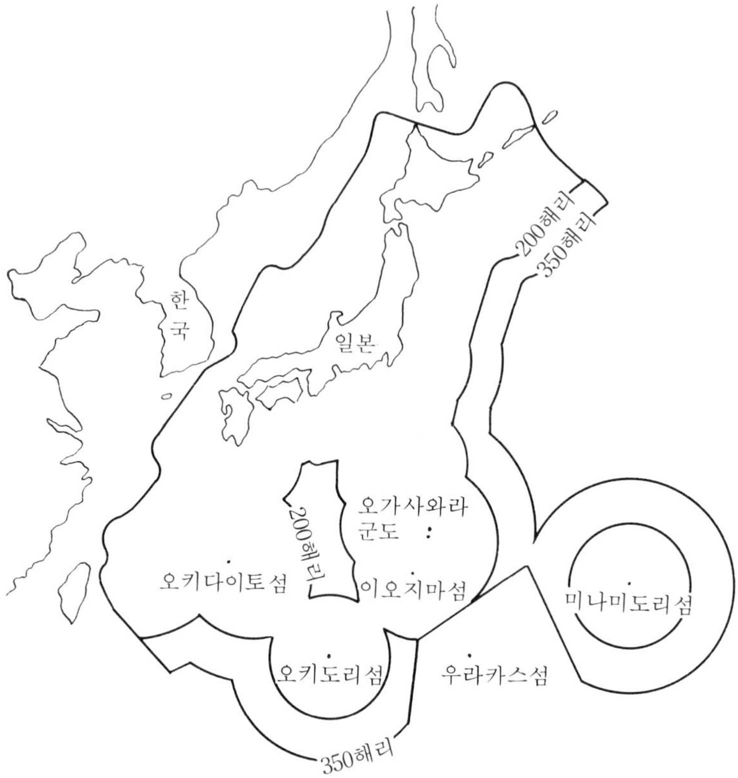

[역자주] 이 그림의 대륙붕 경계선은 일본의 주장을 대변한 것으로 우리 나라와 러시아 등 국제적으로 합의된 것이 아님.

그림 1.5.3 일본의 대륙붕

national Sea-Bed Authority)를 조직하고, 민간기업이나 국가가 독자적인 개발을 맡는다. 민간기업이나 국가가 해저광구를 신청하는 경우에는 두 광구(동일한 수준의 것으로)를 제시하여 그중 하나를 국제해저기구에 제공한다. 그리고 이 기구나 개발도상국이 요구하는 기술이전 의무도 지워져 있다.

제 2 장 해양구조물 및 기기의 기초기술

2.1 해양파와 설계조건

2.1.1 일 반

해양구조물을 설계하는 데는 우선적으로 설계조건을 결정하는 것이 필요하다. 해양구조물의 설계조건으로는 크게 다음의 두 가지를 구별할 수 있다.

① 해양환경 조건(가동해역의 외적 조건)

② 요구능력 조건(가동 조작시의 능력에 관한 조건)

파랑중 선박의 운동이나 선체강도는 지구상에서 가장 파도가 심한 북태평양이나 북대서양의 통계자료를 기초로 하여 계산되고 있으며 그밖에 특정해역의 자료는 별로 설계에 활용되고 있지 않다. 그러나 해양구조물의 운동이나 환경외력을 구하는 경우에는 가동해역의 해양환경 조건을 설계조건으로 취급하는 것이 일반적이다. 해양구조물의 구조나 계류장치 등의 설계시에는 여러 가지 작업상태 중에서 대표적으로 다음과 같은 상태가 고려된다.

① 조업중 상태(operating condition, 가동상태라고도 함)

② 서바이벌 상태(survival condition, 폭풍상태 또는 극한상태라고도 함)

③ 이동중 상태(transit condition)

위의 각 작업상태에 대해 설계조건이 정해지는데 특히 ②의 서바이벌 상태가 구조물의 설계를 대체적으로 결정한다는 점에서 중요하다. 서바이벌 상태의 해상은 그 구조물의 안전에 관계되는 가장 가혹한 외적 조건이기 때문에 가동해역의 장기간에 걸친 관측자료에 따라 50년 혹은 100년의 반복주기(return period, 혹은 재현주기라고도 함)를 고려하여 결정한다. 이것을 100년 반복주기의 폭풍

혹은 100년 반복주기의 파도라 한다. 한편 높이가 큰 구조물에서는 동요가속도에 의한 하중이 크기 때문에 ③의 이동중 상태도 중요한 검토 대상이 된다.

2.1.2 해양환경 조건

(1) 개 요

해양환경 조건으로는 다음과 같은 항목들이 열거된다.

① 바람 ② 파도
③ 조류, 해류, 취송류(吹送流) ④ 적설, 유빙(流氷), 착빙(着氷)
⑤ 지진 ⑥ 해저 토질
⑦ 기온, 수온 ⑧ 수위 변화
⑨ 해양생물의 부착 ⑩ 기타

이중 해양구조물에 있어서 기본적인 것은 ①, ②, ③이다. 그 밖의 것은 가동해역, 구조물의 형식, 작업형태 등 필요에 따라 선택되어 설계에 포함될 항목들이다.

(2) 바 람

설계풍속에는 다음의 두 종류를 고려한다.

① 정상풍(定常風, steady, sustained wind)

어떤 일정 시간(예를 들어 1분, 10분 또는 1시간) 동안 풍속의 평균치가 설계조건으로 취급된다. 선급규정에서는 정상풍의 최소치로서 보통 다음 수치를 제시하고 있다(단 가동해역의 제한이 없는 구조물에 대해서이다).

· 조업중 상태 : 36 m/sec(70 knots)

· 서바이벌 상태 : 51.5 m/sec(100 knots)

위의 수치는 해면상 10m 위치에서의 기준풍속이고 높이 H(m)에 있어서 수평방향 풍속은 다음 식으로 계산된다.

$$V_H = V_{10}\left(\frac{H}{10}\right)^{\alpha} \tag{2.1.1}$$

여기서 V_H = 높이 H(m)에서의 풍속

V_{10} = 기준풍속

$\alpha = 1/7 \sim 1/9$

② 돌풍(突風, gust)

단시간(예를 들어 3초) 동안 풍속의 평균값이 정상풍의 20-50% 정도 증가한 상태를 말한다. 그리고 정상풍 풍속과의 비를 **돌풍률**(gust factor)이라 한다. 이 수치는 주로 동적 하중에 민감한 구조물의 설계에 사용된다.

(3) 파 도

해양파는 단일한 파고와 주기를 갖는 규칙파가 아니라 실제로는 파고와 주기가 불규칙하게 변동하고 있다. 그 때문에 단일 파고와 주기를 가진 규칙파로서 불규칙파 전체를 대표시킬 목적으로 유의파(有義波, significant wave)라는 개념이 사용되고 있다.

파의 운동에서 수위가 상승하여 평균 수면을 지나가는 시간간격을 **파의 주기**라 하고, 최고수위와 최저수위와의 차를 **파고**라고 한다. 관측된 파고를 큰 순서로 늘어 놓고 최고치로부터 1/3번째 파들의 평균 파고를 **유의파고**(有義波高)라 부르고 $H_{1/3}$, 또는 H_S로 표시한다. 또 같은 방법으로 선택한 파들의 평균 주기를 **유의파 주기**라 하고 $T_{H1/3}$, 혹은 T_V로 표시한다. 이와 같은 파고와 주기를 갖는 규칙파를 **유의파**라고 부른다.

한편 불규칙파의 해면을 파고와 주기가 다른 무한히 많은 규칙파의 집합으로 간주하여 파의 주파수(각진동수, 즉 주기의 역수)와 파의 에너지(파고의 제곱에 비례한다)의 관계로서 불규칙파의 해면을 나타낸 것이 **파 스펙트럼**(wave spectrum)이다. 파 스펙트럼에는 아래에서 설명하듯이 몇 가지 공식이 사용된다.

이와 같은 불규칙파에 대한 부체의 응답을 검토하는 방법에는 다음과 같이 결정론적인 방법(deterministic method)과 통계학적인 방법(stochastic method)이 있다.

① 설계파에 의한 방법(design wave method)

다음의 두 가지 방법을 검토하여 응답이 크게 나오는 경우의 규칙파를 설계파로 정의하는 방법이 구조물 설계에 널리 사용되고 있다(그림 2.1.1).

ⓐ 장기적인 파랑통계로부터 50년 내지 100년의 반복주기(또는 재현기간)를 갖는 개별최대파를 구하여 그것과 같은 파고와 주기를 갖는 규칙파로 치환한다.

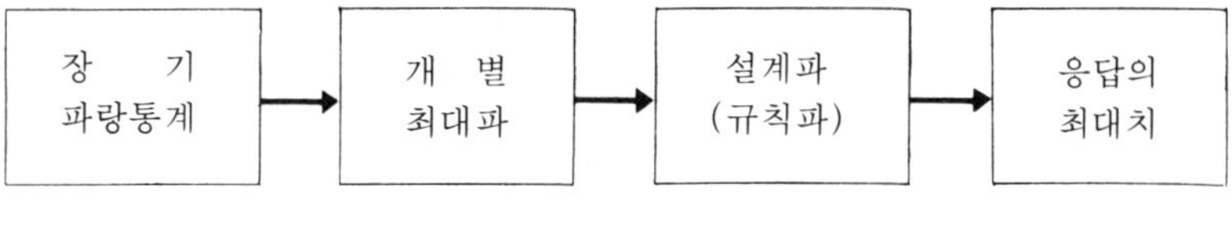

그림 2.1.1 설계파에 의한 방법

장기 파랑통계란 해역별로 장기간에 걸쳐서 정점(定点)관측이나 선박에서의 관측에 따른 데이터를 모은 것으로서 월별로 파도의 주기별 파고분포나 파도의 진행방향 등이 정리되어 있다.

ⓑ 규칙파에 대하여 파고와 파주기를 여러 가지로 변화시켜 가며 구조물의 응답을 계산해서 그 값이 최대가 되는 규칙파를 선정한다.

100년 반복주기파에서 파고의 최대치는 보통 30~36m로 잡고 있지만 구조물에 대한 최악의 응답은 설계조건으로 채택된 파고와 주기에 한정되어 일어나는 것은 아니기 때문에, 일정 범위의 주기에 대해서 검토할 필요가 있다. 이 경우 파고와 주기의 관계에 대하여 일반적으로 노르웨이 선급협회(DNV)의 공식이 사용된다.

$$H = 0.22T^2 \qquad (T \leq 6\,\text{sec}) \qquad (2.1.2)$$
$$= \frac{T^2}{4.5 + 0.02(T^2 - 36)} \qquad (T > 6\,\text{sec})$$

여기서 H : 파고(m)
T : 주기(sec)

② 설계 스펙트럼에 의한 방법(design spectrum method)

장기 파랑통계로부터 유의파를 구해서 그에 대응하는 유의파고와 주기를 가지는 파 스펙트럼을 얻는다. 이것에 주파수 응답함수를 선형중첩하여 응답에너지 스펙트럼을 구하고 그 면적으로부터 응답의 최대 기대값을 추정하는 방법이다. 이것은 불규칙파중 선박의 응답추정법에 있어서 단기예측(일반적으로 1,000번의 파도를 만나는 동안에 얻어지는 최대 기대값)에 해당한다. 이 방법은 주로 부체의 운동이나 계류 시스템의 검토에 널리 사용되고 있다(그림 **2.1.2**).

파 스펙트럼으로는 먼 바다의 심해역에 대해서는 피어슨 모스코비치(Pierson

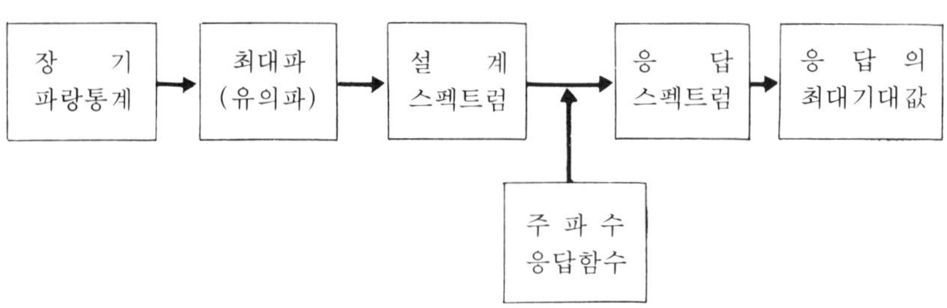

그림 2.1.2 설계 스펙트럼에 의한 방법

and Moscowitz, P & M)형, 그리고 천해역에서는 존스와프(Joint North Sea Wave Project, JONSWAP)형이 사용되는 것이 보통이다.

피어슨 모스코비치 스펙트럼은 다음 식으로 나타내진다.

$$S(\omega) = 0.11 H_s^2 \frac{T_v}{2\pi} \left(\frac{T_v\omega}{2\pi}\right)^{-5} \exp\left[-0.44\left(\frac{T_v\omega}{2\pi}\right)^{-4}\right] \qquad (2.1.3)$$

여기서 $S(\omega)$ = 파에너지 스펙트럼 밀도(energy spectral density) ($m^2 \cdot sec$)

H_s = 유의파고(m)

T_v = 평균 주기(sec)

ω = 각주파수(rad/sec)

피어슨 모스코비치 스펙트럼과 존스와프 스펙트럼의 형상을 비교하면 그림 **2.1.3** 과 같다.

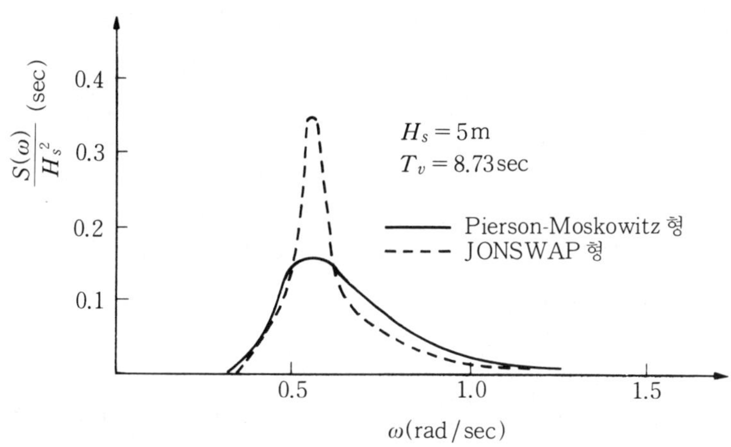

그림 2.1.3 파 스펙트럼의 비교

③ 확률적 방법에 의한 장기예측(probabilistic linear response method)

파 스펙트럼과 주파수 응답함수를 선형중첩시켜 응답의 스펙트럼을 구해서 단기예측을 행하고 이어서 가동해역의 장기 파랑통계를 사용해서 응답의 값이 어떤 한계치를 넘을 확률의 장기누적치를 구하는 방법이다. 이 방법은 불규칙파중 선박의 응답추정법에 있어서 장기예측(10^8번의 파도를 만나는 기간(약 20년간에 상당)에 얻어지는 최대 기대값)에 해당한다. 이 방법은 구조부재의 피로강도 검토에도 적용하고 있다(그림 **2.1.4**).

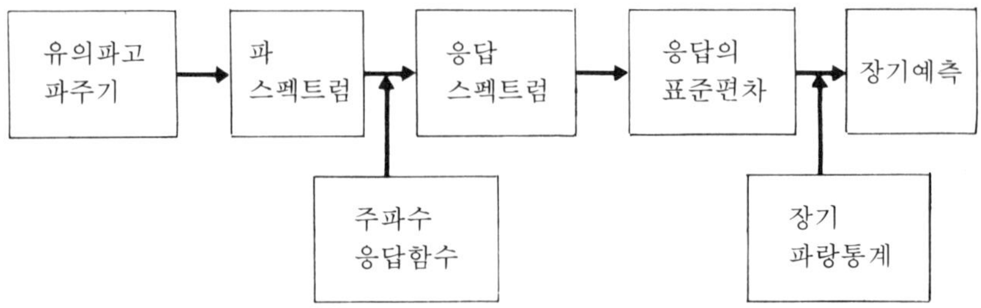

그림 2.1.4 장기예측의 방법

(4) 조 류

해수의 흐름은 주로 해류, 조류 및 취송류(吹送流, wind driven current)이다. 계류를 검토시 해수의 흐름에 의한 부유체의 하중을 계산하는 경우에는 일반적으로 조류와 취송류만을 고려한다. 해안에 가까운 곳에서는 해류를 무시해도 큰 지장은 없다. 취송류의 값은 풍속의 2% 정도가 되므로 조류에 거의 필적한다. 두 가지의 합은 보통 2~3knots 정도가 된다. 조류의 수심방향 분포는 다음 식으로 표현된다.

$$V_z = V_0\left(1 - \frac{Z}{D}\right)^{\alpha} \tag{2.1.4}$$

여기서 V_0 = 해면의 유속
Z = 수심
D = 해저까지의 깊이
$\alpha = 1/7$(조류), 1(취송류)

다음의 표 2.1.1은 반잠수식 해양구조물에 대한 설계조건의 예이다(5.3.3절

표 2.1.1 반잠수식 구조물 설계조건의 예

구분	가동해역	설계조건					
		상태	수심 (m)	설계파		풍속 (knots)	조류 (knots)
				파고(m)	주기(sec)		
A	북 해	조업중	450	14	13	70	2
		서바이벌	450	30	20	100	2
B	전 세 계	조업중	460	12	11~16	70	2
		서바이벌	460	32	18~20	110	2
C	전 세 계	조업중	900	19.8	10	75	1
		서바이벌	900	30.5	12.5	100	2

참조).

2.1.3 요구능력 조건

구조물의 성능을 규정하는 것으로 구조물의 종류에 따라서 다르지만 반잠수식 구조물의 부체(浮體)구조의 설계조건을 예로 들면 다음과 같다.

(1) 가동수심

가동해역에 있어서 최대 및 최소 수심.

(2) 변동하중

구조물에 대한 결정요건으로 확정되어 있지는 않지만 보통 변동하중(variable load, VL, payload라고도 함)은 선박의 재화중량(載貨重量)에 상당하는데 갑판 위나 구조물 내에 탑재되는 시추파이프, 진흙(mud, 泥水), 시멘트, 연료유, 물 등의 합계중량이다.

(3) 복 원 성

선급규정에서 요구하는 수치 외에 조업시의 최소 G_0M(자유표면의 영향을 고려한 메타센터의 높이)를 요구하는 경우도 많다.

(4) 운동성능

부체운동에 관한 요구치(예를 들어 파도와 구조물 상부구조 사이의 여유간격, 상하 및 수평방향 운동의 크기 등)로서 부체 형상을 결정하는 데 가장 큰 영향을 준다.

(5) 속 력

이동시의 속력을 나타낸다. 반잠수식 구조물의 목적은 이동이 아니기 때문에 큰 속력을 필요로 하지 않는다. 이동시에는 시추용의 전력이 남기 때문에 이 전력을 추진동력으로 사용하므로 속력은 보통 설계조건으로 고려하지 않는다.

(6) 계류조건

조업시의 위치유지 조건, 해상조건, 수심에 따라 계류장치의 주요 항목(계류라인의 크기, 길이, 가닥수, 앵커의 무게, 앵커 윈드라스(anchor windlass)의 용량, 추진기(thruster)의 용량 등)을 결정한다. 이상 언급한 사항 이외의 일반배치상의 요구, 즉 상부구조물의 갑판면적이나 승무원의 수, 각각의 탱크 및 창고의 용량 등도 설계조건으로 주어지기도 한다.

2.2 부체의 운동과 하중

2.2.1 일 반

해양구조물은 항만내와 같이 폐쇄된 수역이 아니라면 파도, 조류, 바람 등의 외력을 받게 되는데 보통 상자형 부체의 경우 큰 동요를 하게 된다. 큰 동요를 계속하면서 작업하는 것은 일반적으로 장비나 부대설비의 성능 혹은 강도상의 제한 때문에 허용될 수 없다.

이에 대한 대책으로 부유식 구조물의 경우에는 구조물의 수면하 형상을 여러 가지로 바꾸어 동요를 줄이는 방법이 널리 채용되고 있다. 즉 부체의 수선면적을 작게하고 수선면으로부터 충분히 아래쪽에 있는 몰수부(沒水部)에 큰 배수량을 갖도록 함으로써 어떤 특정한 주기 범위의 파도에 대해서 동요를 줄이는 방법이다. 이것을 **반잠수식**(semi-submersible) **구조의 부체**라고 말하는데 석유시추선, 크레인 바지, 파이프라인 부설선, 기타 여러 가지 부유식 해양구조물에 이용되고 있다.

부체의 운동에는 횡동요(rolling), 종동요(pitching), 상하동요(heaving), 좌우동요(sway), 전후동요(surge), 선수동요(yaw) 의 6종류가 있는데, 여기서는 반잠수식 구조물의 가동률에 가장 영향을 미치는 상하동요의 특성에 대해서 설명한다.

2.2.2 계류된 부체에 작용하는 외력

반잠수식 구조물의 상하동요를 운동방정식으로 표시하면 다음과 같다.

$$M\ddot{Z} = F_z \tag{2.2.1}$$

여기서 M : 부체의 질량

$\ddot{Z}$: 부체의 상하동요 가속도

F_z : 부체에 작용하는 외력

부체의 상하방향에 작용하는 외력으로는 다음과 같은 힘들이 고려된다.

① 각종 유체력(hydrodynamic force)

② 부력의 변동에 의한 복원력(restoring force)

③ 계류라인에 의한 복원력

부체에 작용하는 유체력은 다음의 세 가지로 나뉜다.

(1) 방사력(放射力, radiation force)

정수중에서 부유체가 동요할 때는 물체 주변의 유체도 그와 함께 운동을 한다. 이 유체운동에 기인하는 힘을 **방사력**이라 하는데 유체 주위의 부가질량에 의한 관성력과 조파감쇠력의 합으로 나타난다.

(2) 파강제력(波強制力, wave exiting force)

부체에 작용하는 파도의 힘인 파강제력은 입사파의 파력을 부유체 표면에서 적분하여 얻어지는 프루드-크릴로프 힘(Froude-Krylov force)과 입사파의 산란에 의해 생기는 압력으로 표현되는 산란력(散亂力, diffraction force)과의 합으로 표현된다.

(3) 점성감쇠력(粘性減衰力, viscous damping force)

유체의 점성에 의해 생기는 힘이다.

이외에 수평방향으로는 파표류력(波漂流力, wave drifting force)이 작용한다. 이상의 힘들을 정리하면 그림 **2.2.1** 과 같은 결과를 얻는다.

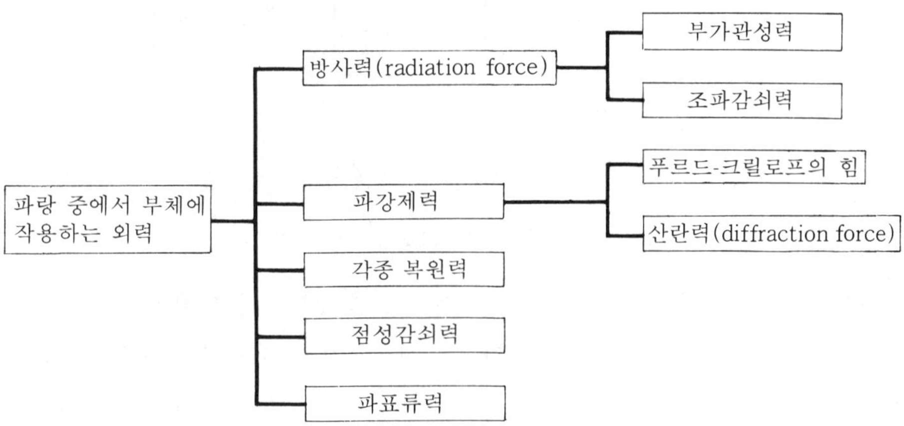

그림 2.2.1 파랑중에서 부체에 작용하는 외력

2.2.3 반잠수식 구조물의 운동특성

반잠수식 구조물은 수면 아래에 큰 배수량을 가진 하부선체(lower hull)와 수면 위쪽에는 기계실, 거주구역 등의 설비가 위치한 상부구조(upper hull) 사이를 단면적이 작은 원통형 기둥(column)으로 결합시킨 구조로 되어 있다.

이와 같은 부체 구조에 대해서 규칙파중의 상하동요를 살펴보면 그림 **2.2.2**에

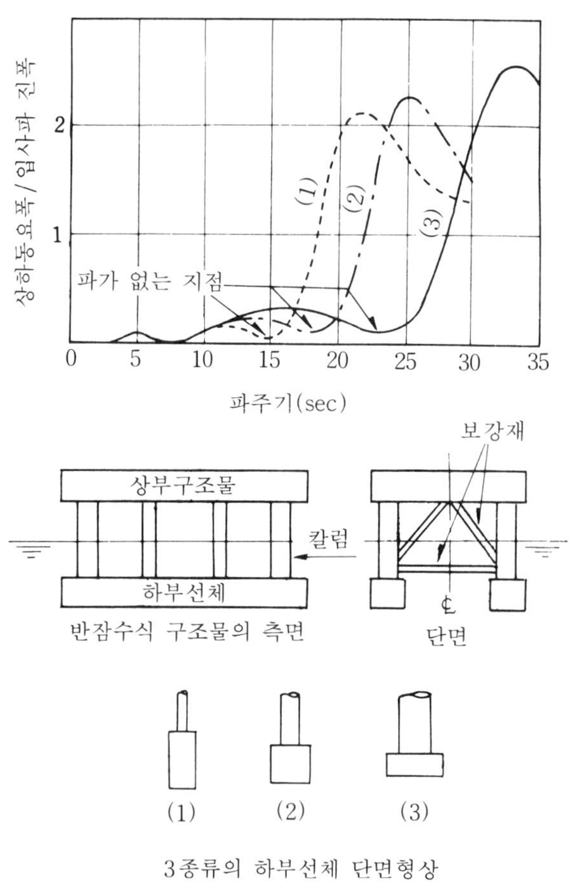

그림 2.2.2 하부선체의 형상과 상하동요

서 보는 바와 같이 어떤 특정한 범위의 주기의 파도에 대한 단위파고당 상하동요의 진폭이 대단히 작다. 따라서 가동해역의 파주기가 이 범위에 들도록 수면 아래쪽의 설계를 하면 가동중의 상하동요가 아주 작아진다. 참고로 그림 **5.3.10** (제 **5** 장)에는 선박형 구조물과 반잠수식 구조물의 상하동요를 서로 비교해 놓았다.

반잠수식 구조물에서는 그림 **2.2.2**에서 보는 바와 같이 부체의 운동이 거의 없어지는 주기의 파도가 존재한다는 점이 특징이다. 그 이유는 어떤 특정한 주기에서 부체에 작용하는 파입자의 관성력(즉 diffraction force)과 부체 표면에 작용하는 압력의 합(즉 Froude-Krylov force)이 서로의 위상이 역으로 되어 상쇄되기 때문이다.

그림 **2.2.2**는 하부선체의 단면적을 바꾸지 않은 채 모양만 바꿀 경우의 상하

동요의 응답을 보여주고 있다. 상하동요의 응답은 하부선체가 평평하게 될수록 동조하는 파의 고유주기가 장주기 쪽으로 접근해 간다. 해양파의 주기가 20초를 넘는 일은 흔하지 않기 때문에 부체의 고유주기를 결정할 때는 이 점을 고려에 넣어야 할 필요가 있다.

더욱이 상하동요의 특성을 위와 같이 설정한 경우 횡동요, 종동요의 고유주기는 해양파의 주기(5~20초)보다 훨씬 큰 30~40초가 되어 공진 가능성은 별로 없다. 2개의 하부선체(lower hull)와 8개의 칼럼(column)을 가진 반잠수식 구조물의 1/64 축척 모형을 사용하여 수행한 규칙파중의 상하동요 실험결과와 계산치를 그림 2.2.3에 비교하여 나타내었다.

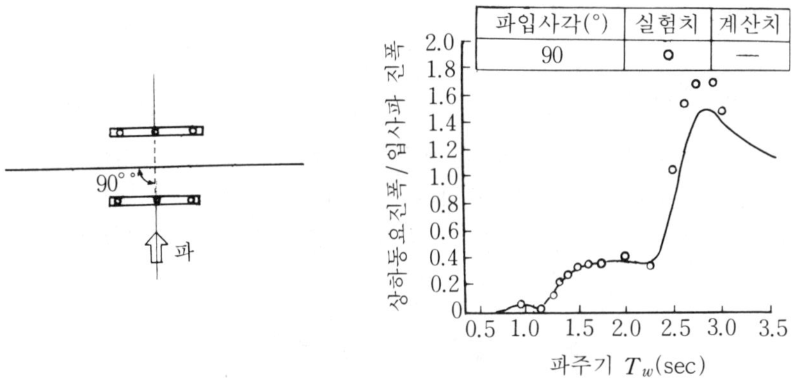

그림 2.2.3 규칙파중 상하동요의 실험결과

2.2.4 유체력 계산방법

유체력의 계산방법에는 크게 나누어 모리슨(Morison) 공식에 의한 방법과 포텐셜 이론(potential theory)에 의한 방법이 있다.

(1) 모리슨 공식(Morison equation)

모리슨 공식은 원래 고정된 수직 파일(vertical pile)에 작용하는 파랑하중을 계산하는 식인데 파랑중에 운동하는 가늘고 긴 형상의 부체에 대해서는 다음 식으로 표시할 수 있다. 다음 식의 제 1, 2항은 관성력을, 제 3항은 점성에 의한 항력을 나타낸다.

$$df = \rho_w A\dot{u}dz + (C_M - 1)\rho_w A(\dot{u} - \ddot{x})dz + 1/2\,\rho_w C_D D(u - \dot{x})\,|u - \dot{x}|\,dz \tag{2.2.2}$$

여기서 ρ_w : 해수의 밀도

df : 길이 dz의 부체에 작용하는 부재에 수직한 방향의 하중

C_M : 질량계수(mass coefficient, 단면형상에 따라 정해지는 계수)

C_D : 항력계수(drag coefficient, 단면형상에 따라 정해지는 계수)

$u, \dot{u}$: 파도에 의한 물입자의 부재에 수직한 방향의 속도, 가속도 성분

$\dot{x}, \ddot{x}$: 부재에 수직한 방향으로 부체의 속도, 가속도 성분

D : 부체 단면의 대표치수

A : 부체의 단면적

여기서 상대가속도를 생각할 때 부가질량만 적용하고 프루드-크릴로프의 힘(Froude-Krylov force)은 고려하지 않는다.

(2) 포텐셜 이론

유체력 중에서 방사력(radiation force)을 계산하는 방법으로 포텐셜 이론을 이용할 수 있는데 여기서 그 설명은 생략한다(뒤의 참고문헌을 참조할 것). 참고로 유체력의 근사계산법을 부록 2에 수록하였다.

2.3 부체의 위치유지

2.3.1 일 반

해양구조물은 정위치에 고정된 상태로 작업하는 것이 일반적이지만, 반잠수식 구조물이나 선박형 시추선과 같이 바다 한가운데에 계류시킨 상태로 작업하는 것도 있다. 이와 같은 형식의 해양구조물에서는 위치유지 성능이 구조물의 가동률이나 작업능률에 크게 영향을 미치기 때문에 위치유지 성능은 매우 중요한 요소이다. 일반적으로 부체의 위치유지용 계류장치를 분류하면 그림 2.3.1과 같다.

2.3.2 1점계류 방식

(1) 개 요

선박이 항만내 안벽이외의 장소에서 선수로부터 닻(anchor)을 내려 정박하는 것이 1점계류이지만 여기서는 해양개발을 위해 바다 가운데에서 부체를 호오저(hawser)나 요크(yoke)로부터 부이(buoy)나 칼럼(column)에 계류하는 경우에

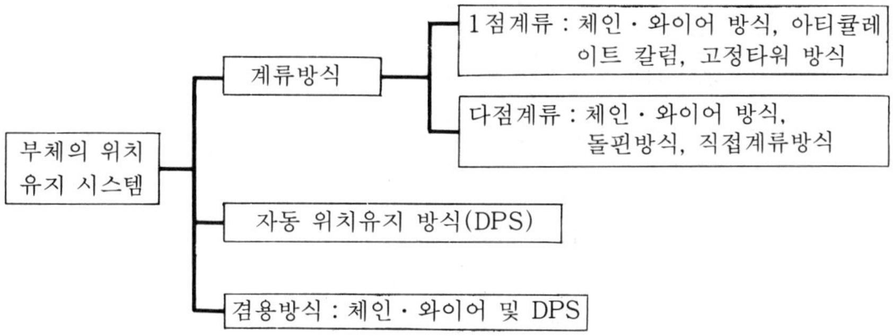

그림 2.3.1 부체의 위치유지 시스템의 분류

대해서 설명하기로 한다.

1점계류(single point mooring, SPM)의 이점은 부체가 파도의 방향에 따라서 자유로이 회전할 수 있어서 부체의 파랑저항을 감소시킬 수 있다는 것이다. 이미 해저석유개발시 해상선적설비로서 건조된 실적이 있고 많은 연구도 행해지고 있는데 그 이용분야는 다음과 같다.

① 원유의 해상선적설비

② 해저석유의 생산 시스템과 저유탱크

③ 해상의 각종 조사설비

④ 해상교통을 위한 부표

(2) 1점계류 방식의 종류

1점계류 방식의 사례는 여러 가지가 있는데 그중 주요한 것은 다음과 같다. 특히 이 방식을 가리키는 영문의 약칭은 모두가 상품명인데 일반적으로 그것을 명칭으로 그대로 사용하고 있다.

① 체인·와이어(chain-wire) 방식

원판형의 부이를 4가닥 내지 8가닥의 체인으로 계류하는 방식(catenary anchor leg mooring, CALM, 그림 **2.3.2**(1))이나 혹은 원주형의 부이를 하나의 체인으로 계류하는 방식(single anchor leg mooring, SALM, 그림 **2.3.2**(2))으로서 유조선의 해상선적 시설로 쓰이고 있다. 유조선은 2가닥의 호오저로 계류되고, 선적용 해상바아지는 해저로부터 연결된 파이프라인과 부이에 결합된다. 적용수심은 30~150m이다. 그리고 부유식 저유탱크에 강구조의 요크를 장치하여 이것을 부이에 접속한 것도 있다(그림 **2.3.2**(3)). 이 경우 부이와 요크의 결합은 힌지로 만들어 회전을 자유롭게 한다.

② 터렛계류(turret mooring)

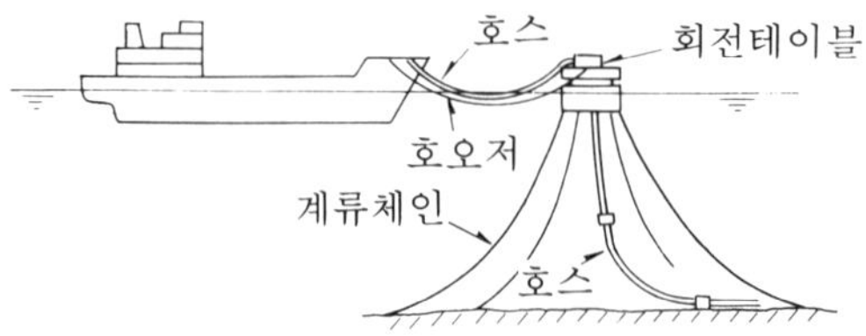

(1) CALM 방식

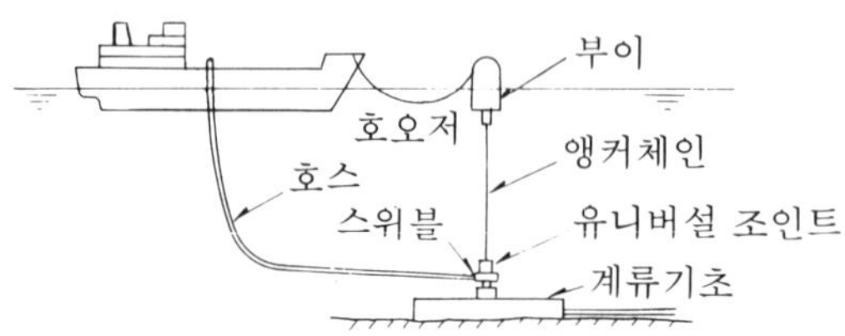

(2) SALM 방식

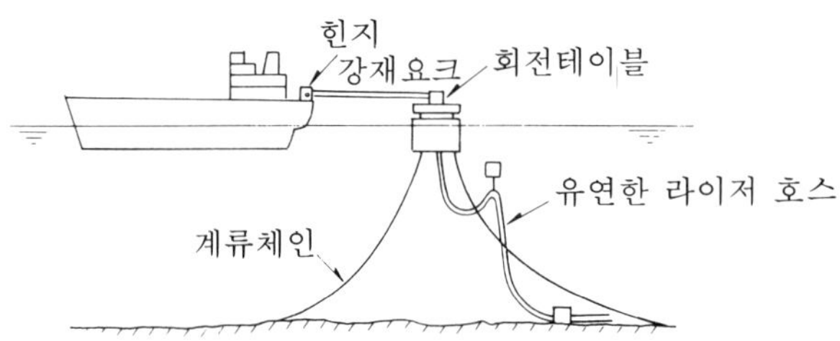

(3) 강재요크에 의한 CALM 방식

그림 2.3.2 체인·와이어 방식

부유식 구조물의 내부 또는 외부에 설치된 강구조의 요크에 터렛이라 부르는 회전 테이블을 설치해 이 터렛을 몇 가닥의 체인으로 계류하는 방식을 **터렛계류**(turret mooring)라 한다(그림 **2.3.3**(1), (2)). 이 방식은 해상에서 저유탱크(내장식 또는 외장식)나 선박형 구조물(내장식)의 계류에 주로 사용된다.

③ 아티큘레이트 칼럼(articulated column)

해저면에 힌지가 부착된 기둥(articulated column, AC)을 세워서 기둥 상단에 유조선이나 저유탱크를 호오저 혹은 요크로 계류하는 방식이다. 기둥의 상부에는 계류 시스템의 복원력을 확보하기 위한 부력탱크가 설치되어 있다. 아티큘레이트 칼럼을 사용한 1점계류 방식에는 다음과 같은 것들이 있다.

ⓐ 호오저로 칼럼에 계선하는 방식(articulated loading platform, ALP, 그림 **2.3.4**(1))

ⓑ 요크로 칼럼에 계선하는 방식(yoke tower, 그림 **2.3.4**(2))

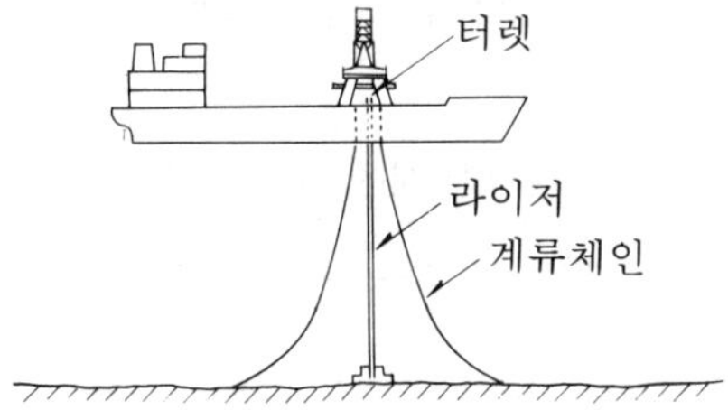

(1) 내부 터렛방식

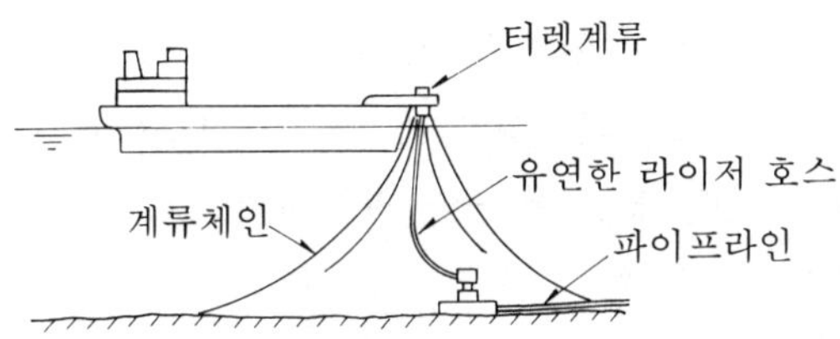

(2) 외부 터렛방식

그림 2.3.3 터렛계류 방식

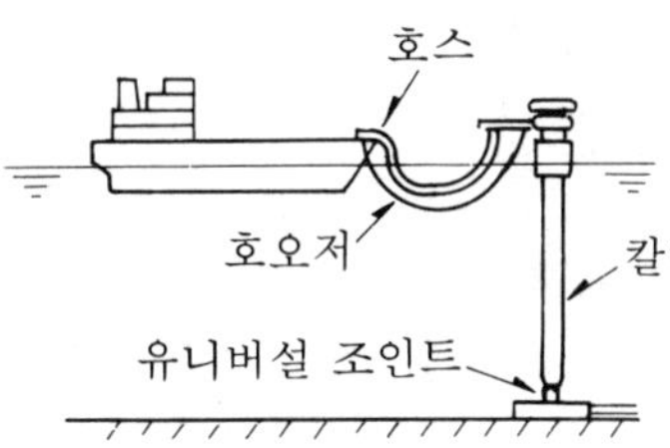

(1) ALP 방식

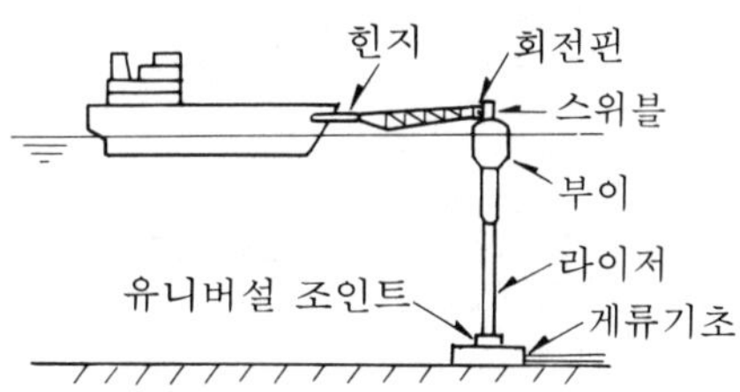

(2) 요크 방식

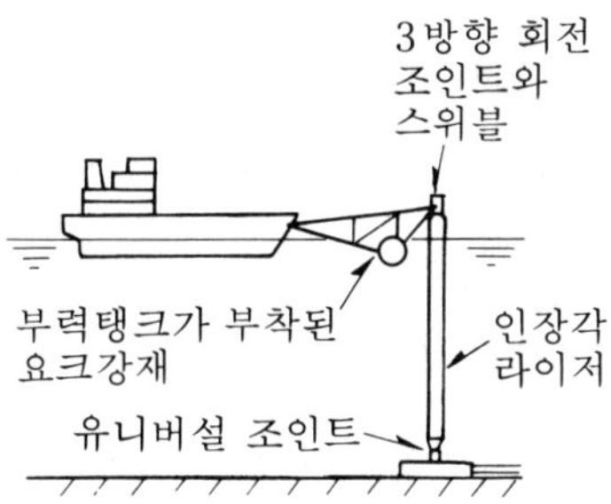

(3) SALS 방식

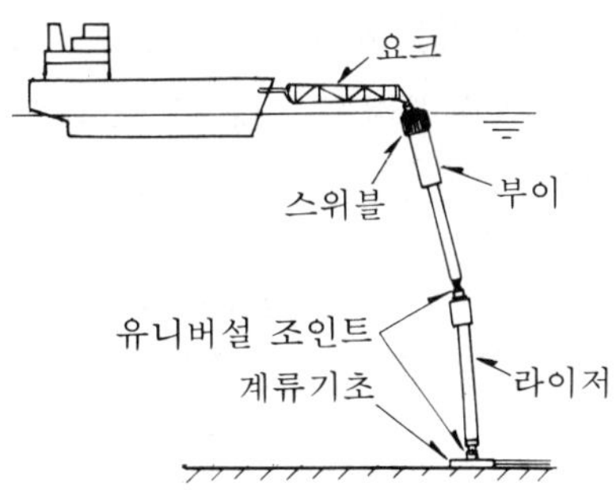

(4) SALMRA 방식

그림 2.3.4 아티큘레이트 칼럼

ⓒ 부력탱크를 요크에 설치하는 방법(single anchor leg storage, SALS, 그림 2.3.4(3))

ⓓ 요크로 멀티 아티큘레이트 칼럼(해저면이 아닌 중간에도 힌지를 설치한 칼럼)에 계선하는 방식(single anchor leg mooring with rigid arm, SALMRA, 그림 2.3.4(4))

④ 고정 타워 방식

해저에 고정된 타워를 설치하여 여기에 요크로 부체를 계류하는 방식이다(그림 2.3.5). 이 경우 요크가 강구조이면 과대한 수평력이 타워에 작용하게 되므로 힘을 흡수하기 위하여 요크는 유연한 구조(soft yoke)로 되어 있다. 이 방식은 해상조건이 나쁘지 않은 얕은 해역에 적합하다.

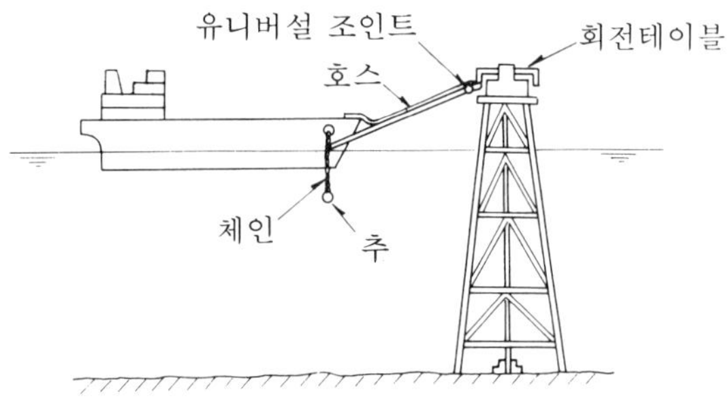

그림 2.3.5 고정 타워 방식

2.3.3 체인·와이어 다점계류 방식

(1) 개 요

체인·와이어 다점계류 방식(spread mooring system)은 2개 이상의 체인·와이어를 사용하여 부체를 계류하여 부체의 이동이나 선회를 방지하는 방식이다. 이 방식에는 표 2.3.1에서 보는 바와 같이 개방형과 폐쇄형이 있는데 대형 해양

표 2.3.1 체인·와이어 다점 계류 방식

방 식	개략도	특 징
개 방 형	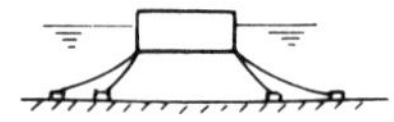	일반적으로 널리 사용
폐 쇄 형	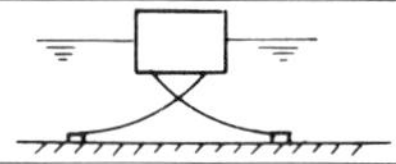	동요가 적은 좁은 해역에서 사용가능

구조물에서는 개방형이 사용되지만 항만내와 같은 좁은 수역에 설치되는 경우에는 폐쇄형이 사용된다.

아래에서는 다점계류 방식에 대한 개요를 반잠수식 구조물에 대하여 설명한다.

(2) 계류 형태

반잠수식 구조물에 사용되는 계류 시스템은 일반적으로 체인이나 와이어로프를 사용하는 다점계류 방식으로 수심에 따라 표 **2.3.2**와 같은 시스템을 사용한다. 최근에는 폭풍시 라인장력을 줄이기 위하여 추진기(thruster)를 병용하는 시스템도 사용되고 있다.

표 2.3.2 반잠수식 구조물의 계류 시스템

계 류 시 스 템			수심의 기준(m)	성 능	
				작업시 수평이동	폭풍시 끌림의 정도
1	와이어+앵커	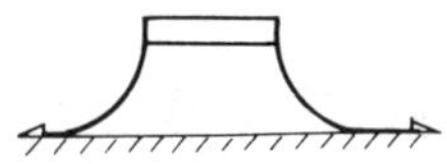	50~400	작음	끌리기 쉬움
2	체인+앵커	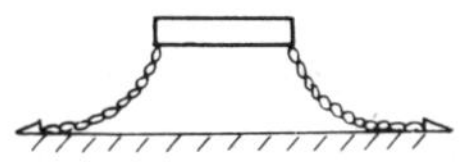	50~600	비교적 큼	비교적 안정
3	와이어+체인+앵커	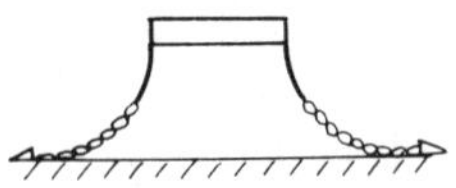	400~1000	비교적 작음	비교적 안정

(주) 시스템 1, 2에서 계류라인에 무거운 추(sinker)를 달아서 사용수심을 더욱 크게 하는 경우도 있다.

그리고 계류라인의 수는 보통 8가닥 내지 12가닥이다. 그림 **2.3.6**은 계류 형태의 예이다. 계류 형태는 모든 방향의 파도에 대하여 가능한 한 계류력에 차이

30° − 60° 8점계류　　　대칭 12점 계류

그림 2.3.6 계류 형태의 예

가 나지 않도록 결정한다.

(3) 소요성능

반잠수식 구조물의 위치유지 성능은 시추작업시 대단히 중요하기 때문에 보통 다음과 같은 성능이 요구된다(표 2.3.3).

표 2.3.3 계류장치의 소요성능

상태 / 설계기준	조 업	연간 최대급 폭풍	서바이벌 상태
허용수평이동량(수심에 대한)	±5%	±10%	규정 없음
닻(앵커)을 끌어올리는 각도	0	0	규정 없음
닻 끌림	불 가	불 가	어느 정도 허용
계류라인의 안전율	3	양자의 중간	2

(4) 계류기기

① 앵커(anchor)

앵커는 대부분이 끄는 형식(drag type)인데 반잠수식 구조물에서는 선박용의 스토크레스앵커(stockless anchor) 대신에 단위중량당 파지력(把地力, anchor holding power, AHP)이 큰 여러 가지 앵커가 사용되고 있다. 그림 2.3.7에는 그 대표적인 형식을 나타내고 있다(앵커의 이름은 모두 상품명임). 대형의 반잠수식 구조물의 경우에는 각 라인에 1개의 앵커가 사용되고 있으며 앵커 1개의 무게는 파지력이 큰 경우 15~20ton이다. 앵커에 요구되는 파지력은 앵커지점에

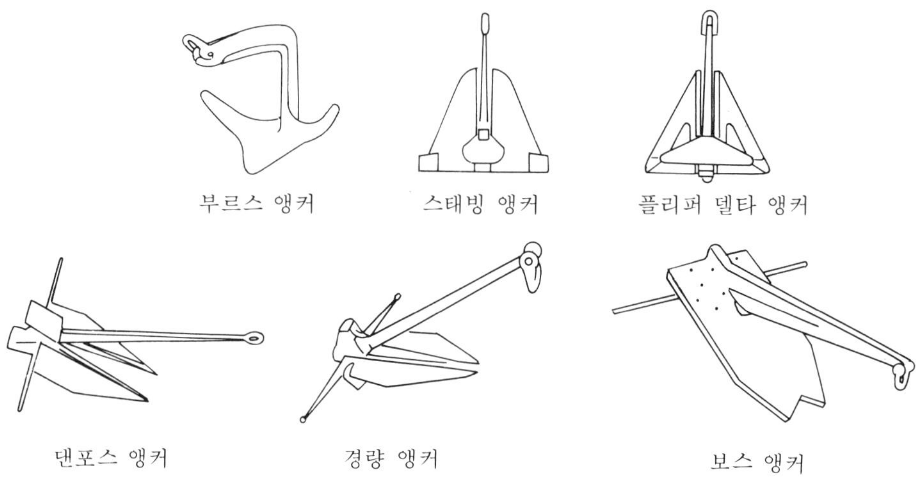

그림 2.3.7 계류용 앵커의 종류

서의 계류라인 최대 장력에 비해 1배 이상이 되도록 한다. 해저에 계류라인의 일부가 닿아 있을 경우의 앵커의 파지력과 계류라인 장력 사이의 관계는 다음과 같다.

$$\mathrm{AHP} = T_H - C_f L w \tag{2. 3. 1}$$

여기서 T_H : 장력의 수평성분

C_f : 체인과 해저면 사이의 마찰계수(=1)

w : 해수중 체인의 단위길이당 무게

L : 해저에 닿아 있는 체인의 길이

② 와이어로프

와이어로프에는 많은 종류가 있으나 반잠수식 구조물의 계류라인에 사용되는 것은 보통 스트랜드로프(strand rope)이다. 여러 가닥의 강선을 꼬아서 스트랜드로 만들고 이 스트랜드를 다시 6~7개 꼬아서 로프로 만든 것이다(그림 **2.3.8**). 스트랜드로프는 중심부가 섬유심(fiber core, FC)이거나 스트랜드심(independent wire rope core, IWRC), 또는 중심부 로프가 외층 로프의 사이에 들어가는 구조를 가진 것(center fit rope core, CFRC) 등이 있는데 해양구조물의 계류용으로서는 보통 IWRC가 사용되고 있다.

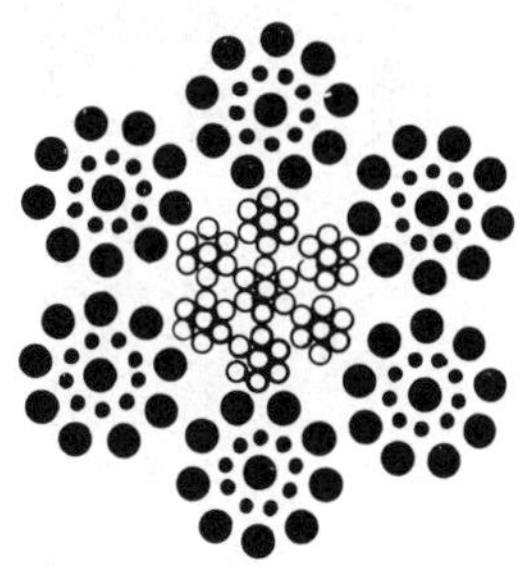

6×19 IWRC

그림 **2.3.8** 와이어로프(IWRC)의 예

③ 체인

계류라인에 사용되는 체인의 형식은 스터드가 붙은 체인(stud link chain)이다. 체인의 등급은 선박에 사용되고 있는 G2(제2종), G3(제3종) 대신에 파단강도가 큰 API(미국석유협회)의 ORQ(oil rig quality), DNV(노르웨이 선급협회), ABS(미국 선급협회)의 K4(제4종)이 널리 사용되고 있다. 표 **2.3.4**는 체인의 등급별 파단강도를 비교한 것이다.

표 2.3.4 체인의 등급별 파단강도

지름(mm)	파 단 강 도(ton)			
	G2	G3	ORQ	K4
70	263	376	405	527
76	307	439	471	613
81	345	492	530	689
84	368	526	566	737
90	417	596	642	835

④ 앵커 윈드라스(ancher windlass)

ⓐ 구조와 배치 : 윈드라스는 구조물 주기둥(corner column)의 바로 위쪽에 설치되는데 기둥 하부의 페어리더(fair leader)를 통해서 체인이 직접 윈드라스의 케이블 리프터(lifter)에 들어가도록 배치되어 있다(그림 2.3.9). 계류라인에 와이어로프를 사용할 경우에는 드럼(drum)이 부착된 윈치(mooring winch)가 사용된다. 그리고 체인과 와이어로프를 같이 사용하는 복합 계류라인의 경우에

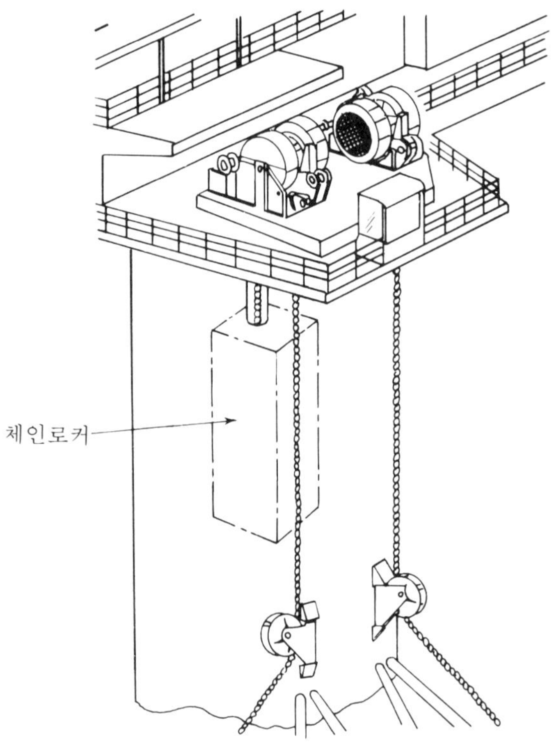

그림 2.3.9 윈드라스

는 윈드라스 바깥쪽에 윈치가 설치된다. 윈드라스의 하부에는 하중측정장치(load cell)를 설치해서 조정실에서 계류라인 장력을 감시할 수 있도록 한다.

ⓑ 인장력(pull) : 윈드라스의 각 케이블 리프터의 인장력은 앵커 설치직후 수행하는 사전검사(preloading test)를 고려하여 결정할 필요가 있다. 최대 인장력(stall pull)은 계류라인의 최대 장력이나 또는 체인 파단강도의 40% 정도로 한다.

2.3.4 돌핀 계류 방식

(1) 개 요

돌핀(dolphin) 계류 방식은 그림 **2.3.10**에 보인 바와 같이 해안에서 멀리 떨어진 곳에 설치된 몇 개의 독립된 기둥 모양의 구조물에 방현재(方舷材)를 사이에 설치하여 부체를 계류하는 방식이다. 본래 대형 해양구조물이나 선박의 계류를 위하여 바다 속에 견고한 구조물이 건설되어야 하지만 수심이나 해저지반 때문에 건설비가 과다해질 수 있으므로 이것을 대신하기 위하여 단기간에 건설되는 돌핀 방식이 사용되고 있다. 이 방식은 체인 와이어 방식에 비해서 부체의 이동량이 작고 대형 해양구조물이 그 기능을 발휘하는 데 적합한 방식이다.

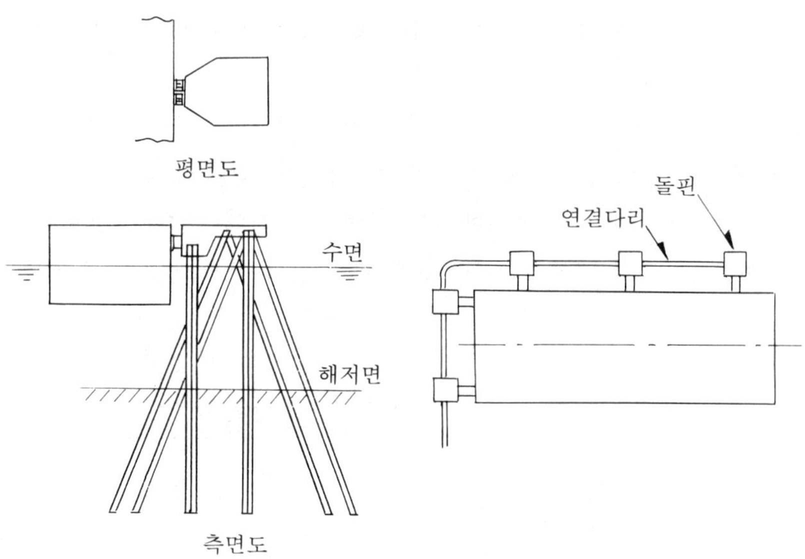

(1) 돌핀의 구조 (2) 돌핀의 배치

그림 2.3.10 돌핀 계류 방식

(2) 돌핀 방식의 장단점

돌핀 방식에는 다음과 같은 장점이 있다.

① 경량구조이므로 내진성(耐振性)이 좋다.

② 안벽공사에 비해 해상작업이 적어서 단기간에 시공이 가능하다.

③ 따라서 경제적으로 유리하다.

④ 부체의 이동이 작다.

그러나 다음과 같은 단점도 있다.

① 강구조의 파일인 경우 방식설비나 보수가 잘 되지 않으면 부식 때문에 수명이 짧다.

② 체인 와이어에 의한 다점계류 방식에 비해 비용이 많이 든다.

③ 수심의 제한이 있다.

어느 방식이 좋은가는 부체의 기능을 고려하여 결정할 일이다.

(3) 부유식 구조물을 돌핀에 계류하는 방식

부유식 구조물을 돌핀에 계류하는 방법으로는 일반적으로 체인 와이어 방식, 링크로드 방식, 그리고 두 방법을 겸용하는 방식이 사용되고 있다.

체인 와이어 방식에서는 부체와 돌핀 사이에 방현재를 설치하고 있다. 그 이유는,

① 부체에 작용하는 파력 등 주기적 외력에 의해서 발생하는 돌핀의 계류력을 경감한다.

② 지진시 돌핀의 변위를 흡수하여 부체에 전해지는 힘을 경감한다.

따라서 방현재의 모양과 배치의 결정은 이 목적에 맞도록 방현재의 스프링상수를 결정해야한다. 링크로드 방식에서는 방현재 대신에 완충재(damper)를 사용한다. 이 방식은 그림 2.3.11에 나타낸 바와 같이 완충재를 부체 속에 넣어

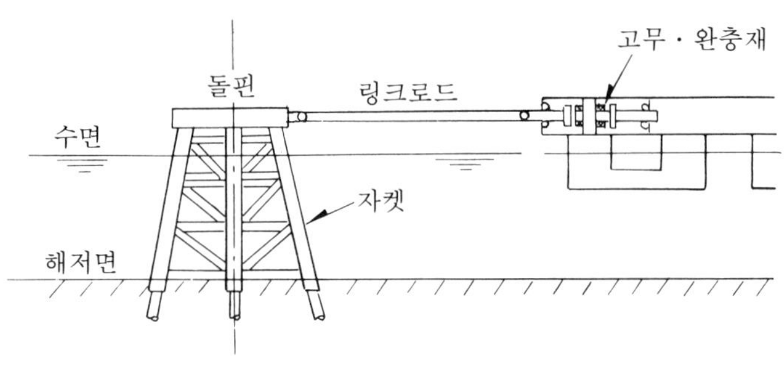

그림 2.3.11 링크로드 방식

돌핀과 링크로드가 끼워져 결합되도록 되어 있다. 이 방식은 해상공항과 같이 거대한 해양구조물에서 파랑 등에 의한 부체 이동이 특별히 제한되어야 되는 경우에 사용된다.

2.3.5 직접 계류 방식

부체를 안벽에 직접 계류하는 경우에 쓰인다. 간만의 차가 작은 수역에서는 부체와 안벽 사이에 방현재를 설치해 와이어나 로프로 고정시키는 것이 가장 간편한 방법인데 간만의 차가 큰 수역에서는 슬라이딩 가이드(sliding guide) 방식에 의해 수직방향의 상대변위를 조절하는 방법을 쓴다(그림 **2.3.12**). 이 방식은 부유식 도크나 해상플랜트 바지 등의 안벽계류에 사용되고 있으며 부체의 크기나 바람, 파도 등 외력에 따라서 부체의 길이 방향으로 2~4개 설치된다.

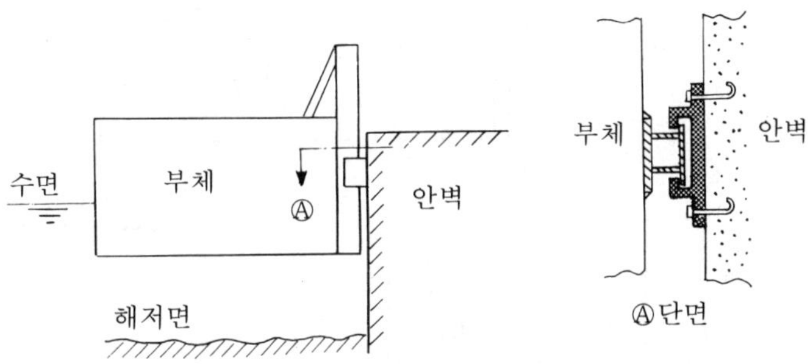

그림 2.3.12 슬라이딩 가이드 방식

2.3.6 자동 위치유지 방식

추진기(thruster)를 사용하는 방법에는 다음과 같은 두 방식이 있다(그림 **2.3.13**).

(1) 추진기 병용 방식(thruster assist mooring)

해상조건이 나쁜 해역에서 작업하는 반잠수식 구조물은 이동용의 추진기(thruster)가 계류라인과 함께 사용된다. 이 장치는 부체의 위치와 계류라인의 장력을 감지하여 추진기 추력의 크기와 방향을 자동제어하여 부체의 위치와 라인장력을 적정하게 유지한다. 폭풍시에는 많은 전력을 필요로 하지만 굴착작업을 중지함으로써 구조물의 잉여전력을 이용해서 구동시킨다.

(2) 자동 위치유지 방식(dynamic positioning system, DPS)

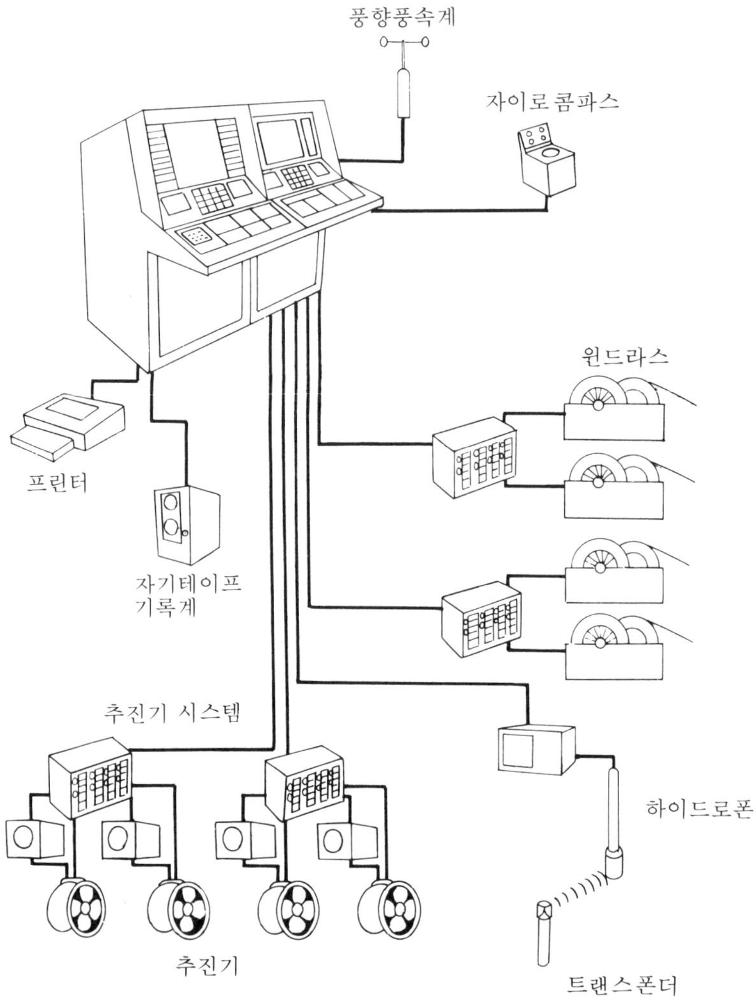

그림 2.3.13 계류용 추진기의 자동제어장치

DPS는 추진기만으로 위치를 유지하는 시스템으로 체인 와이어에 의한 계류 방식이 사용될 수 없는 대수심에서 가동되는 선박형 구조물에 많이 설치된 바 있다. 반잠수식 구조물에도 사용하는 경우가 점점 많아지는 경향이다. DPS는 다음 장치로 구성되어 있다. 그림 2.3.13에서 보는 바와 같이 계류라인이 없다.

① 모니터링 시스템

해상 상태, 부체의 운동, 위치편차 등을 감지하여 모니터링한다. 부체의 위치 계측에는 토트와이어(taut wire)를 사용하는 기계식과 음향식이 있다.

② 제어 시스템

위의 입력신호를 이용하여 구조물의 속도와 방향을 계산해서 추진 시스템에 신호를 보낸다.

③ 추진 시스템

추진기로는 보통 360° 선회가 가능한 덕트(duct)식의 추진기가 사용되며 이것을 하부선체(lower hull)의 아래쪽에 장치한다. 추진기의 용량, 수효는 부체의 크기와 해상조건에 의해 결정된다. 그리고 이 추진기는 구조물 이동시의 추진장치로도 겸용된다.

2.3.7 계류 시스템의 계획(체인 와이어 방식)

계류 시스템의 계획사례로 체인 와이어를 사용한 다점계류 방식에 대해서 그 개요를 설명한다. 계류 시스템 설계의 중심은 외력에 의한 부체의 수평이동량을 허용치 이내로 제한하는 데 필요한 계류라인의 장력을 구하는 것으로서, 이로부터 계류라인, 앵커, 및 윈드라스의 주요 제원이 결정된다.

계류라인에 걸리는 장력 및 계류 복원력은 일반적으로 정적해석법(그림 2.3.14)을 사용하여 구한다. 계류라인에 걸리는 장력의 계산은 현수선(懸垂線, catenary) 방식을 사용하는 것이 가장 간단하지만(부록 3 참조), 좀 더 엄밀한 계산이 요구되는 경우에는 차분법, 매트릭스 변위법 등을 사용한다(책 뒤의 문헌을 참조할 것). 계류라인에 대해서는 동적 영향, 장주기 운동에 의해 발생하는 과도한 장력을 검토할 필요가 있지만 여기서 상세한 것은 생략한다.

① 계류라인의 개수, 계류 형식을 가정한다.

② 정적 계류특성곡선을 작성한다. 이 곡선은 부체에 가해지는 외력과 부체의 변위량 사이의 관계 및 최대 장력이 발생하는 라인에 대해서 부체 변위량과 계류라인 장력 사이의 관계를 나타낸 것이다(그림 2.3.15). 외력과 균형을 이루는 계류라인의 장력(= 계류 복원력, restoring force)은 단독 계류라인의 정적 특성을 벡터 합성하여 얻는다.

계류라인의 특성은 초기장력의 설정에 따라 크게 변한다. 즉 초기장력을 작게 하면 변위에 의한 계류라인 장력의 급격한 증가는 없으나 부체의 이동량은 크게 된다. 역으로 초기장력을 크게 하면 부체의 이동은 작게 되나 라인장력이 크게 된다. 따라서 그 계류 시스템에 알맞는 초기장력을 어떻게 설정할 것인가가 중요한 문제이다. 보통 부체의 변위가 허용이동량, 예를 들어 수심의 5%에 달할 때 라인장력이 허용하중(파단강도/안전율)이 되도록 설정하는 것이 좋다.

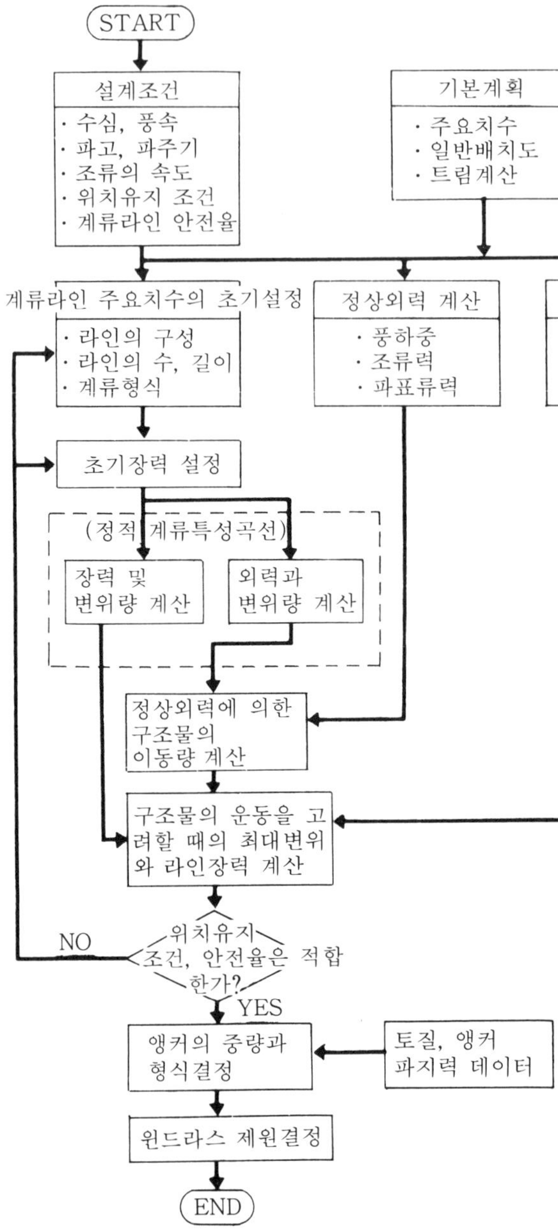

그림 2.3.14 계류 시스템의 설계순서도

③ 주어진 설계조건에 대하여 다음과 같이 정상외력(定常外力, 즉 풍하중, 조류력, 파표류력)을 계산한다.

ⓐ 풍하중(wind force) : 풍동실험을 하거나 혹은 다음 식을 사용한다.

$$F_w = 1/2\rho C_D C_H V^2 A \tag{2.3.2}$$

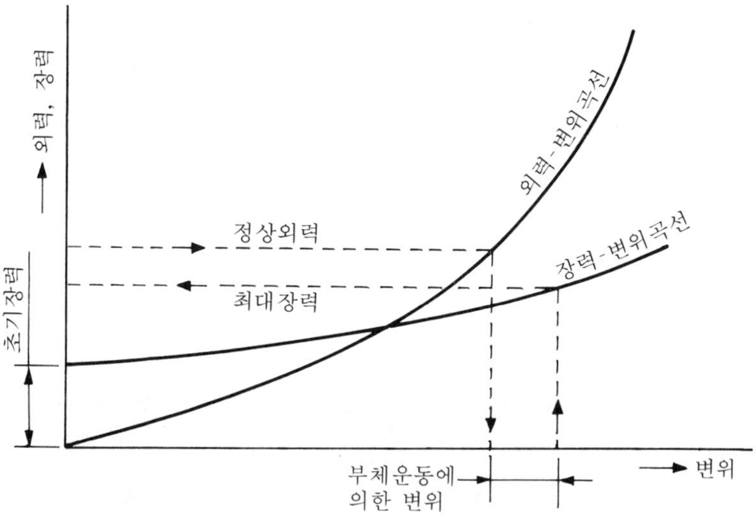

그림 2.3.15 정적 계류특성곡선

여기서 ρ : 공기의 밀도

C_D : 항력계수

C_H : 높이에 따른 수정계수

V : 풍속

A : 투영면적

풍하중의 계산에 사용되는 풍속에 대해서는 각 설계규정에 최소치가 규정되어 있는데 보통 다음과 같은 값을 사용한다.

· 조업 및 이동중 상태 : 36 m/sec 혹은 35 m/sec

· 서바이벌 상태 : 51.5 m/sec 혹은 50 m/sec

· 폐쇄해역에서 조업중 상태 : 25.8 m/sec 혹은 25 m/sec

ⓑ 조류력(current force) : 수조실험을 수행하거나 혹은 다음의 이론식에 의해 구한다.

$$F_c = 1/2\, \rho_w C_D V^2 A \tag{2.3.3}$$

여기서 ρ_w : 해수의 밀도

C_D : 저항계수

V : 유속(바람의 항력에 의한 취송류 포함)

A : 투영면적

ⓒ 파표류력(wave drift force) : 수조실험이나 혹은 이론계산에 의해서 구한다. 파표류력은 보통 다음 식으로 표현된다.

$$F_{DF} = 1/2\,\rho_w g \zeta^2 L \qquad (2.3.4)$$

여기서 ρ_w : 해수의 밀도

R : 표류력 계수

ζ : 입사파의 진폭

L : 부체의 길이

④ 부체운동에 따른 수평이동(sway, surge, yaw)을 수조실험이나 이론계산을 통해 구한다.

⑤ 앞의 ③, ④에서 구한 정상외력과 부체운동에 의한 수평이동량을 가지고, 계류특성곡선을 사용해서 그림 2.3.14에 나타낸 순서에 따라 최대의 라인장력과 최대 수평이동량을 구해서 안전율과 수평이동량이 허용치 이내에 있음을 확인한다.

⑥ 계류라인의 최소 길이

계류라인을 풀어주는 데 필요한 최소 길이는 계류라인에 최대 장력이 발생했을 때에도 앵커지점에서 상향력이 발생하지 않도록 한다는 조건으로부터 결정한다.

2.4 부체와 수중기기의 위치계측 및 수중통신

2.4.1 일 반

부유식 구조물이 다른 해역으로 이동할 경우나 잠수기기로 수중에서 작업할 경우 또는 각종의 해양조사를 수행하는 경우에 모두 현재 위치를 측정하는 일은 절대적으로 중요한 일이다. 현재 위치를 알지 못한다면 작업이나 조사를 할 수가 없고 또 그 결과도 불충분하게 되기 때문이다.

위치를 측정하는 방법으로는 그림 2.4.1에 제시한 방법들이 사용되고 있다. 기계식의 두 방법은 반잠수식 구조물나 선박형 구조물의 운동을 감지해 DPS에 보내기 위하여 사용된다(음향식 측정방법의 보완용). 그리고 전파식은 수상의 선박이나 부체 위치의 계측에 이용되며, 음향식은 반잠수식 구조물, 선박형 구조물 및 잠수기기의 위치계측에 사용된다.

아래에서는 전파식과 음향식 측정법에 대하여 설명한다.

- 위치 계측 방법
  - 기계식
    - 토트와이어 장력 측정법
    - 라이저 각도 측정법
  - 전파식
    - 일반 항행용
      - 쌍곡선 항법
      - 인공위성 항법
    - 정밀 측위용
      - 쌍곡선/동심원 방식
      - 정밀 거리측정 방식
  - 음향식
    - LBL식(long base line)
    - SBL식(short base line)
    - SSBL식(super short base line)

그림 2.4.1 위치계측 방법

2.4.2 전파식 위치계측 방법

(1) 개 요

수면상의 선박이나 부체의 현재 위치는 전파를 발신하든가 또는 송신국의 전파를 수신하는방법으로 계측된다. 전파를 사용하여 위치를 계측하는 장치는 여러 가지로서 표 2.4.1에 그 대표적인 예를 나타내었다. 지금까지는 일반 항해용으로는 쌍곡선 항법에 의한 로란 C(LORANC), 데카(DECCA) 및 인공위성을 사용한 NNSS가 널리 사용되어 왔으나 앞으로는 인공위성에 의한 GPS(global positioning system)가 주류를 이룰 것이다.

또한 육지로부터 근거리의 정밀측위용으로는 쌍곡선 방식의 Hi-Fix/6, Pulse/8 혹은 두 지점간의 거리를 직접 측정하는 Auto Tape, Trisponder 등이 사용되고 있다. 그 중 주요한 방식을 아래에서 설명한다.

(2) 일반 항해용

① 쌍곡선 항법(hyperbolic navigation system)

서로 떨어진 P, Q 두 지점에서 동시에 발신된 전파를 선박에서 수신할 때 선박과 P, Q 지점과의 거리차에 의해서 수신시간이나 수신전파의 위상에 차이가

표 2.4.1 전파식에 의한 위치계측장치의 예

장 치	주 파 수	유 효 거 리	정 도
LORAN C	100 kHz	주간 2,800 km	100～500 m
DECCA	70～130 kHz	주간 650 km	50～750 m
NNSS (Satellite)	150 MHz & 400 MHz	전 세 계	200 m
GPS (Satellite)	1,227 MHz & 1,575 MHz	전 세 계	25 m
Hi-Fix/6	1.6～5 MHz	300 km	≥1 m
Auto Tape DM-40	3 GHz	100 km	$\pm(0.5+D\times10^{-5})$m D : 측정거리
Trisponder	9 GHz	80 km	±1 m

생긴다. 이들 차이는 P, Q 지점으로부터 선박까지 거리의 차이에 비례하므로 선박의 위치는 두 지점 P, Q 로부터 거리가 일정한 궤적(즉 쌍곡선) 위의 점이 된다. 따라서 다시 P, R 두 지점에서도 같은 모양으로 전파를 받아서 또다른 쌍곡선을 알게 되면 선박의 위치는 이들 두 쌍곡선의 교점 A로 구할 수 있게 된다. 이것이 **쌍곡선 항법의 원리**이다.

실제 사용전파로는 지속파(持續波)나 펄스파를 이용하던가 또는 그 주파수의 차이에 따라 몇 가지 형식이 있는데 이중 데카 시스템과 로란 시스템에 대해서 설명한다.

ⓐ 데카 시스템(DECCA system) : 데카 시스템은 영국에서 개발된 것으로 장파의 지속파를 이용한 중거리용의 쌍곡선 항법 시스템이다. 주송신국은 삼각형의 중심에 위치하고 3개의 종송신국을 삼각형의 꼭지점으로 하여 이들이 합쳐서

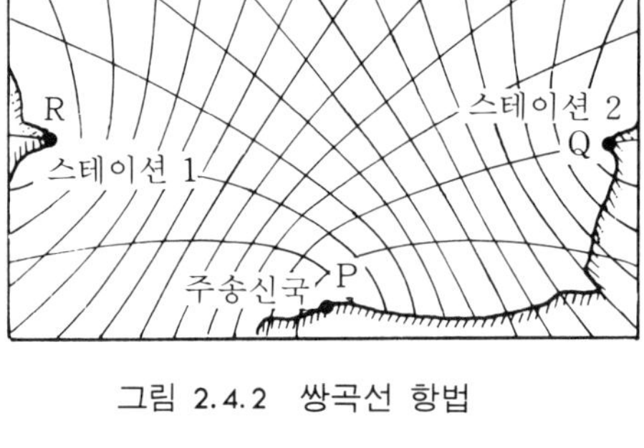

그림 2.4.2 쌍곡선 항법

하나의 송신체인을 이룬다. 선박의 수신기는 이들 각 송신국에서 4개의 신호를 수신한 뒤 각각의 위상을 비교하여 주-종송신국 간에 그려진 3개 쌍곡선의 교점을 구함으로써 자신의 위치를 구한다.

ⓑ 로란 C 시스템(LORAN C system) : 로란은 Long Range Navigation의 머릿글자를 따서 지어진 이름이다. 로란에는 사용주파수에 따라 두 종류가 있는데 현재 널리 사용되는 것은 주파수 100kHz의 장파인 펄스파를 쓰는 로란 C이다. 로란 C 전파는 2,800km의 유효거리를 가지고 있으나 사용범위는 국지적이어서 전세계의 일부 해역에 한정되어 있다.

② 인공위성 항법(satellite navigation system)

ⓐ NNSS(navy navigation satellite system) : NNSS는 1964년 이래 미국 해군에서 실용화한 것인데 1967년부터 민간에게도 시스템의 사용이 허용되었다. 이 시스템은 주기 약 106분, 고도 약 1,100km의 극궤도(지구의 남북극 상공을 통과하는 궤도)를 따라 도는 6개의 인공위성으로부터 연속으로 발신되는 신호를 수신해서 자신의 위치를 구하는 시스템이다.

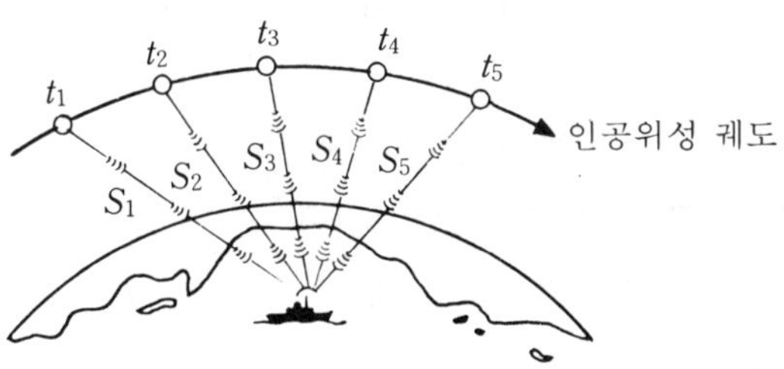

그림 2.4.3 NNSS의 개념

인공위성은 정확하게 2분을 주기로 극히 안정적인 수정(水晶)발진기로부터 얻어지는 150MHz와 400MHz의 반송파를 보내면서 움직이고 있다. 따라서 이들을 선박의 수신기에서 수신하면 수신전파에는 도플러(Doppler) 효과가 포함되어 있다. 이 도플러 주파수를 계산해서 위성의 위치와 수신점과의 거리차를 구하면 수신점은 거리차가 일정한 쌍곡선상에 있다. 같은 방식으로 다음에 수신한 데이터로부터 지표면상에는 1개의 곡선이 얻어지므로 이들 두 곡선의 교점이 수신점이 된다.

NNSS에서는 이들의 수신 데이터를 컴퓨터로 자동 계산하여 선박의 위치를 구한다. 그러나 인공위성은 늘 같은 위치에 있는 것이 아니어서 1~2시간 간격으로 밖에는 위치를 구할 기회가 없다는 것이 결점이다.

ⓑ GPS(global positioning system) : 1970년에는 NNSS에 대신할 시스템으로서 미국 해군, 공군 그리고 국방부는 종래의 시스템을 통합하여 GPS를 도입하였다. 종래 사용되고 있는 NNSS는 1996년까지 폐지하고 이후에는 GPS로 이행할 예정이다. GPS 시스템에는 지상 2만 km, 주기 12시간의 인공위성 24개가, 약 60도씩 떨어진 6개의 궤도면에 4개씩 배치되어 있어서, 지상 어느 곳에서도 항상 4개의 위성으로부터 전파를 수신할 수 있기 때문에 3차원의 위치측정이 가능하다(그림 2.4.4).

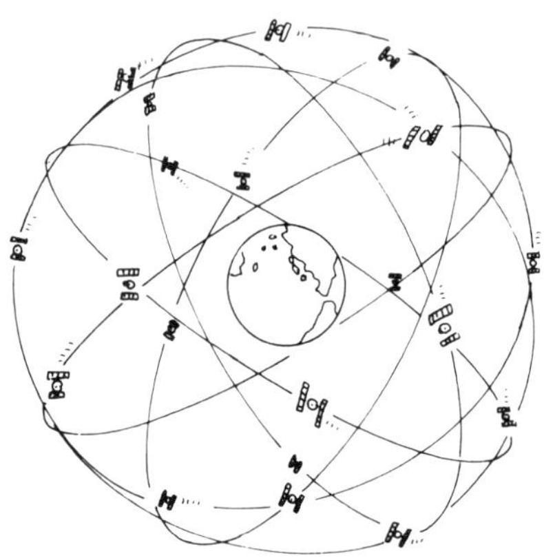

그림 2.4.4 인공위성의 배치

이 방법은 위성으로부터의 신호전달시간을 이용하여 3개의 위성으로부터의 거리를 측정후 1점에서 만나는 위치를 구한다. 다음에 4번째의 위성로부터 거리를 측정하여 측정의 정확도를 높인다.

(3) 정밀측위용

① 쌍곡선/동심원 방식(hyperbolic/circular radio positioning system)

다수의 고정 송신국으로부터 발사되는 전파를 수신해서 쌍곡선 또는 동심원법에 의해 위치를 측정하는 방법이다. 보통 쌍곡선 항법의 경우 3~4개의 송신국으로부터 전파를 수신해서 자신의 위치를 계측하지만 이 방식에서는 다수의 송신국(예를 들어 6개국)의 전파를 받아서 계측의 정확도를 높이고 있다.

동심원 항법의 경우에도 2개국의 전파를 받아서 측위하는 것이 가능하지만 이 방식에서는 4개국으로부터의 전파를 이용하여 정확도를 높이고 있다. 이 방식의 한 예로서 북해에서 널리 사용되고 있는 Hi-Fix/6의 경우 오차는 300km의 범위에서 1m 정도이다.

② 정밀 거리측정 방식

이 방식은 마이크로파를 이용해서 두 지점간의 거리를 직접 측정하는 방식이다. 주송신국과 종국(2∼3개국)간을 3∼9GHz의 전파를 송수신해서 그 동안에 소요되는 시간으로 거리를 측정한다. 이 방식의 한 예인 Auto Tape에서는 100km간의 측정오차가 ±1.5m라는 대단히 정확도가 높은 방식으로서 각종 해상측량이나 해양 토목공사에 활용되고 있다.

2.4.3 음향식 위치계측 방법

(1) 수중음파

수면위의 선박에서는 통신매체로 소리, 전자파 및 빛을 이용하고 있는데 해수중에서는 이들을 매체로 이용할 경우 다음과 같은 문제점이 있다. 먼저 빛은 해수중에서 짧은 거리밖에는 투과하지 않기 때문에 이용이 불가능하다. 또한 전자파의 해중에서 감쇠계수는 다음 식으로 표현된다.

$$\alpha_E = 3.45\times10^{-2}\sqrt{f} \tag{2.4.1}$$

여기서 α_E : 감쇠계수(dB/m)

f : 주파수(Hz)

예를 들어 10kHz의 전자파는 3.45dB/m의 감쇠를 받아 10m 진행하는 동안에 에너지가 약 1/2,800로 감소되고 음압은 약 1/54로 감소되어 사용할 수 없게 된다. 음파의 경우 감쇠계수는 5∼40kHz의 주파수에 대해서 다음 식으로 표현된다.

$$\alpha_A = 10.3\times10^{-3}f^2 \tag{2.4.2}$$

여기서 A : 감쇠계수(dB/km)

f : 주파수(kHz)

즉 10kHz의 음파는 1km 진행하는 사이에 1.03dB의 감쇠를 받는다. 음파가 입체적으로 방사되는 구면확산을 고려한다고 해도 음파가 1km 진행하는 동안의 감쇠량은 전자파가 겨우 18m를 진행하는 동안에 겪는 감쇠량과 같아서 음파 쪽이 훨씬 효율이 좋다. 음파가 수중에서의 통신에 사용되는 것은 이 때문인데, 하지만 실제로는 몇 가지 문제점이 있다.

해수는 수심에 따라 온도가 변하고 그로 인해 음파의 직진성이 흐트러지며 또한 해수중의 생물체, 파도, 선박 등에 의한 잡음 때문에 통신이 장해를 받는 일이 종종 있다. 그럼에도 불구하고 최근에는 해저조사나 수산자원의 조사, 혹은 수중통신 등에 초음파를 이용하는 연구가 활발해져서 이러한 문제점을 극복하여 실용화되고 있다. 그리고 수중카메라에 의한 화상을 초음파를 이용하여 수상의 모선에 보내는 연구도 진행되고 있다.

(2) 음향식 측위방법의 종류

반잠수식 구조물, 선박형 구조물, 잠수지원선 등이 어떤 특정한 해역에서 작업할 때 해저면의 기준점에 대해서 자신의 상대위치를 아주 정확히 측정할 필요가 있다. 이를 위한 장치로서 전파는 수중에서 사용될 수 없기 때문에 음향식의 측위장치가 사용된다. 또한 잠수정 등 수중기기의 위치를 수상의 지원선에서 측정할 경우 역시 음향식 측위장치가 사용된다. 이들 음향식 측위장치에는 다음과 같은 것들이 있다.

① LBL(long base line) 방식

그림 **2.4.5**에서 보는 바와 같이 해저에 3개의 트랜스폰더(transponder)를 설치하고 트랜스폰더를 기준으로 하는 좌표계상에서 자신의 위치를 구하는 방식이다. **트랜스폰더**라는 것은 선저에 부착된 송신기로부터 발신된 질문신호를 수신하여, 이것과 다른 주파수의 응답신호를 발신하는 음향신호장치이다. 이 방식은 측위의 기준이 되는 트랜스폰더 간의 거리가 길기 때문에(예를 들어 수심 6,000m에서 약 8km) **롱베이스라인**(long base line)**방식**이라 불린다. 이 방식에서는 우선 선저의 송신기로부터 트랜스폰더에 질문신호를 보낸다. 이 신호를 수신한 트랜스폰더는 질문신호와 다른 주파수의 응답신호를 발신하고(응답신호의 주파수는 각 트랜스폰더마다 다르다) 이것을 선저의 수신기에서 수신한다. 질문신호의 발신으로부터 응답신호를 수신하기까지의 시간 간격으로부터 본선과 각 트랜스

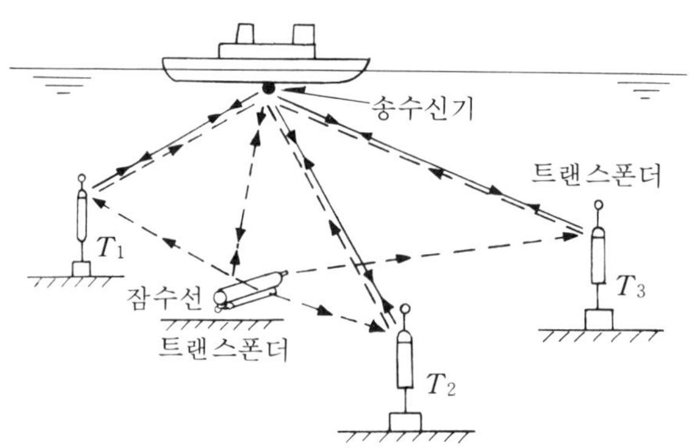

그림 2.4.5 LBL 방식

폰더까지의 거리(슬랜트레인지, slant range)를 구하며 그로부터 본선의 위치를 계산한다. 이 방식은 수심에 관계없이 높은 측위정도(10~20m)가 얻어지는 것이 큰 장점이다.

② SBL(short base line) 방식

그림 **2.4.6**에 나타낸 바와 같이 선저에 3~4개의 수신기와 1개의 송신기(수신기 하나를 공용하는 경우도 있음)를 장치하고 해저에는 트랜스폰더 1개를 설치한다. 이 방식에서는 선저의 수신기 간의 간격이 베이스라인이 되기 때문에 **쇼트베이스라인 방식**이라 불린다. 이 방식은 송신기와 트랜스폰더 간의 슬랜트레인지와 각 수신기에서 응답신호를 수신하는 때의 상호 시간차로부터 얻어지는 신호음파의 도달 방향을 계측함으로써 본선의 위치를 측정한다. 이 방식의 정확도는 수심의 1~3%이다.

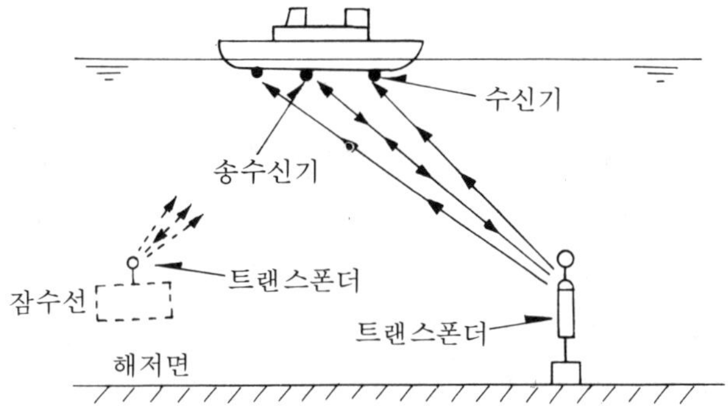

그림 2.4.6 SBL 방식

③ SSBL(super short base line) 방식

그림 **2.4.7**에서 보는 바와 같이 선저에 다수의 수신소자를 하나의 용기에 담은 수신기와 송신기를 장치하고, 해저에는 트랜스폰더 1개를 설치한다. 이 방식에서는 베이스라인이 수신기의 각 소자간의 간격이 된다. 이 방식은 송신기와 트랜스폰더 간의 슬랜트레인지와 수신기의 각소자에서 수신하는 응답신호의 위상차로부터 얻어지는 신호음파의 도착 방향을 계측함으로써 본선의 위치를 측정한다. 이 방식의 정도는 SBL 방식과 거의 같은 정도로 수심의 1~3% 이다.

잠수정의 위치를 수상의 지원선으로부터 측정할 경우도 위와 같은 방식이 사용되고 있는데 트랜스폰더 대신에 핑거(pinger, 일정한 주파수의 신호를 발신하는 장치)를 사용하는 경우도 있다. 이 때는 신호음의 시간차를 측정하기 위해 수

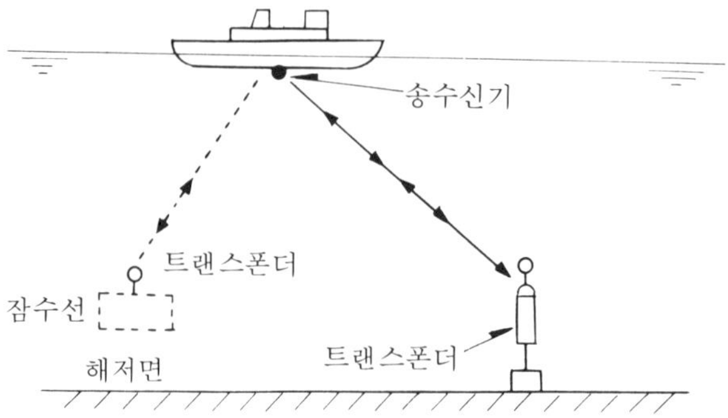

그림 2.4.7 SSBL 방식

상의 지원선과 잠수정 시계의 시간을 정확하게 맞출 필요가 있으며 이 때문에 이 방식을 **동기(同期)핑거 방식**이라 한다.

2.4.4 수중통신

잠수정과 그 지원선 사이 혹은 잠수부들 사이의 통신은 초음파 통신장치를 사용하여 전화와 같이 음성으로 교신한다. 음파의 수중에서의 속도가 1,500 m/sec로 느리기 때문에 수심 6,000 m 위치에 있는 잠수정과 교신할 경우 4초 걸린다. 음파의 분해능을 향상시키기 위해 주파수를 높이면 감쇠가 커져서 기능을 발휘할 수 없다. 이 때문에 반송파로서 8 kHz 전후의 초음파가 쓰인다.

원거리에서도 대화할 수 있는 수중통화기로는 충분한 음향출력을 갖는 SN비(음향신호와 잡음의 비)를 향상시키는 것이 과제인데, 개량된 결과 수심 6,500 m의 해저에 있는 잠수정이 그림 **2.4.8**과 같이 모선을 정점으로 하는 정각 90°의 원추와 지름 8,000 m의 원통내에 있기만 하면 충분히 통화가 가능하게 되었다.

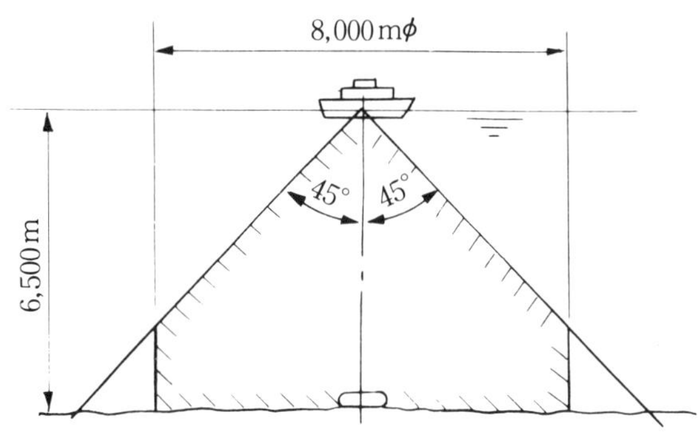

그림 2.4.8 수중통신의 가능범위(해양과학기술센터의 자료)

한편 잠수부용으로 통화기를 소형화하여 수심 100m, 거리 1km까지도 통화가 가능하게 되었다. 수중통신은 잠수기기나 잠수부에게 있어서 중요한 통신수단이므로 앞으로 수중 TV의 실용화와 함께 더욱 발전이 예상된다.

2.5 해양구조물의 강도

2.5.1 일 반

해양구조물은 일반적으로 강판을 상자형 혹은 원통형으로 가공한 부재가 많이 사용되어 선체구조와는 많이 다르다. 따라서 구조물의 강도상 고려해야 할 사항도 상당히 차이가 있다. 주요한 차이점은 다음과 같다.

① 선박은 강판을 모아 결합한 것으로 각각의 강도를 합치기 때문에 강도상으로 면적요소를 중요하게 고려하는 개념인데 반해, 해양구조물은 선체와 유사한 구조도 있기는 하지만 직선적인 골조부재가 입체적으로 조합된 것이 대부분이다.

② 선박은 과거의 실적과 경험을 근거로 하는 선급협회의 규정이 있어서 이에 따라 철판두께 등이 결정되지만 해양구조물의 경우 가동해역의 해상상태, 기상조건 등에 따른 부체의 운동을 추정하고 그 결과로 발생하는 유체력이나 운동가속도를 가미하여 강도계산을 수행해서 부재의 치수가 충분한지를 검토한다.

③ 선박은 화물을 싣고 대양을 항행할 수 있을 정도의 강도를 가지면 되지만 해양구조물 중에는 반잠수식 구조물과 같이 한 곳에 머물러 있으면서 폭풍에 견디어야 할 뿐 아니라 작업해역을 바꾸기 위하여 자항으로 이동하는 경우도 있으므로 이에 대응하는 강도가 필요하다.

④ 두 가지 모두 정기적인 검사를 받아야 하지만 선박은 비교적 용이하게 조선소의 드라이도크에 입거할 수 있는데 반해 해양구조물은 작업해역과 구조의 특이성 때문에 검사기간과 검사방법에 특별한 고려가 필요하다.

이상의 이유 때문에 해양구조물의 강도계산은 선박과는 다른 방법을 사용하게 된다. 여기서는 대표적으로 반잠수식 해양구조물을 예로 들어 그 강도계산 방법을 기술하기로 한다.

2.5.2 반잠수식 구조물의 강도

(1) 개 요

반잠수식 구조물의 구조는 강판을 상자형 혹은 원통 파이프 형태로 가공한 부재를 조립한 골조구조체이다. 반잠수식 구조물은 바다 한가운데 머무르며 폭풍에 견디고 작업을 계속할 수 있는 기능을 가지고 있다. 따라서 반잠수식 구조물은 선박이나 상자형 바지(barge)와는 달리 구조설계시 그림 2.5.1에 제시된 여러 단계의 강도계산을 수행한다.

여기서는 이러한 강도계산의 개요를 설명한다. 주요 치수와 설계조건 등은 미리 주어졌다고 보고 부재의 국부강도 계산부터 시작한다.

(2) 국부강도(local strength)

우선 개별적인 부재의 국부강도를 검토해서 각 부위의 부재치수를 개략적으로 결정한다.

① 하 중

하부선체(lower hull), 칼럼(column), 보강재(brace), 상부구조물(upper hull) 등(그림 2.2.2 참조)을 구성하는 외판 및 방요재(stiffener)에 걸리는 하중을 추정하여 이들 부재가 충분한 강도를 갖추고 있는지를 확인한다. 이 때 고려해야 할 하중으로는 다음과 같은 것들이 있다.

ⓐ 하부선체(lower hull)

· 탱크내 수압

· 파랑변동수압

· 외판이 파괴되었을 때 입수면까지의, 규정에 의한 수압

ⓑ 칼럼(column)

· 탱크내 수압

· 파랑변동수압

· 외판이 파괴되었을 때 입수면까지의, 규정에 의한 수압

· 페어리더(fair leader)에 걸리는 계류력

· 보급선 접안시 하중

ⓒ 보강재(brace)

· 수면하 보강재가 받는 파랑변동수압

ⓓ 상부구조물(upper hull)

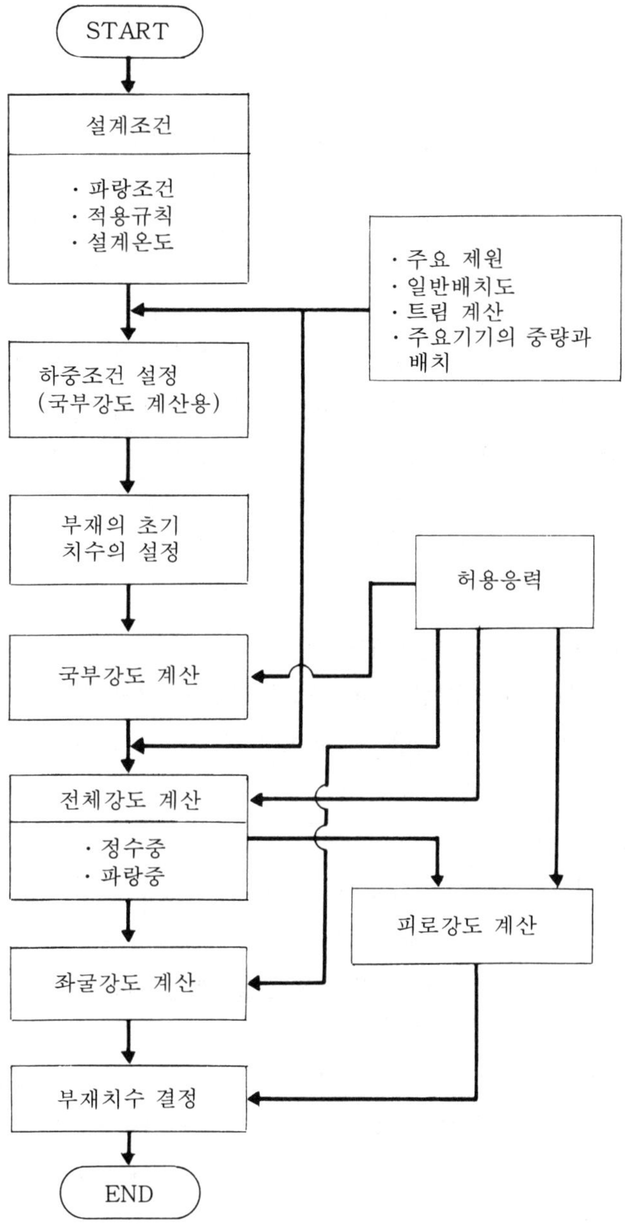

그림 2.5.1 반잠수식 구조물의 구조강도 검토 단계

· 각 구획별 설계하중

· 탑재기기 중량

· 크레인, 윈드라스 등의 하중

여기서 파랑변동수압을 구할 필요가 있는데 국부강도 검토용으로 DNV 규정에서는 다음과 같은 근사식을 사용하고 있다.

$$P = 10\gamma(D_d - Z_h) \ (\mathrm{kN/m^2}) \qquad (2.5.1)$$

여기서 γ : 파입자의 운동에 의한 감소계수(= 0.90)

D_d : 기선(baseline)에서 상부구조 하면까지의 수직거리(m)

Z_h : 기선에서 고려대상 부재까지의 수직거리(m)

갑판하중에 관해서는 실제로 그 구획에 탑재하려는 중량을 그 구획면적에 고르게 분포시킨 값을 사용하지만 선급규정에서는 설계 최소치를 설정해 그것에 견딜만한 강도를 확보하고 있다. 단 무거운 기자재를 설치하는 곳이나 시멘트, 머드(mud) 등을 저장하는 곳에 대해서는 이 값을 상회하기 때문에 실제의 수치를 사용해야 한다. 탱크내압에 관해서는 오버플로(overflow)관의 위치에 의해 수두(水頭)가 달라지므로 주의해야 한다.

② 판의 강도

외판, 갑판, 격벽판과 같이 방요재(stiffener)나 종통방요재(stringer), 격벽(bulkhead) 등으로 둘러싸인 평판도 선급협회 규정의 계산식을 사용한다. 평판에 붙이는 stiffener와 stringer 등은 그 간격에 해당하는 하중을 담당하는 것으로 보고 선급규정에 의해 응력을 계산한다.

(3) 전체강도(global strength)

반잠수식 구조물의 구조를 전체적으로 검토하기 위해서 하부선체, 기둥, 보강재, 상부구조 등의 주요 구조부재를 직선 프레임으로 생각하고 전체를 입체골조 구조로 취급하여 강도를 계산한다. 이것을 **전체강도 계산**이라 한다.

① 정수중 강도계산

먼저 구조물이 정수중에 떠 있는 상태에 대하여 강도계산을 수행하는데 정수중 강도는 전체강도의 기본이다. 부재중에는 정수중의 강도로 결정되는 것도 많이 있어서 처음에 우선 이 강도를 만족하지 않으면 안된다. 정수중 강도계산의 순서는 다음과 같다.

ⓐ 구조 모델링과 단면특성치 : 여기서는 하부선체 2개에 8개의 칼럼을 가진 반잠수식 구조물을 예로 들어 설명한다. 계산은 입체골조 강도계산용 범용 프로그램을 쓰기 때문에 일반배치도로부터 그림 **2.5.2**에 보이는 입체골조 모델을 구성하는 각 부재에 관한 단면적, 단면2차 모멘트 등의 단면특성치를 구한다.

ⓑ 하중 : 구조물에 가해지는 하중(경하중량, 변동하중, 밸러스트, 부력, 정상외

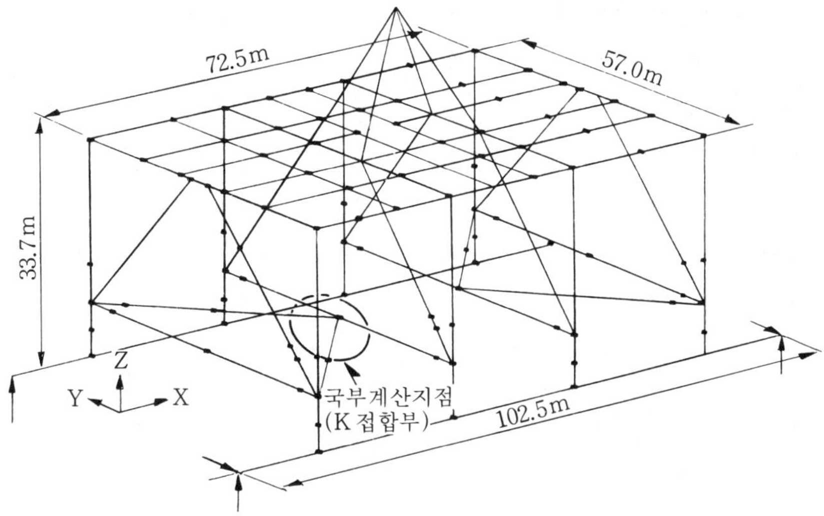

그림 2.5.2 입체골조구조 모델링

력 등)을 각 부재별로 나누어 상기 골조구조에 추가한다.

ⓒ 컴퓨터에 의한 계산 : 이상의 입력자료를 입체골조 강도계산용 범용 프로그램을 이용해서 컴퓨터 계산을 하면 다음 결과를 얻는다.

· 부재 끝부분의 축하중, 전단력, 굽힘모멘트, 비틀림모멘트, 변위 및 응력

· 고정지점의 반력

· 힘, 모멘트 및 변위의 분포

이상의 방법으로 구한 전체강도에서 얻어진 응력값과, 국부강도로 구한 국부응력값을 방향을 고려하여 가산함으로써 정수중의 전체응력이 계산된다.

② 파랑중 강도계산

ⓐ 일반적으로 해양구조물의 파랑중 강도계산은 피로강도를 검토하거나, 파랑중 발생응력과 정수중 응력을 합한 전체응력에 대해서 허용응력과 좌굴강도를 검토하기 위하여 필요한데 다음 세 가지 상태에 대하여 수행한다.

· 조업중 상태

· 서바이벌 상태

· 이동중 상태

파랑중 강도계산에 쓰는 파력은 설계조건에서 주어진 파랑조건에 따라 구해진다.

ⓑ 설계파에 의한 간이계산법 : 반잠수식 구조물의 경우 전체강도의 영향을 가

장 많이 받는 부분은 보강재(brace)이므로 보강재에 영향을 미치는 힘과 모멘트인 split force(하부선체를 좌우 반대방향으로 잡아당기는 힘), pitch connecting moment(하부선체를 180° 위상차로 서로 종동요시키는 모멘트) 및 racking force(하부선체를 180° 위상차로 전후로 움직이게 하는 힘)을 골라 각각 최대가 되도록 하는 파(주기, 파고, 입사각)를 선정한다(표 **2.5.1** 참조).

먼저 파장에 대해서는 표 **2.5.1** 로부터 적합한 파장이 구해지고 다음에 (2.5.2)식에서 주기가 계산된다.

$$T^2 = (2\pi / g)\lambda = 0.64\lambda \qquad (2.5.2)$$

여기서 T = 주기(sec)

λ = 파장(m)

이 주기에 합당한 최대파고는 DNV 규정의 100년 주기 최대파고로서 (2.1.2)식에서 구한다.

표 2.5.1 설계파 선정의 예

변수		파의 방향(α)과
하중 상태	주요 응력	파장(λ)의 기준
(a) split force	수평 보강재의 축응력, 기둥의 굽힘, 전단응력	$\alpha = 90°$(정측면파) $\lambda = 2b$ 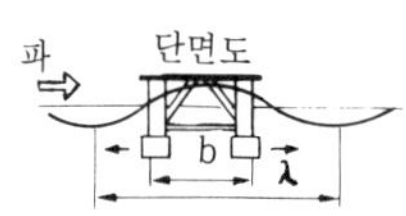
(b) pitch connecting moment	수평 보강재의 축응력, 갑판방요재의 굽힘, 전단응력, 수평 보강재의 굽힘응력	$\alpha = \alpha_P = 90° + \tan^{-1}\dfrac{b}{L}$ $\lambda = l_p = \dfrac{2bL}{\sqrt{L^2+b^2}}$ (L : 하부선체의 길이) 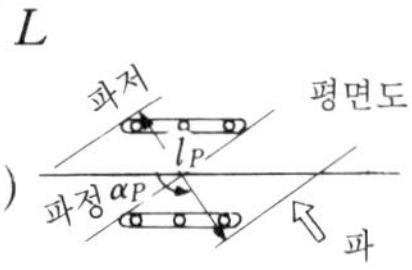
(c) racking force	수평 보강재의 축응력, 기둥의 굽힘, 전단응력	$\alpha = \alpha_R = 180° - \tan^{-1}\dfrac{b}{L}$ $\lambda = 2l_R = 2\sqrt{L^2+b^2}$ 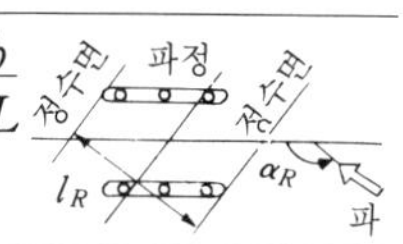

ⓒ 전체 구조해석 : 파에 의한 구조물의 변동응력을 계산하는 데에는 탄성구조응답 해석법과 2단계 해석법이 있다. 탄성구조응답 해석법은 파랑중의 부유식 구조물에 대하여 부체의 정상운동과 탄성체로서의 정상운동 응답을 동시에 해석하는 방법이므로 대형 부유식 해양구조물의 파랑중 응답을 구하는 데 필요하다. 여기서 대상으로 하고 있는 반잠수식 구조물의 탄성구조응답은 강체로 간주되기

때문에 다음에 설명하는 2단계 해석법(운동은 강체, 구조해석은 탄성체로 취급하는 방법)이 사용된다.

2단계 해석법에 의한 파랑중 강도계산은 다음 순서로 수행한다.

- 구조 모델링과 단면특성치 계산 : 정수중 강도계산에 사용된 모델과 단면특성치를 그대로 사용한다.
- 규칙파중의 운동 계산 : 구조물을 강체의 골조구조로 간주하고(그림 2.5.2) 규칙파중의 운동을 계산하여 각 부재에 작용하는 유체력과 가속도를 구한다(제 2장 2.2절 참조).
- 입체강도계산 : 파랑중에서 반잠수식 구조물이 운동하고 있지만 계산의 편의상 그림 2.5.2에 보인 입체골조 모델에 대해서 준정적인 방법으로 해석한다. 즉 강체변위만을 배제하는 구속조건을 설정하고 하중으로는 유체력 운동가속도에 의한 하중을 정수중 강도계산과 같은 정적 해석용 구조모델에 적용시켜서 입체강도계산을 수행한다. 계산은 범용 입체골조 계산 프로그램을 이용한다. 계산의 결과로 입사파에 대한 부재력, 모멘트, 응력, 부재의 비틀림 등의 크기와 위상차가 얻어진다.

그림 2.5.3은 하부구조물 전단부에 있는 수평 보강재의 축응력이 정측면에서 오는 파도에 대해 응답하는 모습을 보여주고 있다. 이 계산은 표 2.5.1의 split

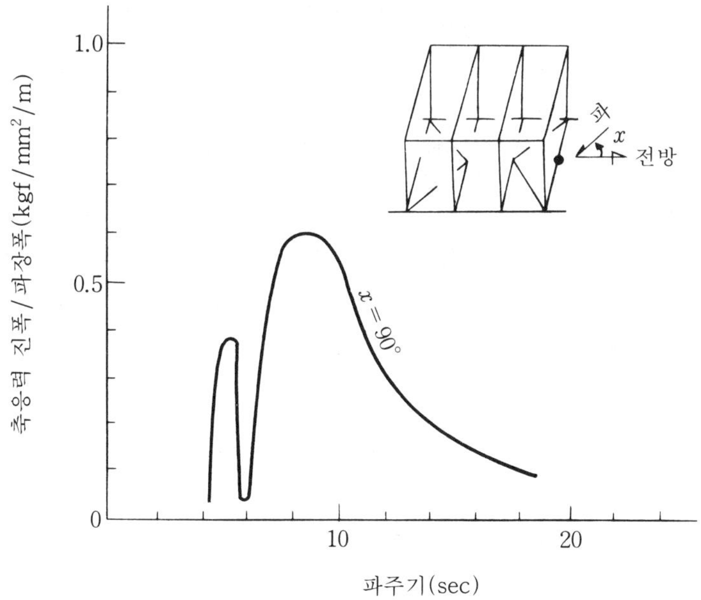

그림 2.5.3 하부선체 전단부 수평 보강재의 축응력 응답

force를 계산하는 것과 상응하며 표에 나타난 파장에 대해 (2.5.2)식에서 계산되는 파주기에서 축응력이 최대치를 나타내고 있다.

부재의 응력중에서 특히 보강재 끝부분의 결합부는 불연속구조이기 때문에 응력집중도가 높으므로 유한요소법(FEM)에 의해 상세한 응력분포를 계산할 필요가 있다. 그림 **2.5.4**에는 보강재 결합부인 K-용접부에 대한 요소분할의 예를 보여주고 있다. 상관선(相貫線)에 따라서 응력분포가 균등한 것이 아니라 특히 응력이 큰 부분이 있다. 이 응력집중점을 **핫스폿**(hotspot)이라고 부른다.

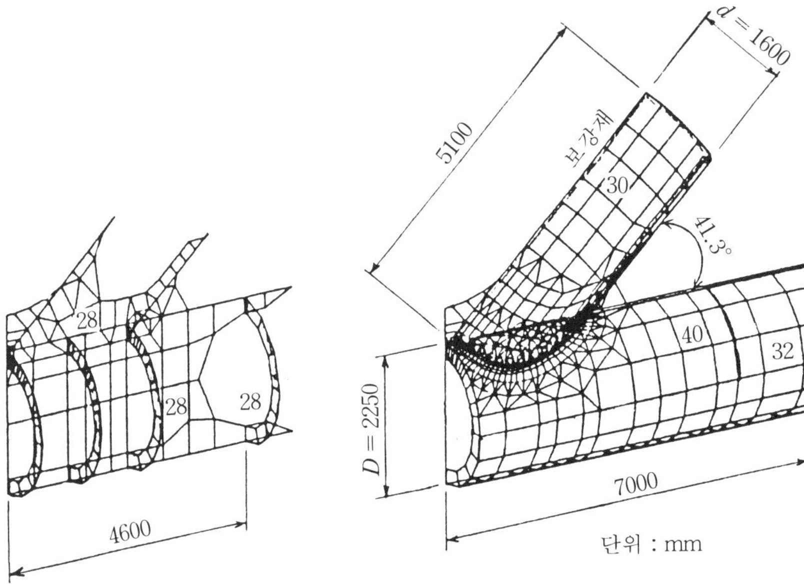

그림 2.5.4 FEM 해석 모델에서 요소분할의 예

(4) 피로강도

부재의 피로강도에 대한 검토시 파도에 의한 반복하중이 중요한 요소이다. 따라서 앞서 파랑중 강도계산에서 얻은 응력값이 검토대상이 된다. 표 **2.5.1**과 (2.5.2)식, (2.1.2)식에 근거한 설계파를 사용하여 계산한 국부응력은 100년 주기의(조우(遭遇)파랑수 $10^{8.7}$개) 최대파에 대응하는 응력임이 확인된다. 해양구조물의 수명으로 생각되는 20년 동안의(조우파랑수 10^{8}개) 최대파에 대응하는 응력은 100년 주기의 최대파에 대응하는 응력에 8.0/8.7를 곱해서 얻어지는 값이다. 이 응력값과 부록 **4**의 (A4.2.6)식에서 계산된 허용응력을 비교해서 부재의 피로강도를 검토할 수 있다.

(5) 좌굴강도

구조물은 모든 좌굴현상에 대해 충분한 강도를 가질 필요가 있으나 반잠수식 구조물은 부재 하나의 붕괴가 전체에 파급되어 갈 우려가 있기 때문에 좌굴 검토는 특히 중요하다. 검토 순서는 다음과 같다.

① 각 부재의 좌굴응력값을 구한다. 기둥과 평판의 조합방법이 여러 가지이기 때문에 하중의 방향, 크기도 그에 따라 다르므로, 예상되는 모든 경우에 대해서 좌굴응력을 계산할 필요가 있다.

② 국부응력값과 전체강도로부터 발생하는 응력값을 합산하여 발생하는 응력값을 구한다.

③ ①과 ②를 비교해서 강도가 부족하면 판 두께를 늘리든가 방요재를 추가하여 판의 면적을 작게 하는 조치가 필요하다.

(6) 허용응력

이상과 같이 구한 응력(개개의 응력, 좌굴응력, 압축과 굽힘의 조합응력)은 선급에서 규정하는 허용치 이하의 값이어야 한다.

2.6 강재의 부식 방지

2.6.1 강 재

(1) 개 요

지금까지 해양구조물용 재료로서는 강재(鋼材)와 콘크리트가 사용되어 왔으나 양자를 비교하면 강재가 다음과 같은 장점이 있다.

① 강도를 얻는 데 무게가 작아도 된다.

② 그 결과 부유체로서 치수가 작게 되어 내부 공간을 넓게 할 수 있다.

③ 파랑에 의한 변동하중에 대해 구조물의 강도 저하가 크지 않다.

이와 같은 이유로 인하여 석유채굴용 반잠수식 구조물이나 해상플랜트, 인공섬 등 부유식 해양구조물에는 강재가 주로 사용되어 왔다.

(2) 강재의 종류

해양구조물에는 표 **2.6.1**에 제시된 바와 같은 조선용 강재가 사용된다. 강재는 인장강도의 측면에서 연강과 고장력강으로 크게 구분된다. 고장력강으로는 인장강도가 500 MPa인 소위 50킬로 하이텐이 주로 사용된다. 선각구조에는 용접이 전면적으로 채용되고 있으므로 높은 파괴인성(破壞靭性)이 요구되는데 그

정도에 대하여 연강에서는 A, B, D, E의 4단계, 고장력강에서는 A, D, E의 3단계 등급으로 분류된다. 이것은 선급협회 규정이 국제적으로 통일된 규격을 바탕으로 정해져 있기 때문에 각 선급규정 간에 차이가 없다.

그러나 제10장에서 설명할 빙해용 해양구조물에서는 상기한 일반용 강재 이외에 저온용의 특수강재도 사용된다.

표 2.6.1 조선용 일반 강재의 종류와 기계적 성질(선급협회 통일규격)

종류	재료 기호	항복점 (MPa)	인장강도 (MPa)	연신률 (%)	V-노치 실험		
					온 도 (℃)	흡수에너지(kJ)	
						L	T
연강	A B D E	235	400~490	22	– 0 – 20 – 40	– 27 〃 〃	– 20 〃 〃
고장력강	A 32 D 32 E 32	315	440~590	22	0 – 20 – 40	31 〃 〃	22 〃 〃
	A 36 D 36 E 36	355	490~620	21	0 – 20 – 40	34 〃 〃	24 〃 〃

(3) 강재의 적용

해양구조물에서는 구조부재의 중요성을 다음과 같이 세 종류로 구분하고 있다. 이것은 응력의 크기와 전체 파괴에 대한 영향도를 기준으로 하고 있다. 반잠수식 구조물에 관한 예를 나타내면 다음과 같다.

① 특수부재(special member)

이 부재의 파괴는 반잠수식 구조물의 전체적인 손상에 이르게 하는 가장 중요한 부재이다.

· 상부구조, 기둥, 보강재, 하부선체 등의 결합부

· 상부구조 방요재의 중량물 탑재에 따른 고응력부

② 1차부재(primary member)

이 부재의 파괴는 구조물의 중대한 손상에 이르는 중요한 부재이다.

· 상부구조의 갑판

· 기둥, 하부선체, 상부구조의 외판

· 보강재

③ 2차부재(secondary member)

· 격벽

· 내부부재

선급협회 규정에서는 이 세 종류의 부재에 알맞는 강재의 적용을 규정하고 있다. 그림 2.6.1에 DNV의 적용예를 보여주고 있다.

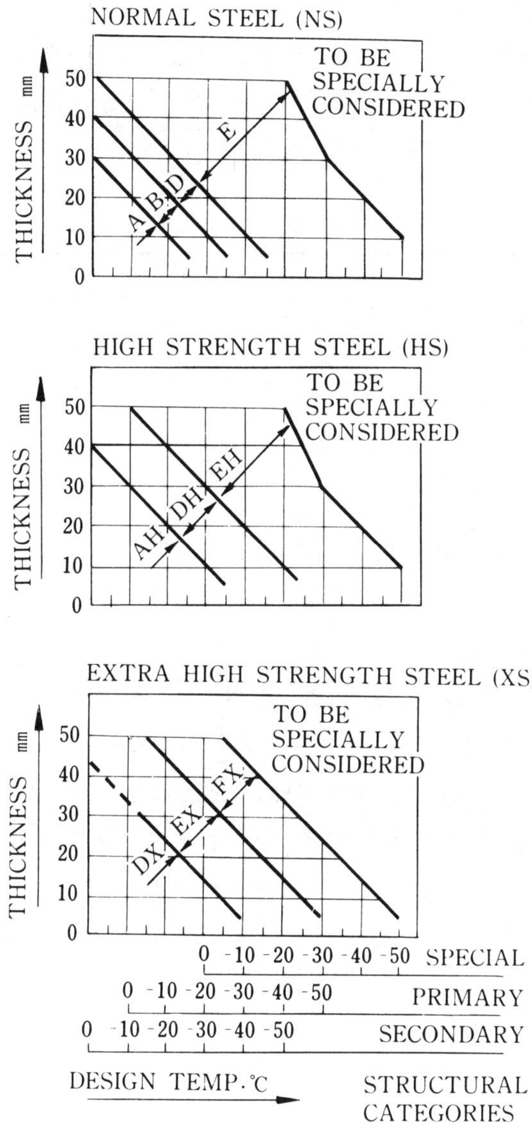

그림 2.6.1 강재의 적용(DNV 규정)

2.6.2 방 식

(1) 개 요

강재는 방치하면 확실하게 부식이 진행되어 전체강도 및 국부강도가 저하될 뿐만 아니라 파랑에 의한 변동하중하에서 피로강도가 두드러지게 저하된다. 따라서 구조물이 장기간에 걸쳐서 그 기능을 발휘하기 위해서는 해수에서의 재료의 방식(防蝕)대책이 충분히 시행되어야 한다.

강재의 부식은 해수의 온도, 성분, 잔존산소량, 파랑 등에 의해서 차이가 있는데 운수성 항만국의 항만구조물 설계기준에 의한 보통 강재의 부식속도 표준치가 표 2.6.2에 제시되어 있다.

표 2.6.2 강재의 부식속도 표준치

부 식 환 경	부 식 속 도(mm/년)
HWL 이상	0.3
HWL과 해저면 사이	0.2
해저 진흙뻘 층	0.05

(주) HWL : 최고 수위

(2) 방식대책

해양구조물에서는 방식대책으로 다음에 설명하는 도장과 전기방식이 시행되고 있다.

① 도장(塗裝, painting)

반잠수식 구조물이나 해상플랜트 바지선의 수면하부에는 전기방식만 사용되고 도장을 하지 않는 경우도 있지만 전기화학적 방식성을 가진 무기(無機) 징크프라이머(zinc primer) 위에 타르에폭시(tar epoxy) 도료를 칠하는 경우도 있다. 수면부 혹은 파도가 치는 부분은 더욱 부식이 심한 부분이어서 반잠수식 구조물의 기둥, 보강재는 무기 징크프라이머 위에 에폭시 도료를 칠하는 경우가 많다. 공기와 접하는 부위는 위의 두 부분에 비해서 부식이 덜하기 때문에 보통선박의 상부구조에 사용되는 유성도료나 비닐도료 혹은 염화고무도료가 쓰이는 경우도 있다. 탱크 내부에는 타르에폭시를 칠하는 것이 일반적이다. 표 2.6.3에 반잠수식 구조물의 방식예를 나타내었다.

② 전기방식(電氣防蝕)

전기방식에는 유전양극(流電陽極)방식과 외부전원(外部電源)방식이 있다. 유

표 2.6.3 반잠수식 구조물의 방식방법의 예(단위 : μm)

	방 식 사 양	
	하지(下地) 처리	도장(塗裝)
하 부 구 조		(전기방식 병용)
1 층	$Sa2\frac{1}{2}$	에폭시 프라이머 50
2 층		에폭시 도료 200
3 층		에폭시 도료 200
기둥, 상부구조 아랫면		
1 층	$Sa2\frac{1}{2}$	무기 징크프라이머 75
2 층		에폭시 프라이머 50
3 층		에폭시 도료 150
4 층		에폭시 도료 40
주갑판, 파이프랙		
1 층	$Sa2\frac{1}{2}$	무기 징크프라이머 75
2 층		에폭시 도료 + 골재 230
3 층		에폭시 도료 + 골재 230

(주) 전기방식은 유전양극법에 의해 80mA/m^{2}로 한다.

$Sa2\frac{1}{2}$: 스텐레스도장강판 하지(下地)처리기준에 의한 표면처리 상태

전양극방식은 피방식체보다 전하가 낮은 금속을 피방식체에 전기적으로 접속시켜 희생양극(犧牲陽極)의 부식전류를 방식에 이용하는 것이다. 선박이나 해양구조물의 희생양극으로는 아연, 알루미늄이 사용된다. 방식전류밀도는 도장의 유무, 도장의 등급, 구조물의 크기, 해역조건 등에 따라 다른데 무도장의 경우 100 mA/m^2, 도장된 경우 5~30mA/m^2 이다. 구조물에의 설치예를 그림 **2.6.2**에 나타내었다.

외부전원방식은 외부로부터 직접 전류를 공급받아 피방식체의 전위를 방식전위로 유지하는 방식이다. 이 방식은 조합전극(照合電極)으로 구조물의 전위를 측정하여 소정의 전위와 차이가 없을 때에는 소요전류를 흘려서 방식전위를 유

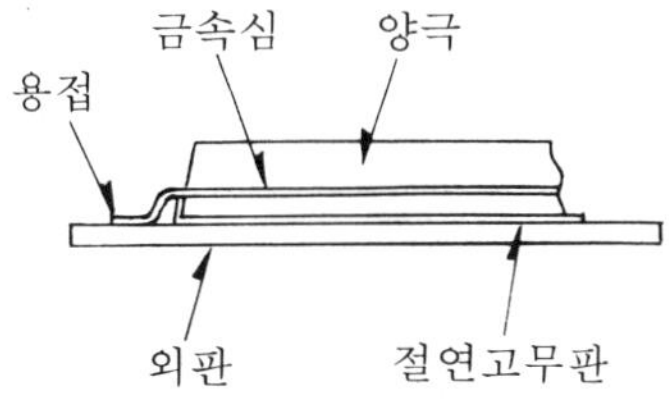

그림 2.6.2 양극(陽極)의 설치예

지하는 것인데 이것은 자동적으로 이루어진다. 그리고 유전양극방식의 경우와 같이 소모되어 갈아야 하는 양극의 수도 적고 장시간의 방식효과가 유지되기 때문에 해양구조물에 많이 사용되고 있다. 구조물에의 설치예를 그림 **2.6.3**에 나타내었다.

어느 방식이라도 도장과 병행하는 경우 강재의 해수중 방식전위 −0.61 V보다 지나치게 낮아지면 과방식이 되어 도장막이 벗겨진다. 이것을 방지하기 위하여 방식전위는 −0.61 V보다 0.2~0.3 V 낮은 −0.8~0.9 V로 유지하는 것이 좋다.

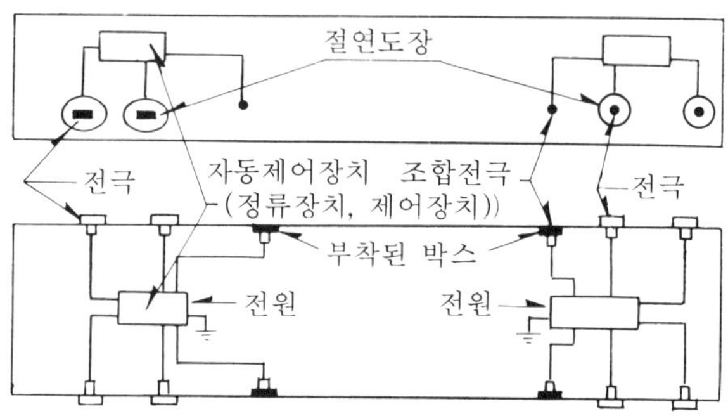

그림 2.6.3 외부전원방식에 의한 외판의 방식

(3) 방식의 효과

적절한 방식은 강구조물의 두께가 감소되는 것을 방지할 수 있을 뿐 아니라 피로강도를 확보하기 위해서도 중요하다. 그림 **2.6.4**는 강재 시험편에 대해서 대기중과 해수중에서 부식피로실험을 수행해 도장과 전기방식의 효과를 조사한 것이다. 이 그림에 의하면 도장에 의한 방식은 도막이 약화된 후에 부식피로(corrosion fatigue)가 진행되므로 피로한계가 보이지 않는다. 전기방식의 경우는 피로한계가 나타나므로 전기방식이 대단히 유효한 것임을 알 수 있다. 결국 전기방식을 시행하면 해수중에서도 강재의 피로강도를 공기중에 있는 것과 같은 정도로 유지할 수 있다. 이렇게 함으로써 **2.5**절 해양구조물의 강도에서 설명한 피로강도 검토법을 적용할 수 있다.

기 호	시 험 편	조 건
—■—	B(도장미세손상 시험편)	3% 식염수중
—○—	B(도장미세손상 시험편)	−800mV SCE
—△—	E(음극방식 시험편)	−800mV SCE
—●—	E(음극방식 시험편)	−600mV SCE
——	A(1회도장 시험편)	3% 식염수중
- - - -	A(2회도장 시험편)	3% 식염수중
·······	샌드블러스트재	대 기 중
—·—	샌드블러스트재	3% 식염수중

(주) SCE : 포화 칼로멜 전극

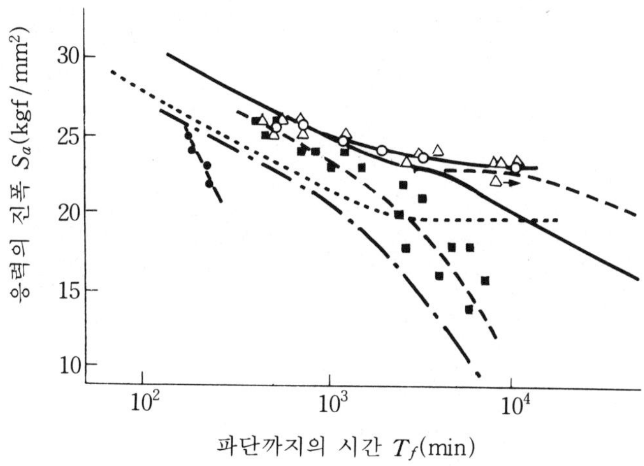

그림 2.6.4 방식재의 시험결과(미츠비시(三菱)중공업기보, 1976)

제 3 장 해 양 조 사

3.1 일 반

해양개발을 수행하기 위해서는 우선 해양 및 해저의 조사가 필요하다. 일반적으로 해양조사는 각종 조사기기를 탑재한 인공위성, 항공기, 조사선(수상 및 잠수), 관측부이를 사용해서 다음과 같은 항목에 대하여 이루어진다.

표 3.1.1 해양조사 항목

조사 장소	조 사 항 목	플 랫 폼(*)
해상공간	해상 기상	항공기, 인공위성, 조사선, 관측부이
해 면	파랑, 조석, 해류, 해수, 오염도, 해면 고도	위와 같음
해 중	해류, 해수의 물리·화학적 성질, 생물자원	조사선, 잠수조사선, 관측부이
해 저 면	수심, 해저지형, 지질, 광물자원	조사선, 잠수조사선
해저면하	지각구조, 지질	조사선, 잠수조사선

(주)* 각종 조사기기를 탑재하여 해양조사를 행하는 항공기, 인공위성, 선박, 부이 등을 플랫폼(platform)이라고 한다.

해상공간에서의 조사방법으로는 오래 전부터 항공기에 의한 사진촬영, 자기탐사, 중력탐사 등이 행해져 왔다. 최근에는 원격탐사 기술의 발달에 의해 항공기에 의한 방법보다 인공위성에 의한 해양조사 관측기술이 급속히 발달해 왔다. 인공위성은 해양관측 이외에 조사선 및 관측부이의 위치계측, 지상 및 해상의 관측자료 중계기지로서 폭 넓게 이용되고 있다.

해상, 해중에서의 해양조사는 해상공간에서의 조사관측과 비교해 볼 때 조사범위와 기동성은 부족하지만 관측의 정도(精度)는 우수한 편이다. 또한 해상공간으로부터의 조사에서는 불가능한 해중, 해저의 상세한 조사가 가능하다.

3.2 인공위성

3.2.1 원격탐사의 개요

원격탐사는 지구 표면으로부터 반사 또는 복사된 전자기파를 고공에서 관측하여 지구 표면에 관한 각종 정보를 얻는 초광역 조사 시스템이다. 원격탐사에 사용되는 전자기파는 태양광의 반사파인 가시광선(파장 0.4~0.7 μm), 적외선(파장 0.7~3 μm), 지구 표면으로부터 복사되는 열적외선(파장 8~14 μm) 그리고 대부분은 인위적으로 인공위성에서 발신하는 마이크로파(파장 1~100 cm)가 사용된다.

해양관측용 인공위성의 원격탐사에 사용되는 센서의 종류는 다음과 같다.

- 센서
  - 수동식
    - 가시적외선(可視赤外線) 복사계
    - 마이크로파 복사계
  - 능동식
    - 마이크로파(레이더) 고도계
    - 마이크로파(레이더) 산란계
    - 레이더

그림 3.2.1 센서의 종류

(1) 가시적외선 복사계(visible and infrared radiometer)

이 센서는 지구 표면으로부터 반사되는 가시광선, 적외선 및 지구 표면으로부터 복사되는 열적외선을 전기신호로 변환하는 센서인데, 원격탐사용의 센서로서 가장 널리 이용되고 있다. 가시근적외선의 스펙트럼으로부터 지구 표면의 색깔을 알 수 있기 때문에 이것으로부터 바다의 수질, 기름에 의한 오염, 해빙의 분포, 연안역의 해저지형 등의 자료를 얻을 수 있다. 그리고, 열적외선의 스펙트럼으로부터 해수의 표층온도를 관측한다.

(2) 마이크로파 복사계(microwave radiometer)

지구 표면으로부터 복사되는 미약한 마이크로파를 수신해서 이것으로부터 해면의 온도, 수증기 분포, 해빙의 분포, 해상풍의 풍향·풍속 등의 자료를 얻을 수 있다.

(3) 마이크로파 고도계(microwave or radar altimeter)

마이크로파를 지구 표면에 발신해서 반사파의 도착시간, 파형 등에 의해 파고, 지오이드(중력의 크기가 같은 면), 등고면(topography), 해류 등의 자료를 얻을 수 있는 센서이다.

(4) 마이크로파 산란계(microwave scatterometer)

마이크로파를 지구 표면에 발신해서 반사파의 강도로부터 산란계수를 계산해서 이것으로부터 풍속, 풍향 등의 자료를 얻는 센서이다.

(5) 레이더(radar)

마이크로파를 지구 표면에 발신해서 반사파로부터 지구 표면의 화상을 얻을 수 있는 센서이나, 인공위성에 사용되는 레이더는 특히, 분해성능을 높이기 위해서 합성개구(合成開口)방식의 레이더(SAR, synthetic aperture radar : 안테나 개구부의 길이를 전자적으로 합성하여 실제 길이보다 긴 경우의 효과를 얻을 수 있는 방식)가 사용되고 있다.

3.2.2 관측용 인공위성의 개요

인공위성을 사용하면 비교적 넓은 지역의 지표면 관측이 가능하고 그 관측 폭은 100~200km에 이른다. 원격탐사 기술의 폭넓은 진보에 의해 인공위성에 의한 데이터는 지구 표면의 관측, 자원개발 등에 널리 활용되고 있다. 다음에서는 관측용 인공위성의 개요에 대하여 설명한다.

(1) LANDSAT

지구관측용의 위성으로는 LANDSAT(주로 육상의 자원탐사용)가 유명한데 LANDSAT 1호가 1972년에 발사된 이후 5호까지 발사되어 왔으나 현재는 5호만 가동되고 있고 나머지는 가동이 중지되었다. 또한 1978년에는 관측용의 SEASAT 1호가 발사되었으나 짧은 기간안에 가동이 중지되었다. SEASAT 1호에는 그림 **3.2.1**에 설명된 센서가 모두 탑재되어 있어 귀중한 자료를 많이 얻을 수 있었다(그림 **3.2.2**).

(2) MOS 1호

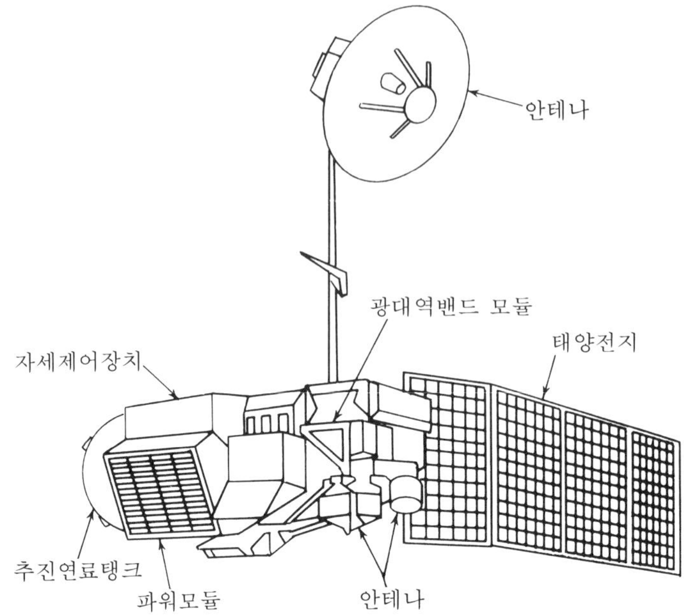

그림 3.2.2 LANDSAT 5호

MOMO 1호라는 애칭으로 불린 이 위성은 일본에서 해양관측 전용 인공위성으로 1987년에 발사되었으나, 1989년 운용을 종료했고 대신 MOS 1호의 개량형인 MOS 1호b가 1990년 2월에 발사되었다. MOS 1호에는 주요 관측기기로 가시근적외선 복사계, 가시열적외선 복사계, 마이크로파 복사계가 탑재되어 있었다. 그림 **3.2.3**는 MOS 1호의 개략도이다. 이외에 기상위성 NOAA, 관측위성 NIMBUS와 SPOT도 해양관측에 사용되고 있다(그림 **3.2.3**).

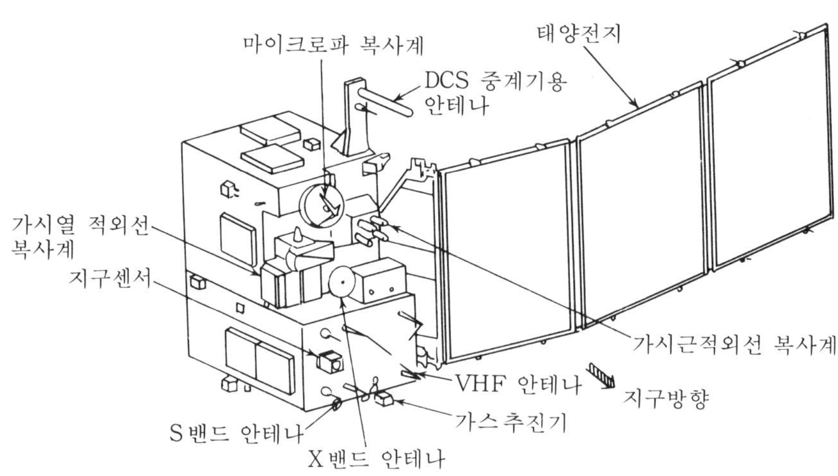

그림 3.2.3 MOS 1호

3.3 조사기기

해양조사기기에는 많은 종류가 있으나, 조사선, 관측부이에는 그 사용 목적에 따라 필요로하는 조사기기가 각각 탑재되어 있다. 그리고 이들 조사기기들의 사

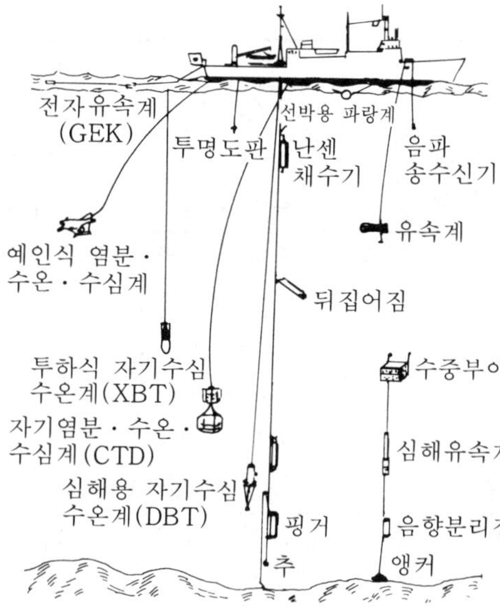

(1) 해류 및 수질조사

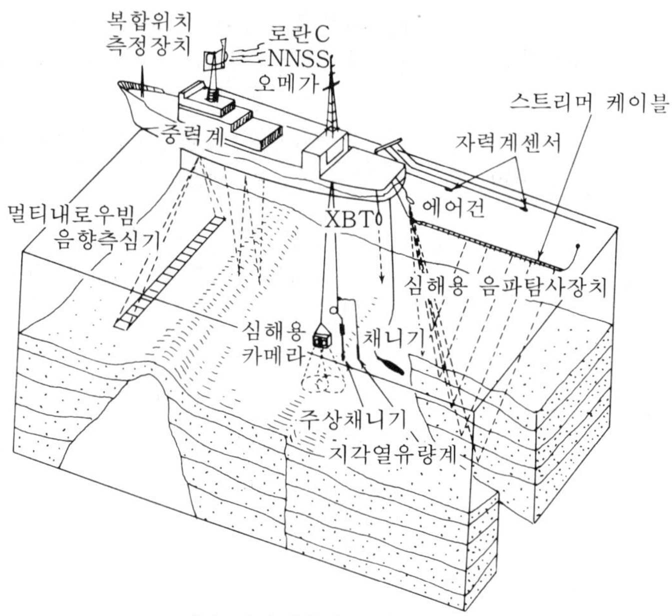

(2) 해저지형과 지질조사

그림 3.3.1 해양조사의 개요(해상보안청의 자료)

용 형식으로는 그림 3.3.1 과 같이 선내 고정식, 매달아 두는 방식, 예인식, 투하식, 해저 고정식 등 여러 가지가 있다. 해양조사기기를 분류하면 표 3.3.1 에 나타난 바와 같다. 여기서 그중 몇 가지에 대하여 개요를 설명한다(상세한 것은 책 뒤의 문헌을 참조할 것).

표 3.3.1 해양조사기기의 종류

조 사 대 상		조 사 기 기 의 예
해면·해중	풍향, 풍속	풍향풍속계
	유향, 유속	전자유속계(GEK), 도플러식 유속계
	파향, 파고	수압식 파랑계, 초음파식 파고계
	해면 고도	수압식 검조계, 초음파식 수위계
	염분, 전기전도도	S(C)TD, XSTD
	수 심	수압측심계, 음향측심계
	수 온	서미스터 체인(thermistor chain), XBT, S(C)TD, XSTD
	해 중 음	음압계, 소노부이
	음 속	음속계, 음향 토모그래피
	수 질	수색계, 조도계, 휘도계, 투과율계, 투명도판, 채수기
해 저	해저지형	음향측심기, 해저면 탐사 소나, 멀티내로우빔 음향측심기, 수중 TV(유삭(有索)식과 초음파식)
지 각	구 조	표층탐사장치, 다중수신 음파탐사장치
	중력, 자력	중력계, 자력계
	열 유 량	해저 열유량계
	지질 표본 샘플링	주상(柱狀) 채니기, 드레지(dredge)식 채니기
	지질 강도	관입실험기
생 물 자 원		어군탐지기, 어업용 소나, 플랑크톤 채집기, 수중 TV

(1) 유향유속계

① 전자유속계(GEK)

두 개의 전극을 붙인 케이블을 선미로부터 계류하여 유도되는 기전력을 선상에서 기록한다. 그후 배의 침로를 90° 전환해서 같은 방법으로 측정하여 두 결과를 벡터 합성하여 해류의 유향과 유속을 구하는 방식이다.

② 도플러식 유속계

해수중에 발신된 초음파 신호가 유체와 함께 흘러가고 있는 미립자 군(群)에 의해 반사될 때 얻어지는 도플러 이동(Doppler shift) 주파수를 검출하여 해류의 유속을 구하는 방식이다.

(2) 염분 · 수온 · 수심계(S(C)TD)

해수중의 염분은 전기전도도를 측정함으로써 얻어진다. S(C)TD는 염분과 더불어 해수온도와 수심을 동시에 연속해서 측정하는 장비로 수중에서 염분의 연산을 행하는 STD와 선상에서 염분의 연산을 행하는 CTD가 있다.

(3) 투하식 수심 · 수온계(expendable bathy-thermograph, XBT)

XBT는 수심과 수온을 자동으로 기록하는 1회용 수심·수온계이다(그림 3.3.2).

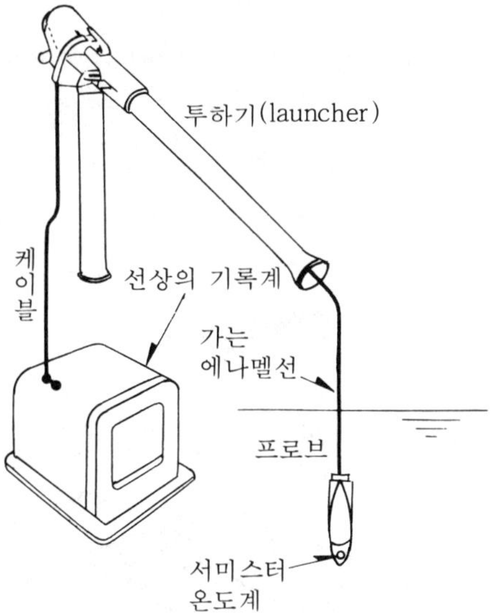

그림 3.3.2 투하식 수심·수온계(XBT)

(4) 해저면 탐사 소나(side scan sonar, SSS)

초음파의 송수신기가 탑재된 예인기를 해저면 가까이 예인하여, 해저면의 요철을 계측하기 위하여 예인기의 진행방향과 직각방향으로 짧은 펄스(수직방향으로는 넓고 수평방향으로는 좁음)를 발신하여 해저지형도를 얻는 장치이다(그림 3.3.3).

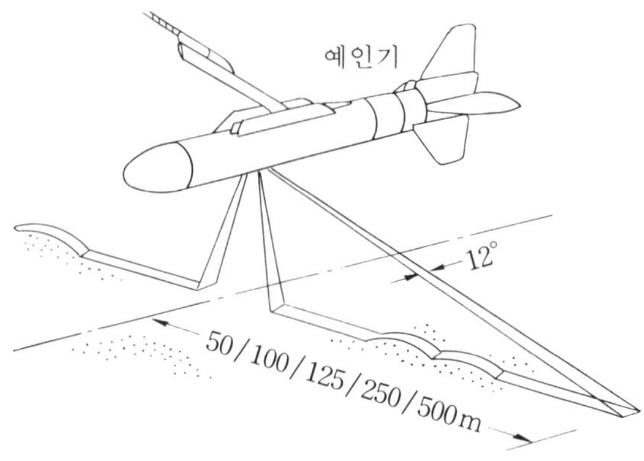

그림 3.3.3 해저면 탐사 소나(SSS)

(5) 멀티내로우빔 음향측심기(multi-narrow beam echo sounder, MBES)

송파기로부터 좌우 54°, 전후 2.7° 방향으로 부채 모양의 초음파 펄스를 발신한다. 해저로부터의 반사음은 선저에 설치된 40개의 수신기에 수신되어 이것을 전후 방향 20°, 좌우방향 2.7°의 16개의 빔으로 분할한다. 이렇게 송신파와 수신파를 합성하면 2.7°×2.7° 범위의 예리한 16개 빔이 한 번에 얻어지므로 광범위한 지역에 걸쳐서 고밀도의 해저지형도가 단시간에 제작된다. 이러한 방식의 음향측심기는 미국의 General Instrument 회사의 Seabeam이 대표적이다(그림 3.3.4).

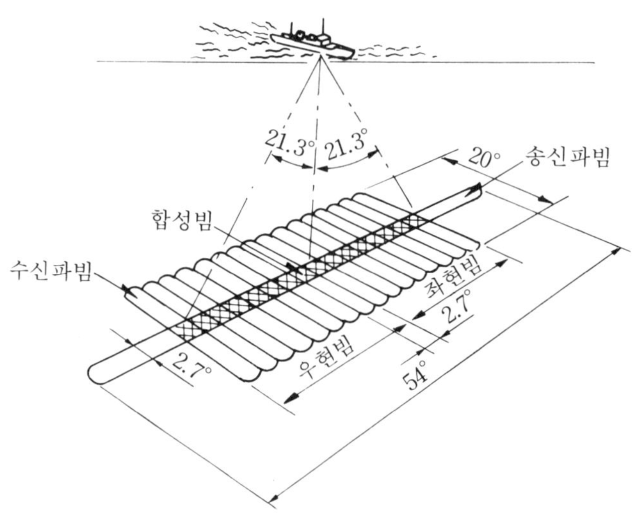

그림 3.3.4 멀티내로우빔 음향측심기

(6) 표층탐사장치(sub-bottom profiler, SBP)

배의 밑바닥에 설치된 송파기로부터 초음파를 쏘아 해저지층에서 반사된 파를 수신함으로써 해저면 아래 수십 m의 지층형상을 정밀하게 탐사하는 장치이다(그림 **3.3.5**).

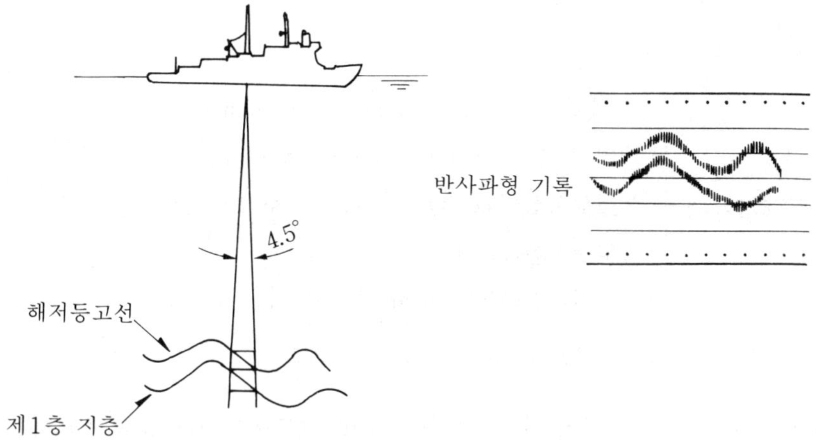

그림 3.3.5 표층탐사장치(SBP)

(7) 다중수신 음파탐사장치(multi-channel seismic profiling system)

에어건(air gun)을 이용하여 음파신호를 발신한 뒤 해저지층으로부터의 반사음을 스트리머케이블(streamer cable)에 배치한 다수의 수신기로 수신한다. 이 신호를 처리하면 해저하 심층부의 지각구조를 알 수 있다. 일반적으로 사용주파수가 100 Hz 정도 이하일 때에는 **지진조사**라고 부르고 그 이상일 때에는 **음파탐사**라 부른다. 이 시스템은 해저석유 탐사용으로 사용한다(그림 **3.3.6**).

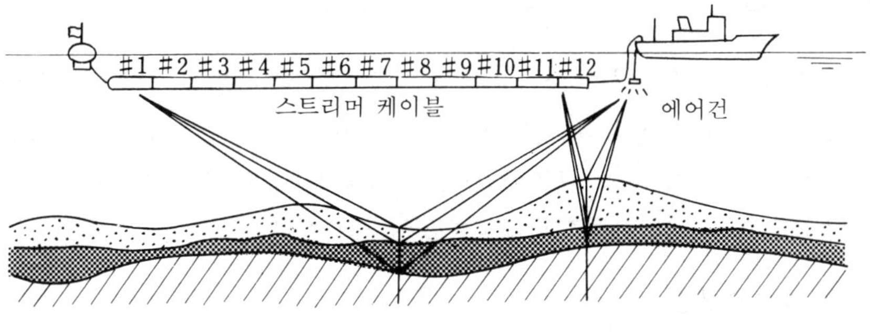

그림 3.3.6 다중수신 음파탐사장치

3.4 해양조사선

3.4.1 개 요

수상조사선에는 다음과 같은 종류가 있다(잠수조사선에 대해서는 제 4 장을 참고하기 바람).

조사선
- 측 량 선(Hydrographic survey ship)
- 해양연구선(Oceanographic survey ship)
- 물리탐사선(Geophysical survey ship)
- 어업조사선(Fishing survey ship)
- 기상관측선(Meterological observation ship)

그림 3.4.1 해양조사선의 종류

해양조사선의 크기는 대부분이 $L_{pp}=50\sim90$ m 정도이나 100 m를 초과하는 대형 조사선도 건조되고 있다. 속력은 12~16 knots 정도가 많다. 조사선은 내파성, 복원성, 주거성(배의 크기에 비해서 승무원의 수가 많음)이 우수해야 하며 그외에도 조사기기를 많이 탑재하고 있기 때문에, 선체동요 및 진동, 소음이 작아야 한다. 또한 해양관측의 특성상, 정속제어와 저속항행이 가능해야 하므로 추진장치로 전기추진 방식이나 가변 프로펠러를 채용하는 경우가 많다.

아래에서는 측량선, 해양연구선, 물리탐사선에 대해서 주로 설명한다. 어업조사선, 기상조사선은 각각 어업조사, 기상관측에 종사하는 선박인데 이들의 설명은 생략한다.

3.4.2 측 량 선

주로 해저지형을 측량하는 조사선이다. 최근에는 대륙붕의 정밀측량이 대단히 중요해졌기 때문에(제 1 장 1.5 절 참조) 일본에서도 대형 측량선인 TAKUYO (拓洋, 해상보안청 소속)가 건조되었다. 표 3.4.1 에는 TAKUYO 의 주요 제원을 나타내었고 그림 3.4.2에 일반배치도를 도시하였다.

3.4.3 해양연구선

주로 해양의 기초조사를 하는 연구선으로 일반적으로 정부기관, 대학, 연구소

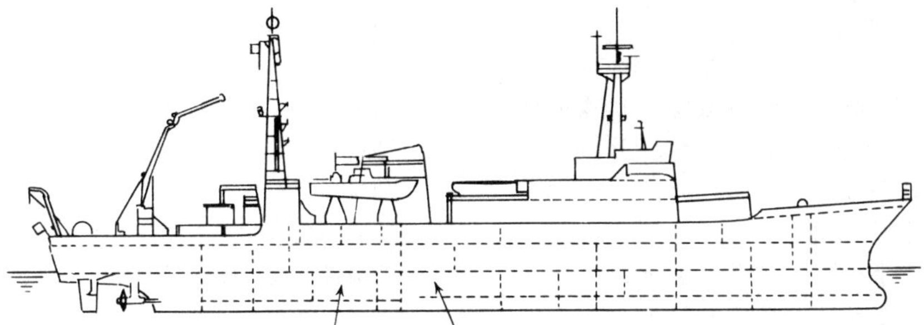

그림 3.4.2 TAKUYO의 일반배치도

표 3.4.1 TAKUYO의 주요 제원

L_{pp}	90.0m	주요 조사기기
B_{mld}	14.2m	· 멀티내로우빔 음향측심기
D_{mld}	7.3m	· 다중수신 음파탐사장치
d_{mld}	4.5m	· 표층탐사장치(SBP)
△	3,048ton	· 중력계
GT	2,481ton	· 자력계
추진기관		· 지각 열류량계
· 디젤	2,600ps×2	· CTD
· 프로펠러	CPP×2	· 파고계
항해속도	16.0knots	· 해류유속계(편류계, 심해용)
선수추진기(bow thruster)	469kW×1	· 관측 데이터 기록장치
횡동요방지 탱크(anti-rolling tank)	75ton	· 관측 데이터 처리장치
승무원 합계	61명	

소속인 경우가 많다. 해양연구선의 예로서 도쿄(東京)대학 해양연구소의 HAKUHOMARU(白鳳丸)의 주요 제원을 표 **3.4.2**에 나타내었고 그림 **3.4.3**에는 그 일반배치도를 나타내었다.

표 3.4.2 HAKUHOMARU 의 주요 제원

L_{pp}	90.0m	주요 조사기기
B_{mld}	16.2m	· 심해용 정밀 음향측심기(PDR)
D_{mld}	8.9m	· 표층탐사장치(SBP)
d_{mld}	6.0m	· 멀티내로우빔 음향측심기
GT	3,987ton	· 어군탐지기
추진장치(전기추진 방식)		· 자기 수온 기록계

· 디젤 1,900 ps×2	· 전자식 유속계
· 추진용 발전기(AC) 1,085 kW×2	· 염분계
· 추진용 전동기(AC) 460 kW×2	· 적외선 복사 온도계
· 프로펠러 및 타 2축 2타	· 중력계
항해속력 16.0 knots	· 채수기
승무원 합계 89명	· 음향측위장치(SSBL/LBL)
선수추진기 추력 4.0 ton×2	· 초심해용 CTD 시스템
선미추진기 추력 6.8 ton×1	
횡동요방지 탱크 $49 m^3$	

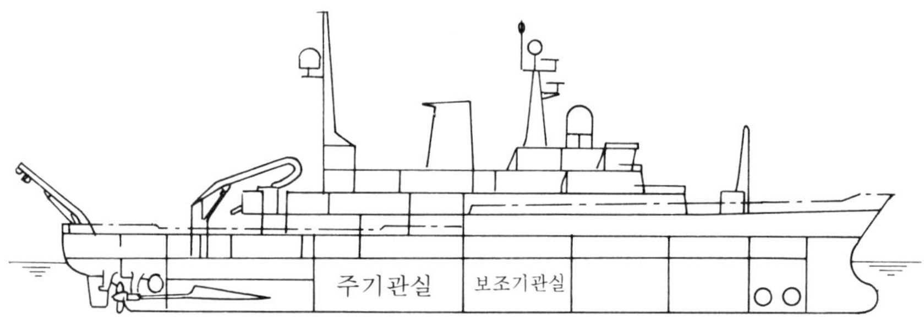

그림 3.4.3 HAKUHOMARU의 일반배치도

3.4.4 물리탐사선

물리탐사선은 주로 해저석유, 천연가스 등의 개발(특히 해저면 아래 지층구조의 물리탐사)에 사용한다. 따라서 물리탐사선에는 일반 해양조사기기와는 달리 물리탐사용의 중력계, 자력계, 표층탐사장치, 다중수신 음파탐사장치 등을 탑재하고 있다. 물리탐사선의 예로서 BEHR PAIMA의 주요 제원을 표 **3.4.3**에 나

표 3.4.3 BEHR PAIMA의 주요 제원

L_{pp} 55.8 m	주요 조사기기
B_{mld} 11.8 m	· 중량계
D_{mld} 6.0 m	· 자력계
d_{mld} 3.7 m	· 심해 음향측심기
GT 1,183 ton	· 해저면 탐사 소나(side scan sonar)
추진기관	· 표층탐사장치(sub-bottom profiler)
· 디젤 1,000 ps×2	
· 프로펠러 CPP×2	
항해속도 13.7 knots	
승무원 합계 84명	

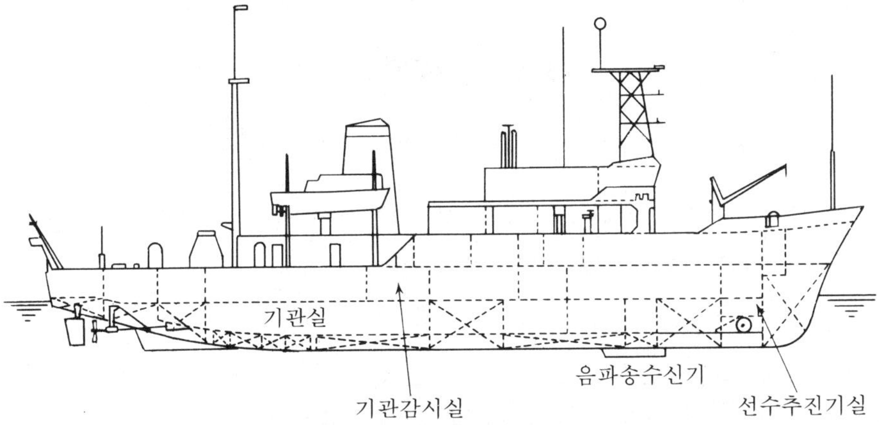

그림 3.4.4 BEHR PAIMA의 일반배치도

타냈으며 또한 일반배치도를 그림 3.4.4에 수록하였다.

물리탐사선은 정부기관 외에도 해저석유자원 개발회사가 소유하고 있는 것도 있다. 특히 해저 망간단괴를 조사하기 위한 전용선도 건조되어 있다. 금속광업사업단 소속의 HAKUREIMARU(白嶺丸, 1,822ton), 제2HAKUREIMARU(2,111 ton) 등이 그 예이다. 또한 물리탐사선에는 앞에 언급한 물리 탐사장치 이외에 굴착(drilling)장치나 DPS를 장비하고 심해저의 지질조사를 주목적으로 하는 배도 건조되어 있다. 그림 3.4.5는 제 1 장의 1.4.3절에서 설명했던 국제심해저굴착계획(ODP)에 사용되고 있는 탐사선인 JOIDES RESOLUTION호의 외형이다.

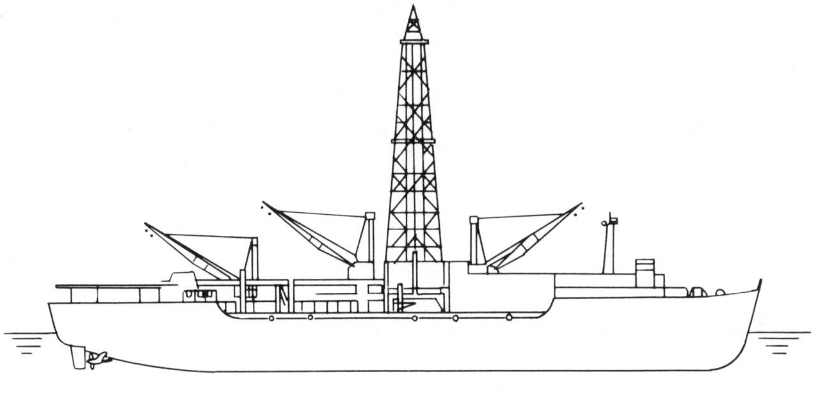

그림 3.4.5 심해저 지질조사선 JOIDES RESOLUTION

3.5 관측부이

3.5.1 개 요

해상의 특정해역을 장시간에 걸쳐 조사, 관측하기 위하여 부이를 사용할 때가 있다. 관측부이에는 다음과 같은 형식이 있다.

- 관측부이
  - 유인 관측부이
  - 무인 관측부이
    - 계류부이
    - 표류부이

그림 3.5.1 관측부이의 종류

3. 5. 2 유인 관측부이

연구원이 거주하여 관측하는 부이로 스크립스 해양연구소 소속의 FLIP(floating instrument platform)가 있다. FLIP 는 수중음향 관측용뿐 아니라 해상과 해면하의 해양조사를 하는 부이로, 관측해역에 예인한 후 밸러스트 탱크(ballast tank)에 해수를 주입하여 표류시킨다. 동요주기가 커서 파랑의 영향이 작은 것이 특징이다.

표 3.5.1 FLIP의 주요 제원

길이	108 m
수선면 지름(직립시)	3.7 m
흘수(직립시)	91 m
△(배수량)	2,200 ton
승무원수	15명
횡동요	±1°, 주기 45초
상하동요	4 cm, 주기 27초

3.5.3 무인 관측부이

기상관측, 파랑관측, 심해류 계측 등에 사용하기 위해 계측센서를 무거운 추나 앵커를 이용하여 해저면에 고정시킨 부이 시스템이다(그림 **3.5.3**). 관측 데이터는 무선장치로 직접 송신하거나 혹은 인공위성을 이용하여 육상국에 송신된다.

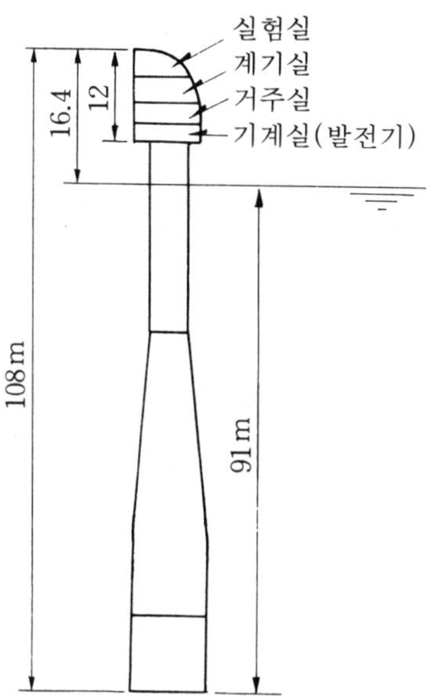

그림 3.5.2 FLIP

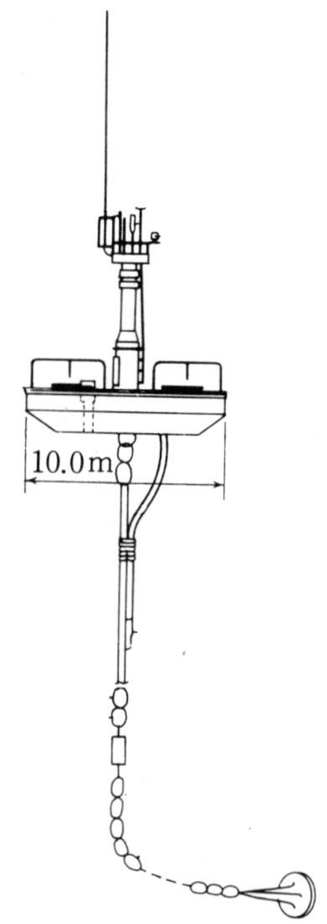

그림 3.5.3 해양 기상부이와 계류 시스템

계측기의 전원은 대부분 전지를 사용하기 때문에 무인 운용기간은 대개 1년 이내이다. 계류부이의 예는 다음과 같다(그림 **3.5.4**).

· 기상관측부이(기상청) : 일본 근해 수심 100~5,000m 인 곳에 5개가 설치되어 있다.

· 파랑관측부이(기상청, 항만국) : 일본 연안(수심 약 500m) 각지의 파랑관측용으로 설치되어 있다.

· 노지마사키(野島崎) 파랑관측부이(선박기술연구소, 항만기술연구소, 기상청) : 노지마사키 앞바다의 파랑관측용으로 1983년 10월부터 9개월간 특별히 설치되었던 부이로(그림 **3.5.3**에 도시된 것과 동형), 풍향풍속계, 온도계, 기압계, 파랑계, 수온계, 유향유속계, 가속도계, 파향계, 파랑 데이터 처리장치, 마이크로 데이터 프로세서, LORAN-C 등의 계기류를 탑재하고 있다.

3.5.4 표류부이

해류 등의 조사를 위해 해수면상에 표류시키는 부이로 바람에 의한 영향을 없

그림 3.5.4 일본 근해의 부이 관측망

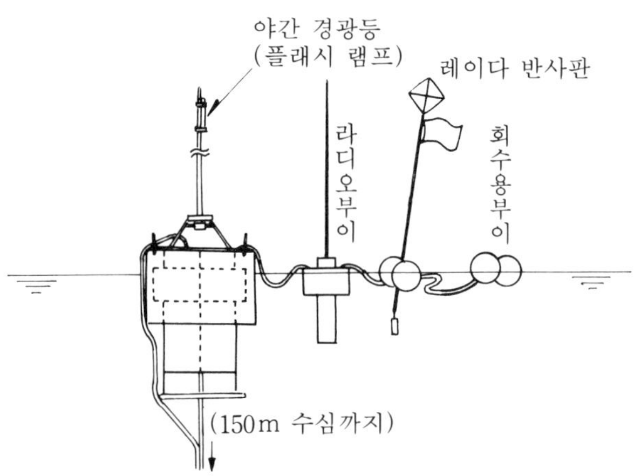

그림 3.5.5 표류부이(회수식)

애기 위해 해면하에서 저항체를 예인하는 형식으로 되어 있다(그림 3.5.5).

3.5.5 음향 토모그래피

음파를 사용하여 바다의 수온과 흐름의 분포를 입체적으로 계측하는 시스템이다. 바다 속에서의 음속은 약 1,500m/sec이나 온도가 높은 표층과 압력이 큰 해저에서는 음속이 커지고 중간의 1,000~1,500m 수심층에서는 작아진다. 이 층을 **음향채널층**(sound channel)이라 하고, 이 층에서 음파를 발사하면 음파는 이 층 안에서 sine 곡선을 그리며 진행하게 되어 해면이나 해저에 닿지 않게 되어 반사에 의한 감쇄가 작은 상태로 장거리를 전파하게 된다. 음향 토모그래피(tomography)는 이 특성을 이용한 것으로 일정 해역을 둘러싸며 음원과 수신기를 조합한 장치를 여러 개 배치하고, 각 장치 사이의 음파가 전해지는 시간에 관하여 이론치와 실험치의 차를 구함으로써 그 해역의 수온과 흐름의 분포를 입체적으로 조사할 수 있게 되어 있다.

일본에서는 해양과학기술센터(JAMSTEC)에서 1,000km 사방 해역을 조사하려는 목적으로 1,000km 전파능력을 가진 20Hz의 저주파 음원을 개발중이며, 미국에서는 인도양으로부터 57Hz의 음파를 발신해 16,000km 떨어진 태평양과 대서양에서 수신하는 데 성공하였다. 이 시스템에 의해 바다 속의 상태를 알게 되고 해양과 대기의 관계를 파악하는 것이 가능하리라고 기대하고 있다.

3.6 해양조사 데이터의 이용 시스템

3.6.1 개 요

200해리 경제수역 설정에 따라 해양조사 및 모니터링이 필요하게 된 해역이 크게 증가하였다. 이에 따라 각 조사기기의 성능을 향상시킬 필요가 있고 또한 다수의 관측점에 걸쳐 장기간의 지속적인 관측을 실시하고 이 데이터를 전송, 가공, 축적할 수 있는 해양조사 종합 시스템을 구축할 필요가 있다.

3.6.2 해양조사 데이터의 이용 시스템

(1) 일본의 경우

일본에서는 그림 **3.6.1**에 보인 바와 같이 해상보안청, 기상청을 경유해서 해양조사 데이터를 이용할 수 있는 시스템이 개발되어 있다.

(2) 국제 자료교환 시스템

해양조사 데이터를 국제적으로 교환, 이용하기 위해 다음과 같은 시스템이 실용화되었다.

운수성에 설치된 실시간 데이터 관리 시스템

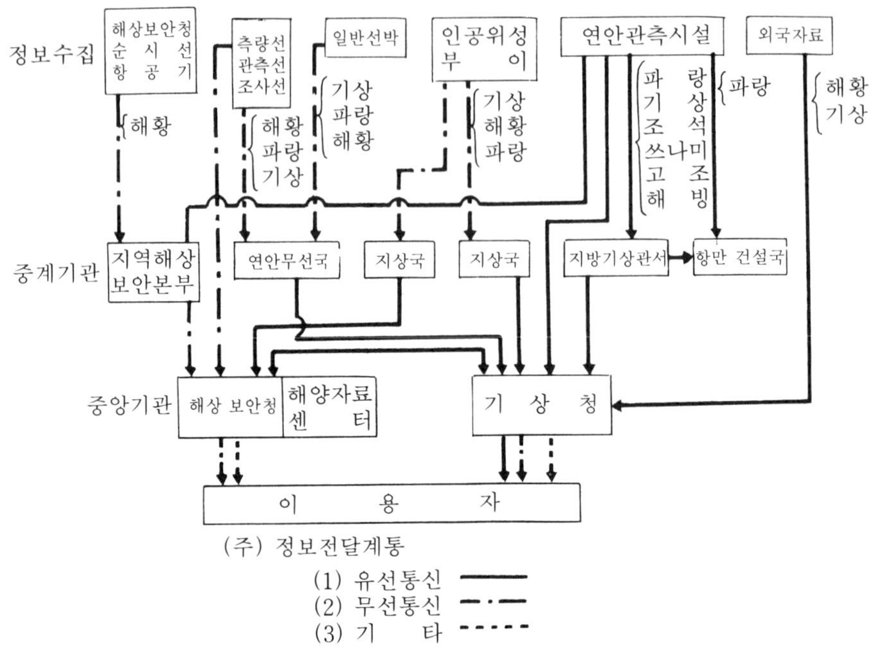

그림 3.6.1 해양조사 시스템

① 국제해양자료교환(International Oceanographic Data Exchange, IODE)

세계 각국에서 관측된 해양에 관한 자료를 각국의 해양자료센터(National Oceanographic Data Center, NODC)간에 상호교환하는 작업을 시행하고 있고,

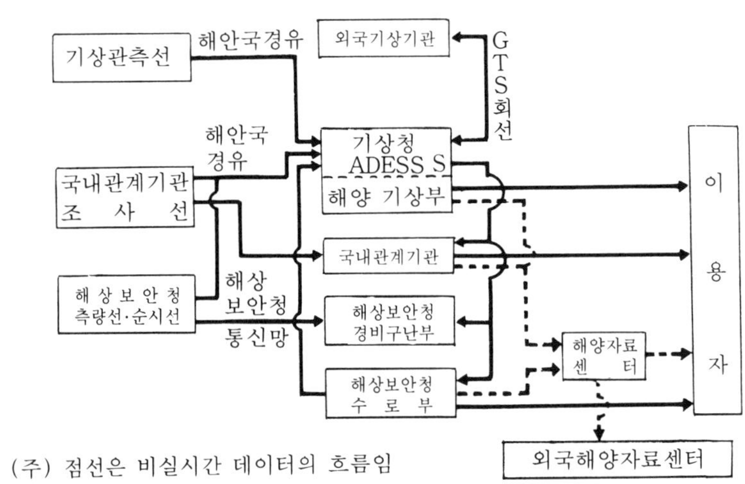

그림 3.6.2 세계해양정보 시스템(IGOSS)

일본에서는 해상보안청의 해양자료센터가 창구로 되어 있다.

② 세계해양정보 시스템(Integrated Global Ocean Station System, IGOSS)

세계 각국의 기상기관 등에서 관측된 수온, 해류 등의 데이터를 사용자가 실시간으로 입수 가능한 시스템이다. 일본에서는 기상청 해양기상부가 창구가 되어서 업무를 수행하고 있다(그림 3.6.2).

제 4 장 수 중 작 업

4.1 일 반

심해의 생물, 지질, 자원, 해저지형의 조사 및 해저석유개발에는 해양조사, 해양구조물의 설치, 보수, 점검시 수중작업(underwater operation)이 필요하게 되는데 이를 위해 여러 종류의 잠수기기(diving equipment)가 사용된다. 잠수기기는 그림 4.1.1과 같이 분류할 수 있다.

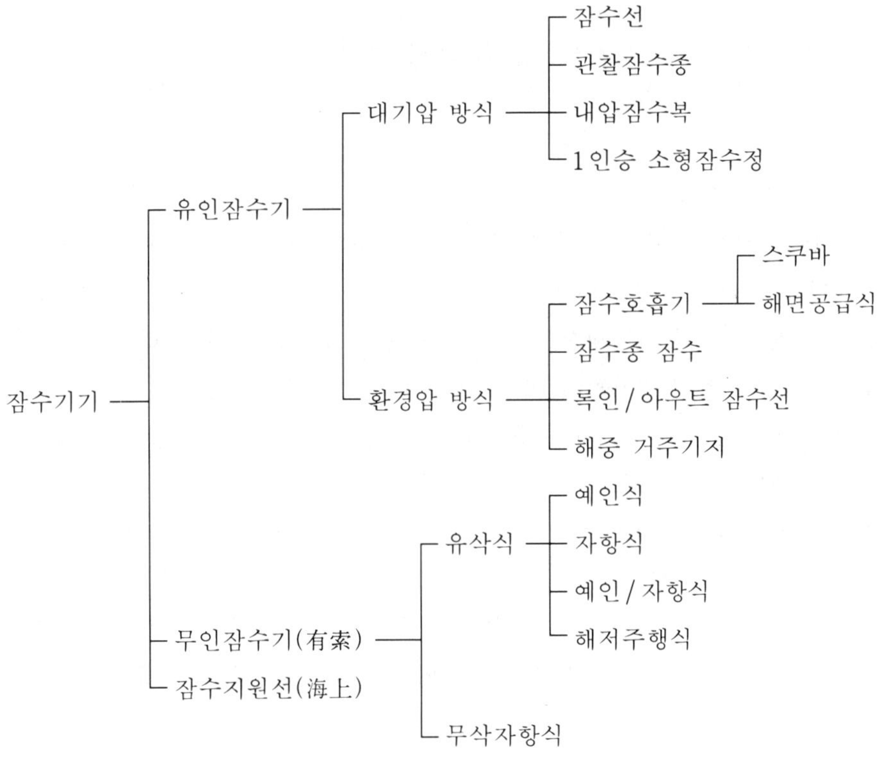

그림 4.1.1 잠수기기의 종류

유인잠수기에서 대기압(atmospheric pressure) 방식은 대기압하에서 잠수종이나 내압잠수복에 의해서 인체가 수압으로부터 보호되어 잠수작업을 수행하는 방식이고, 환경압(ambient pressure) 방식은 수심에 따라 변하는 수압이 직접 인체에 작용하는 상태로 작업하는 방식이다. 각 잠수기기(잠수선은 제외)의 최대 잠수가능수심을 정리하면 다음과 같다.

① 잠수호흡기(해면공급식, 공기) : 50m

② 잠수호흡기(해면공급식, 혼합기체) : 80m

③ 잠수종 잠수(혼합기체, 비포화잠수) : 100m

④ 잠수종 잠수(혼합기체, 포화잠수) : 300m(실험실에서는 500m)

⑤ 내압잠수복 : 600~700m

⑥ 1인승 소형잠수정 : 600~1,000m

⑦ 관찰잠수종 : 1,000m

4.2 유인잠수기

4.2.1 대기압 방식

(1) 유인잠수선의 개요

수심 200~1,000m에서 사용되고 있는 유인잠수선(manned submersible)은 해저석유개발에서 각종 수중작업용으로 다수 건조된 바 있다. 이러한 종류의 잠수선으로서는 캐나다 HYCO 회사의 PISCES, 미국 PERRY SUBMARINE 회사의 PC형이 있다. 현재 2,000m 이상 잠수가능한 심해잠수선은 전세계적으로도 몇 안되며, 대부분 공공기관이 보유하고 있다. 표 4.2.1에는 이들에 대한 주요 제원이 나와 있다.

초기의 잠수조사선인 FNRS-2, TRIESTE-I 등은 이른바 bathyscaph형이라고 불려지는 양식으로서 기름을 가득 채운 부력실에 내압구조물을 매달아놓은 모습으로 되어 있다(그림 4.2.1). 그런데 이들의 크기가 대형이므로 심해에서 운동성능이 뒤떨어지기 때문에 최근에 건조되는 심해잠수선은 내압구조물의 전후에 압축강도가 높고 비중이 가벼운 플라스틱 소재를 채운 부력실을 배치한다. 그리고 외곽 형상을 유선형으로 하고 소형경량화하여 심해에서의 운동성능을 향상시킨 형태를 채용하고 있다. 우즈홀(Woods Hole) 해양연구소에서 활약하고

표 4.2.1 잠수조사선의 주요 제원

선 명	건조국	잠수수심 (m)	무게 (ton)	길이 (m)	수중 최대 속도(knots)	승무원 (명)	잠수시간 (hr)
PISCES-I	캐나다	500	8	5.1	2	3	112
PC 16	미국	910	14	7.6	3	4	144
PISCES IV	캐나다	2,000	11.8	5.8	2	3	83
SHINKAI 2000	일본	2,000	23	9.3	3	3	80
CYANA	프랑스	3,000	8.3	5.6	3	3	72
ALVIN	미국	4,000	14.7	7.0	3.5	2	72
SEA CLIFF	미국	6,100	25	9.4	2.5	3	72
NAUTILE	프랑스	6,000	18.5	8.0	3	3	120
SHINKAI 6500	일본	6,500	25	9.5	2.5	3	81
MIR I, II	러시아	6,000	18.7	7.8	5.0	3	
TRIESTE-I	프랑스	10,915	87.5	24.0			

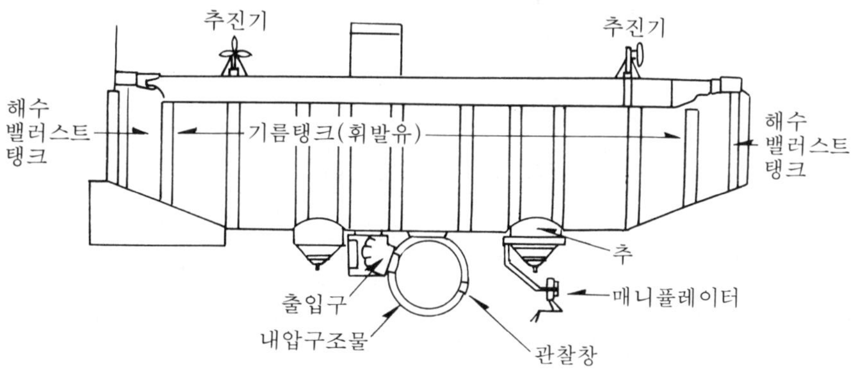

그림 4.2.1 잠수선 TRIESTE-I

있는 ALVIN은 이 형태로 건조된 최초의 잠수조사선이다(그림 4.2.2).

최근에 건조된 심해잠수선은 표 4.2.1에서 알 수 있듯이 비교적 소형 경량이기 때문에 선미의 기중기를 이용하여 간단하게 모선에 옮겨질 수 있어서 신속한 이동이 가능하다.

(2) 심해잠수선의 구조와 설비

① 내압구조물(pressure hull)

사람이 타고 있는 조종실을 대기압으로 유지하기 위해서는 내압구조물이 반드시 필요하다. 내압구조물의 형상은 구형 또는 원통형이지만 심해용 잠수선에는

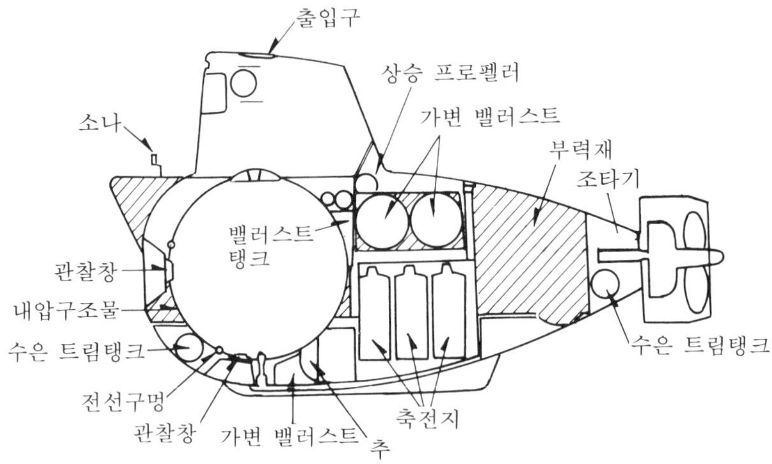

그림 4.2.2 잠수선 ALVIN

보통 구형이 사용된다. 내압구조물의 재료는 비강도(比強度 = 0.2%내력/비중), 파괴인성(破壞靭性), 용접성, 해수에 대한 내식성(耐蝕性)이 뛰어나야 하는데 잠수수심에 따라서는 표 4.2.2의 고장력강 또는 티타늄 합금이 사용된다.

표 4.2.2 내압구조물의 재료

	명 칭	주 요 성 분	0.2%내력(MPa)	비 강 도
고장력강	NS63	C, Mn, Ni, Cr, Mo	618	79
	NS90	C, Mn, Ni, Cr, Mo, V	883	112
	HY100	C, Mn, Ni, Cr, Mo	713	91
	HY130	C, Mn, Ni, Cr, Mo	933	119
	10Ni-8Co강	C, Ni, Cr, Mo, Co	1,200	153
티타늄 합금	Ti 621	Al, Cb, Ta	740	164
	Ti 64	Al, V	825	187

② 부력재

부력재로는 보통 지름 20～150μm의 속이 빈 유리구를 에폭시계 수지 속에 넣어 성형한 syntactic foam이 사용된다. 이것은 비중이 0.5～0.6, 허용압축응력은 수심 2,000m용이 약 70MPa, 수심 6,000m용이 약 120MPa 정도이다.

③ 추진장치

추진용 프로펠러는 전동(AC or DC)모터 혹은 유압모터에 의해 구동되는데 보통은 전동방식이 채용되고 있다. 선체운동은 프로펠러 회전수, 프로펠러 추력

방향의 변화 및 보조 프로펠러에 의해서 제어된다.

④ 축전지

선내 전지용으로 축전지가 사용된다. 축전지의 종류로는 납전지, 산화은-아연 전지, 니켈-카드뮴 전지가 있다. 은전지는 고가이지만 중량과 용적을 타 방식에 비해 작게할 수 있는 장점이 있다.

⑤ 중량 및 트림(trim)의 조정

잠수선의 상하이동은 동력을 사용하지 않고 추(shot ballast)와 해수 밸러스트를 사용하여 중량과 부력을 변화시켜서 조정한다. 조종방법을 간단히 설명하면 먼저 주 밸러스트 탱크에 해수를 주입하여 선체 중량을 부력보다 크게 하면 하강이 시작된다. 해저에 닿으면 적당량의 추를 투기해서 선체 중량과 부력이 균형을 이루게 한다. 부상할 때에는 추를 추가로 투기하고, 해면 가까이에서는 주 밸러스트 탱크의 해수를 배수하여 수면 위로 부상한다. 해저 조사활동에 필요한 아주 작은 중량 조정은 보조 밸러스트에 해수를 주입하거나 배출시키며 수행한다(그림 **4.2.3**). 한편 트림 조정을 위해서는 적재된 수은을 전후로 이동시킨다.

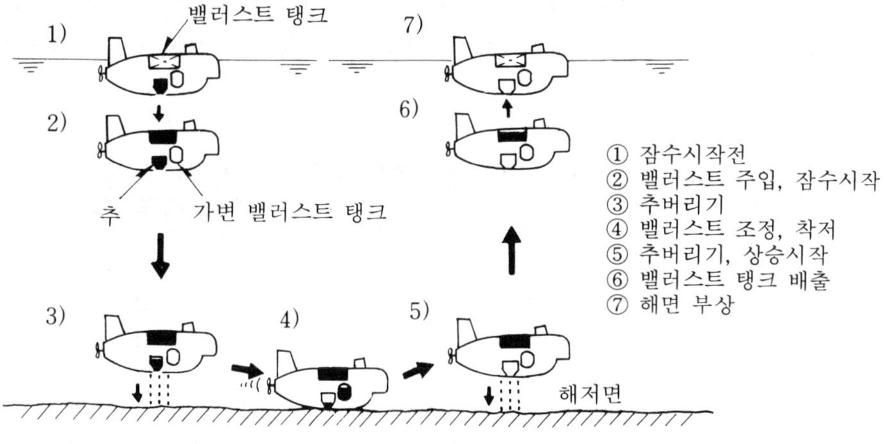

그림 4.2.3 잠수선의 하강 및 상승과정

⑥ 환경제어장치

잠수선내의 승무원에게 필요한 산소는 고압산소 실린더에서 공급하고 탄산가스는 수산화리튬의 화학반응에 의해 제거하고 있다. 작업시 승무원들의 호흡요구량에 적합하도록 되어있다.

⑦ 항해 · 통신장치

잠수선의 위치계측에는 초음파를 이용한 LBL, SBL, SSBL(제**2**장의 **2.4**절 참조)나 전방장해물 탐지소나, 수심소나가 이용되고, 모선과의 교신에는 초음파에 의한 수중통화기가 사용된다.

⑧ 구난 · 안전장치

응급장치로 긴급부상장치, 구난부이, 응급통신장치(수중통화기), 비상용 전원 등이 갖추어져 있다.

⑨ 조사관측 및 작업기기

표본채취를 위해서 매니퓰레이터(manipulator), 채니기, 플랑크톤 네트(net) 등이 있고 외부관찰용으로 카메라, TV 카메라, 투광기가 갖추어져 있다. 또, 각종 조사를 위해서 소나, 표층탐사장치, 유속계, CTD, 음속계 등 각종 물리계측 장치가 있다.

(3) 심해용 잠수조사선의 예

심해용 잠수조사선의 예로서 해양과학기술센타 소속의 SHINKAI 2000 및 SHINKAI 6500의 개요에 관하여 설명한다.

SHINKAI 2000은 일본 최초의 심해 잠수조사선이고, SHINKAI 6500은 1989년 건조된 수심 6,500m급의 잠수조사선이다. 이들 잠수선들의 주요 제원이 표 4.2.3에 나와 있다. 그림 4.2.4에는 SHINKAI 6500의 일반배치도가 나타나 있다.

표 4.2.3 SHINKAI 2000과 SHINKAI 6500의 주요 제원

구 분	SHINKAI 2000	SHINKAI 6500
길 이	9.3m	9.5m
최 대 폭	3.0m	2.7m
높 이	2.9m	3.2m
무 게	23.2ton	25.0ton
최대 잠항심도	2,000m	6,500m
내압구조물 재료	NS90	Ti-6Al-4V ELI
안 지 름	2,200mm	2,000mm
판 두 께	30mm	73.5mm
탑재중량	100kg	200kg
주추진기	전동(교류) 4kW×1	전동(교류) 5.2kW×1
보조추진기	전동(교류) 1.5kW×2	수평추진기 0.7kW×1 상하추진기 1.4kW×2
수평속력	최대 3knots	최대 2.5knots
승 무 원	3명	3명

작업가능시간 항행구역	80시간 모선에서 2km 이내	129시간 모선에서 4km 이내
주요 관측기기	소 나 표층탐사장치 유향유속계 CTD 수중 텔레비젼 수중 스테레오 카메라 투 광 기 매니퓰레이터	소 나 표층탐사장치 유향유속계 CTD 수중 텔레비젼 수중 스테레오 카메라 투 광 기 매니퓰레이터

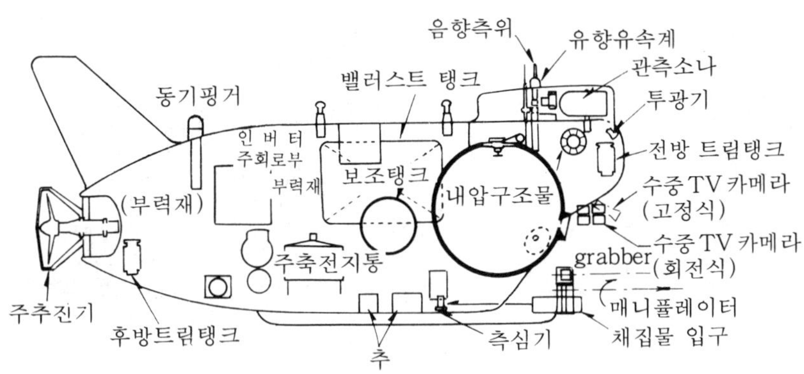

그림 4.2.4 잠수조사선 SHINKAI 6500의 일반배치도(해양과학기술센터의 자료)

(4) 1인용 잠수기기(one-man atmospheric diving system, OMADS)

① 관찰잠수종

관찰잠수종(atmospheric observation bell)은 모선에서 매달려 내려진 내압구로서 추진기에 의해 수중운동이 어느 정도 가능하기 때문에 밖을 내다보는 관찰

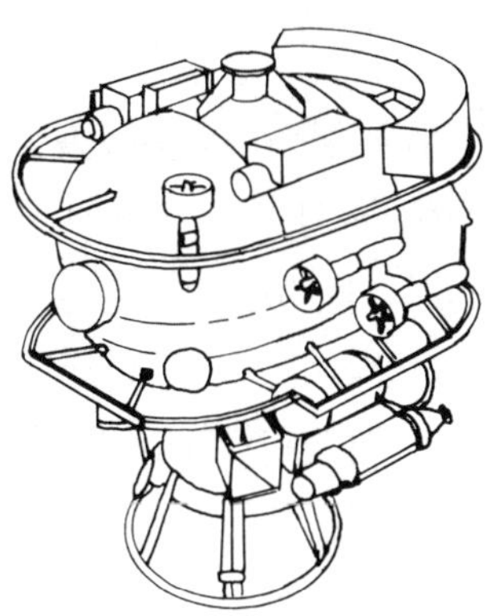

그림 4.2.5 관찰잠수종

창을 통해 외부를 보면서 매니퓰레이터로 가벼운 작업을 수행할 수 있다. 해저 석유 생산 시스템의 대기압 작업장에 작업원을 데려다 주는 서비스 캡슐로도 개발되고 있다.

② 내압잠수복(atmospheric diving suits, ADS)

내압강도를 갖춘 잠수복으로서 수족부분에 관절을 설치해서 자유롭게 움직일 수 있게 되어있다. 대개 모선에 매달려서 작업을 한다(그림 4.2.6).

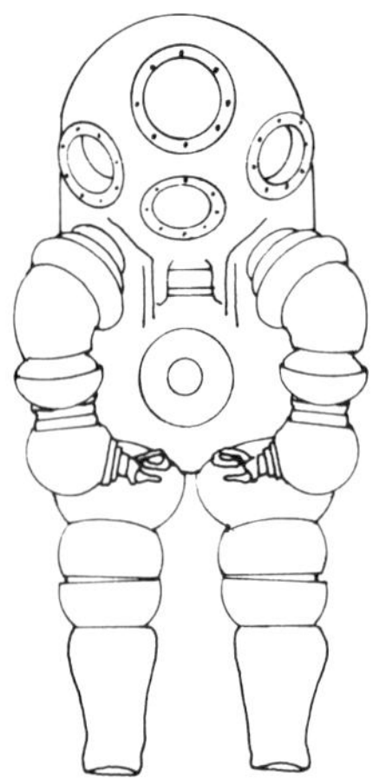

그림 4.2.6 내압잠수복

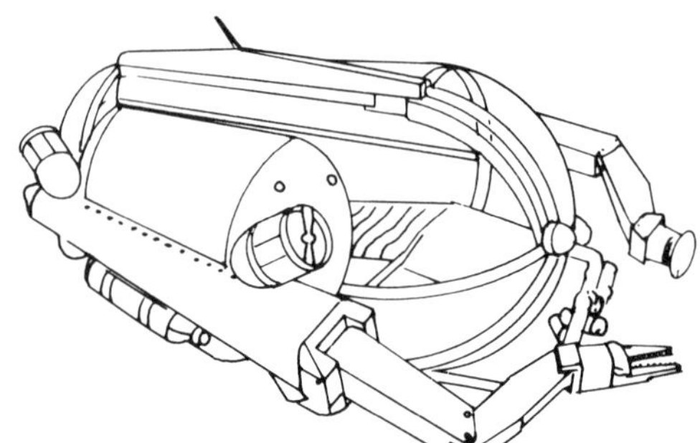

그림 4.2.7 1인승 소형잠수정

③ 1인승 소형잠수정(tethered one man atmospheric submersible, TOMS)

소형의 내압구조물에 추진기를 붙여서 해중에서 3차원 운동을 가능하게 한 것으로 원격조작 매니퓰레이터가 설치되어 있다(그림 4.2.7).

4.2.2 환경압 방식

(1) 환경압 방식의 개요

환경압 방식에 의한 잠수작업의 경우, 작업수심이 약 50m를 넘게 되면 질소에 의한 마취효과를 줄이기 위해 혼합기체(헬륨, 산소의 혼합 또는 헬륨, 산소, 질소의 혼합)가 사용된다. 그리고 약 100m를 넘는 수심에서 장시간 잠수작업에는 포화잠수(saturation diving) 방식이 사용된다.

포화잠수(飽和潛水)는 1957년 미국의 Bond박사에 의해서 개발된 방식이다. 다이버가 어떤 일정한 압력하에서 장시간 잠수하면 호흡기체 속의 불활성기체 성분이 인체조직에 용해되는데, 18-48시간 경과하면 더 이상 용해되지 않는 포화상태가 되고 일단 포화상태가 되면 동일압력하에서는 체류시간에 대한 제한이 없게 된다. 그리고 잠수작업을 종료하고 대기압으로 되돌아올 때의 감압시간은 체류시간에 관계없이 일정하게 된다(그림 **4.2.8**). 이 때문에 장시간 잠수작업을 할 경우 시간적으로 매우 효과적이다. 또한 포화상태에서는 특정수심에서 더 깊은 수심으로 이동할 수 있으므로(이것을 excursion diving이라고 한다) 짧은 시간에 작업을 수행할 수 있는 이점이 있다.

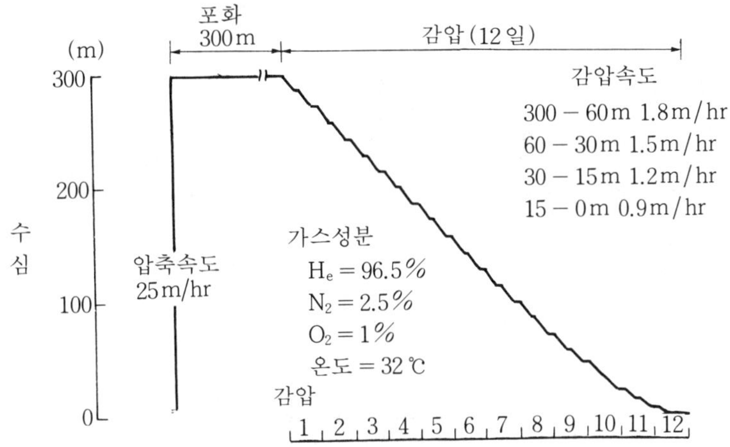

그림 4.2.8 포화잠수(해양과학기술센터의 자료)

(2) 환경압 방식에 의한 잠수기기

잠수수심이 80m 이하의 얕은 바다에서는 잠수작업에 스쿠바(SCUBA) 등의 잠수호흡기가 사용되지만, 그 이상의 수심에서 장시간 작업을 수행하는 경우는 다음과 같은 환경압 방식이 사용된다.

① 잠수종 잠수(bell diving)

모선의 크레인으로 수중에 매달려 내려진 수중감압실을 사용하는 방식으로서 다음의 장치로 구성된다.

ⓐ 선상 감압실(deck decompression chamber, DDC) : 모선에 설치된 가압감압장치가 잠수시의 가압과 감압, 그리고 작업중 다이버의 휴식 등에 사용된다. 내부 환경조건의 제어는 외부의 콘트롤 콘솔(MCC)에서 이루어진다. DDC에는 뒤에 설명할 SDC와 록인/아우트(lock in/out) 잠수선과 연결할 수 있는 도킹장치가 있어 다이버가 해치를 통하여 출입이 가능하도록 되어 있다. 또한 화재나 충돌 등 비상시 DDC 내의 다이버를 구출하기 위한 고압구명정(hyperbaric rescue vessel, HRV)을 설치한 것도 있다(그림 **4.2.9, 4.2.10**).

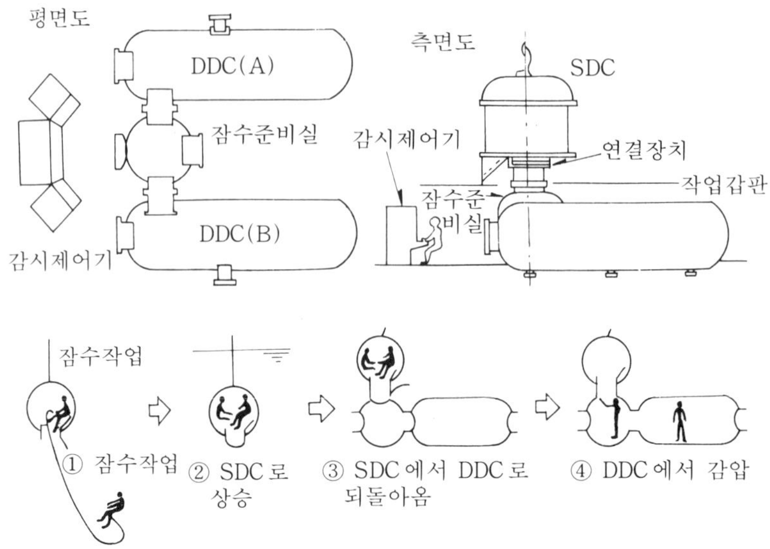

그림 4.2.9 SDC/ DDC(해양과학기술센터의 자료)

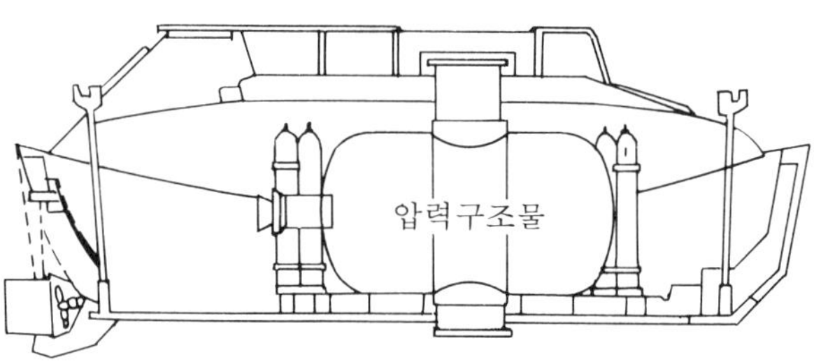

그림 4.2.10 고압구명정

ⓑ 수중 감압실(또는 잠수종, submersible decompression chamber, SDC) : 다이버가 모선(시추선, 보급선, 잠수지원선)과 해중의 작업현장 사이를 안전하게 왕복하기 위한 일종의 수중 승강기로서, 가압 감압장치와 생명유지장치, 통신장치 등을 갖추고 있다. DDC에서 다이버들을 옮겨 태운 후 SDC는 모선의 기중기에 매달려 잠수한다. 해저에 닿으면 다이버들이 해중으로 나와 작업을 실시한다. 작업이 끝난 후 다이버는 SDC로 되돌아가서 크레인을 이용하여 모선의 DDC에 도킹(docking)된다. 단시간의 잠수에서는 SDC만으로 가압 · 감압을 시행하는 것도 있다(그림 4.2.9).

② 록인/아우트(lock in/out submisible, LILOS)

SDC에 의한 잠수작업은 SDC로부터 다이버에 이르는 호흡기체를 공급하는 호스에 의해 활동범위가 제한되므로 다이버들의 행동반경이 좁아지는 결점이 있다. LILOS는 다양한 형태의 잠수작업을 수행하기 위해 고안되어진 잠수작업용 잠수선으로, 다이버용 챔버(chamber)를 내부에 갖추고 있다. LILOS는 모선의 DDC와 조합되어서 잠수작업을 수행한다. 승무원은 다이버 2~3명, 기타 인원 3명(잠수종 내의 잠수지휘자 1명) 정도로 되어 있다. 이런 형태의 잠수선을 **다이버 록아우트**(diver lock out) **잠수선**이라고도 부른다(그림 4.2.11).

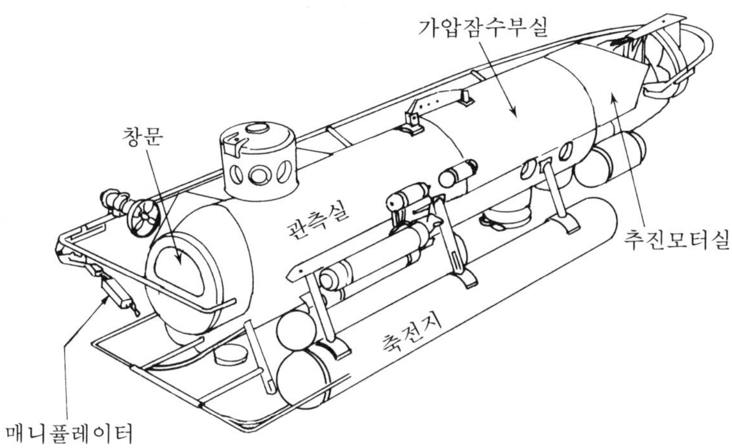

그림 4.2.11 LILOS(PERRY GROUP INC.)

최근 폐쇄회로 디젤기관(closed circuit diesel engine)이나 스털링 기관(stirling engine)을 장비한 LILOS가 연구되고 있으며 실제로 건조된 바도 있다. 주 동력장치에 축전지를 사용하지 않기 때문에 작업일수가 크게 증가한다. 장차 해중작업이 대형화되는 것에 대처하기 위해서 장시간 수중작업이 가능한 대형의 LILOS도 계획되고 있다.

③ 해중 거주기지(habitat)

이것은 포화잠수기술을 이용하여 인간이 해중에서 장시간 거주하면서 잠수작업 및 각종 실험을 수행하는 시설이다. 최초의 실험은 프랑스에서 1962년에 이루어졌는데(CONSHELF 계획) 수심 10m의 해중에서 2명이 7일간 거주하였다. 그 후 미국(SEALAB 계획 등), 러시아, 서독, 영국, 노르웨이 등지에서 실험이 수행되었다. 일본에서도 1972년부터 1975년에 걸쳐서 수심 30~100m의 해중거주를 수행하는 SEATOPIA 계획이 실시되었다. 해중 거주기지에는 본체 이외에 해상에 지원선을 배치해 거주기지 내부의 모니터링과 전력, 물 등을 보급해야 하며 지원선과 해중 거주기지 사이는 SDC로 왕복한다. 내부 혼합기체의 압력은

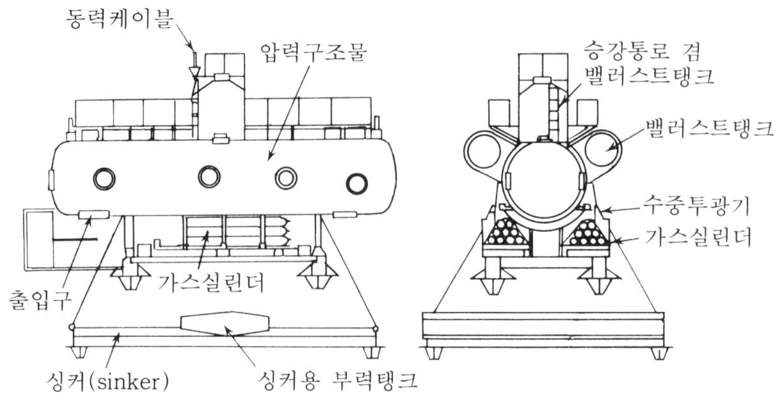

그림 4.2.12 해중 거주장치(해양과학기술센터의 자료)

해저의 환경압으로 유지되고 장시간 해저생활을 할 수 있도록 거주설비가 배치되어 있다.

4.3 무인잠수기

4.3.1 개 요

심해조사에서는 무인잠수기(unmanned submersible remotely operated vehicles, ROV)가 많이 사용되고 있는데 무인잠수기의 형태를 분류하면 그림 4.1.1에 나타낸 것처럼 유삭식과 무삭식으로 나눌 수 있다. 무삭식(無索式)은 동력원으로 전지를 사용하며 행동범위가 제한되기 때문에 현재는 주로 유삭식(有索式)이 사용되고 있다.

4.3.2 유삭식 무인잠수기

(1) 유삭예인식

각종 해양조사장치, TV 카메라 장치 등을 동력, 신호용 케이블(umbilical or tethered cable)로 모선과 연결하여, 선상에서 화면에 모니터링되는 정보를 토대로 모선의 선속 혹은 윈치를 제어하여 잠수기의 전진속력과 수심을 조정한다. 표 4.3.1에 예인식 무인잠수기의 예가 나타나 있다.

이들 중에서 DEEP TOW의 주요 제원이 표 4.3.2에 나와 있다.

(2) 유삭자항식

표 4.3.1 예인식 무인잠수기의 예

명 칭	국 명	수 심	용 도
DEEP TOW	미국	6,100 m	해저조사
DSS-125	미국	6,100 m	망간단괴 조사
GUSTAV	서독	6,000 m	〃
DTV	일본	6,000 m	〃
ANGUS	미국	6,100 m	해저조사
RAIE Ⅱ	프랑스	6,000 m	망간단괴 조사

표 4.3.2 DEEP TOW의 주요 제원

길이	2.0 m	무게	907 kg
폭	0.75 m	예항속력	1.5 knots
높이	0.50 m	소요전력	AC 440 V, 12 kW

모선에서 케이블을 통해 동력과 신호를 보내서 무인잠수기에 설치된 추진장치를 제어한다. 3차원 운동이 가능하며 그림 4.3.1에 그 예가 나와 있다. 해양조사용 이외에도 해중작업용으로도 다수 제작되고 있다. 이 방식은 대개 매니퓰레이터를 장착하고 있다. 또한 케이블 중량의 제한에 따른 무인잠수기의 행동범위에 대한 구속을 완화하기 위해 수중발착대(tether management system, TMS)

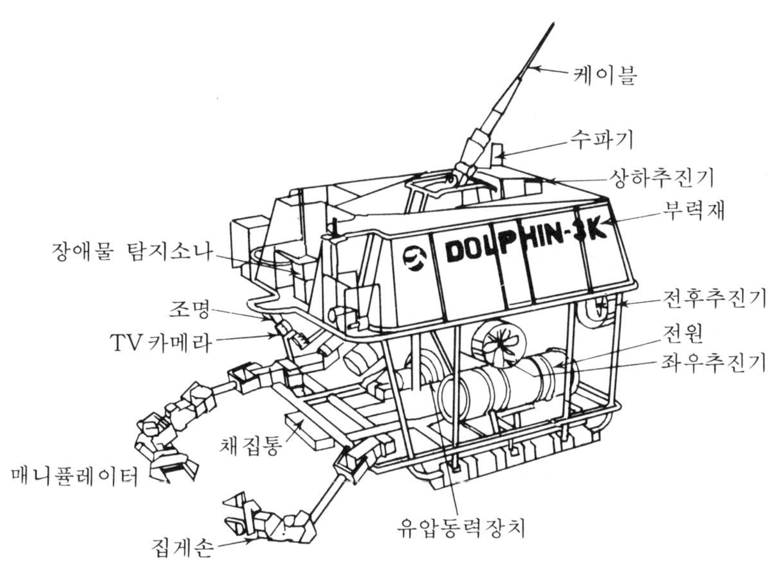

그림 4.3.1 ROV(DOLPHIN 3K)

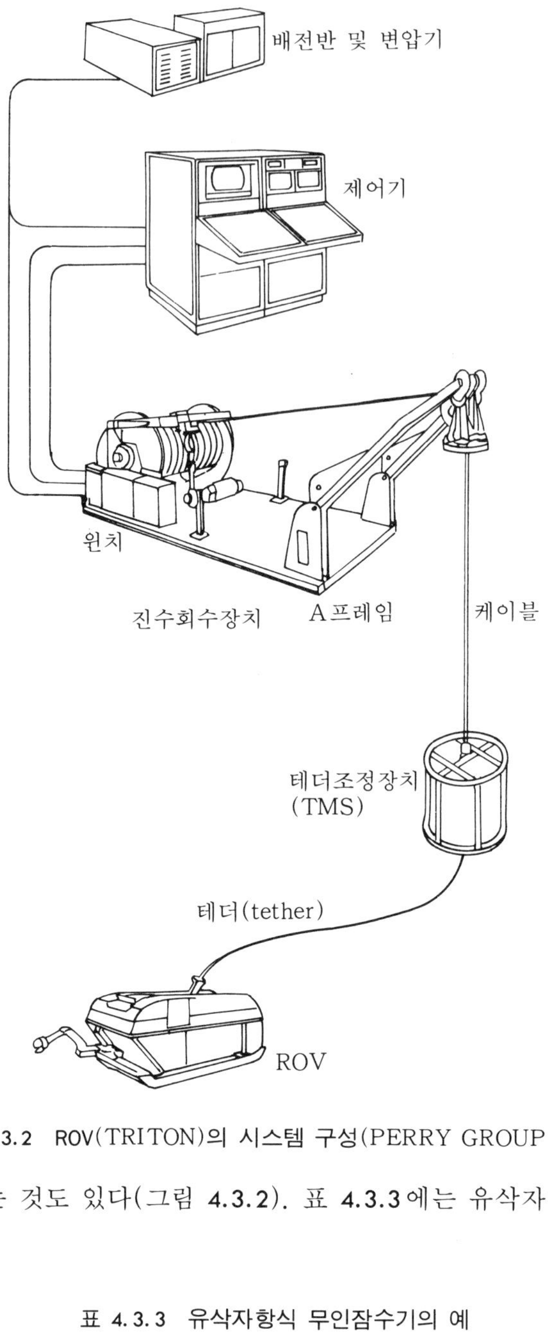

그림 4.3.2 ROV(TRITON)의 시스템 구성(PERRY GROUP INC.)

를 장비하고 있는 것도 있다(그림 4.3.2). 표 4.3.3에는 유삭자항식의 예가 나와 있다.

표 4.3.3 유삭자항식 무인잠수기의 예

명 칭	국 명	수 심	용 도
TRITON	미국	1,000 m	해저조사, 수중작업
RCV 225	〃	2,010 m	해저유전조사

CURV Ⅲ	〃	3,050 m	해저조사, 수중작업(군용)
DOLPHIN 3K	일본	3,300 m	해저조사, 수중작업
ERIC Ⅱ	프랑스	6,000 m	〃
RUWS	프랑스	6,100 m	〃

앞 표의 예 중에서 TRITON의 주요 제원을 표 **4.3.4**에 나타내었다.

표 4.3.4 TRITON의 주요 제원

길이	2.44 m	소요 전력	AC 2,400 V, 2 kW
폭	1.42 m		
높이	1.32 m		
무게	1.905 ton	추진 모터	전후 25 ps×1
최대 속력	3.0 knots		상하 25 ps×1

(3) 유삭예인 / 자항식

예인식과 자항식을 조합한 방식으로 다음과 같은 예가 있다.

① TUMS(영국, 6,000 m) (그림 **4.3.3**)

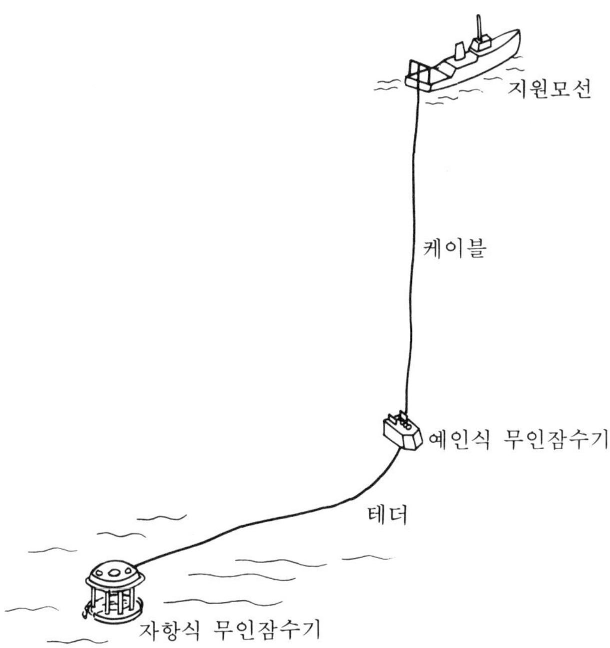

그림 **4.3.3** 유삭 예인/ 자항식 ROV(TUMS)의 시스템 구성

② ARGO, JASON(미국, 6,000m)

③ KAIKO(일본, 10,000m)

(4) 유삭주행식

무한궤도(caterpiller) 등에 의한 주행장치로 해저주행이 가능한 방식이다. 그림 4.3.4에 이 방식의 예가 나와 있다.

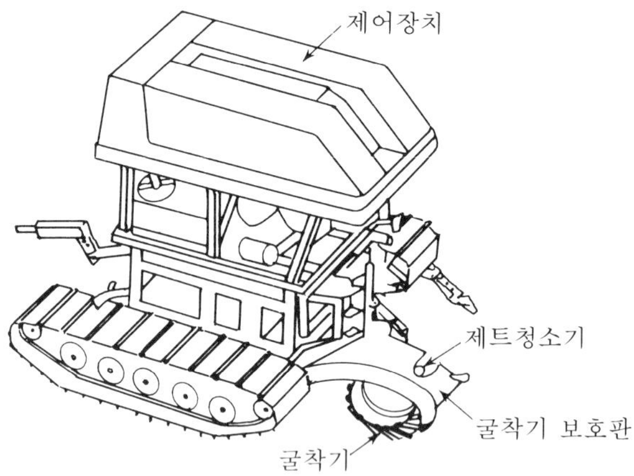

그림 4.3.4 유삭주행식 ROV(PERRY GROUP INC.)

(5) 무삭자항식

동력원(전지)을 내장하고 모선에서의 음향신호 또는 제어 프로그램에 의해 3차원 운동을 할 수 있는 것이다. 표 4.3.5에 무삭자항식의 예가 나와 있다.

표 4.3.5 무삭자항식 잠수기의 예

명 칭	국 명	수 심	용 도
AQUA EXPLORER 1000	일 본	1,000m	해저케이블 검사용
UARS	미 국	460m	빙산 형상 조사
SPURV	미 국	3,650m	해양조사
EPAULARD	프랑스	6,000m	해저조사

이 중에서 EPAULARD에 대한 주요 제원이 표 4.3.6에 나와 있다.

표 4.3.6 EPAULARD 의 주요 제원

길이	4.0m	추진장치	전지구동, 전동모터
폭	0.1m	속력	1~2knots
높이	2.0m	항속시간	12hr
무게	3.3ton	제어	음향신호, 프로그램 제어

4.4 잠수지원선

4.4.1 개 요

잠수선, 잠수기, 또는 잠수사가 수중에서 그 기능을 충분히 발휘하기 위해서 잠수지원선(diving support ship)의 도움이 필요하다. 지원선은 잠수작업자의 해상기지 역할을 맡는 것으로서 ① 기기와 작업자의 수송 ② 기기의 진수 및 회수 ③ 잠수작업시의 보조 ④ 잠수작업자의 가압·감압 등 광범위한 지원을 하고 있다. 일반적으로 잠수선 또는 잠수기와 다이버 각각에 대한 지원장치들에는 많은 차이가 있기 때문에 지원선도 각기 필요에 대응하는 지원을 하고 있다. 아래에 그 개요를 설명한다.

4.4.2 잠수선의 지원선

심해조사용 잠수선은 전용의 지원모선을 가지고 있다. 해양과학기술센터 소속의 잠수지원선 SHINKAI 2000에는 NATSUSHIMA가, 그리고 같은 소속의 SHINKAI 6500에는 YOKOSUKA가 지원선으로 건조되었다. YOKOSUKA의 주요 제원을 표 4.4.1에, 그리고 일반배치도를 그림 4.4.1에 나타내었다.

YOKOSUKA는 SHINKAI 6500의 기능에 맞추어 다음의 장비를 갖추고 있다.

① SHINKAI 6500의 격납, 진수 및 회수장치

② 최대 수심 11,000m까지 높은 정확도의 위치측정이 가능한 LBL, SSBL 방식에 의한 음향항법장치

③ SHINKAI 6500의 잠수해역의 해저지형과 수심을 사전조사하는 고정밀도

표 4.4.1 YOKOSUKA의 주요 제원

L_{pp}	95 m	잠수지원장치	LBL, SSBL 수중통화기
B_{mld}	16 m		
D_{mld}	7.3 m		
d_{mld}	4.5 m	항해계기	GPS, NNSS, LORAN-C, DECCA 등
주기관	디젤 3,000 ps × 600 rpm × 2		
선 속	16 knots	조사기기	MBES, 도플러 유속계, XBT, 음향측심기 등
승무원	57 명		

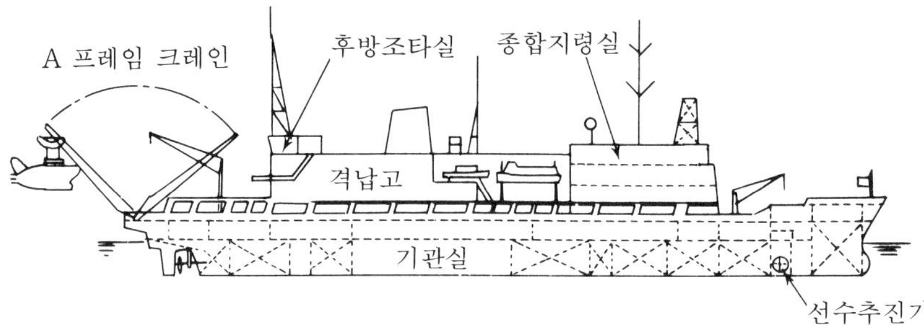

그림 4.4.1 잠수지원선 YOKOSUKA의 일반배치도(해양과학기술센터 자료)

의 멀티내로우 빔(multi-narrow beam) 음향측심기

④ 잠항조사 및 잠수선 구난용 10,000m급 ROV인 KAIKO의 탑재장치와 동력원

4.4.3 잠수작업의 지원선

이것은 환경압하에서 잠수작업을 지원하는 모선이다. 이를 위해서는 SDC, DDC, LILOS, 혼합기체의 배합 및 회수장치 등 여러 기능을 갖출 필요가 있다. 종래 이들 잠수장치는 시추선, 보급선, 파이프라인 부설선 등의 부속설비로서 탑재되었지만 최근에는 전용지원선도 많이 건조되고 있다. 해중작업실험선 KAIYO(쌍동선, 해양과학기술센터 소속)의 주요 제원을 표 4.4.2에 나타내었고 그림 4.4.2에는 일반배치도를 나타내었다.

표 4.4.2 KAIYO의 주요 제원

L_{pp}	53m	잠수작업 기기	SDC×2
B_{mld}	28m		DDC×2
D_{mld}	10m	잠수작업 수심	300m
d_{mld}	6.3m	선체 위치유지 시스템	DPS
추진장치	전기추진	전체 승무원수	69명
원동기	1,850ps×4	승무원	29명
	(디젤기관)	연구원	40명

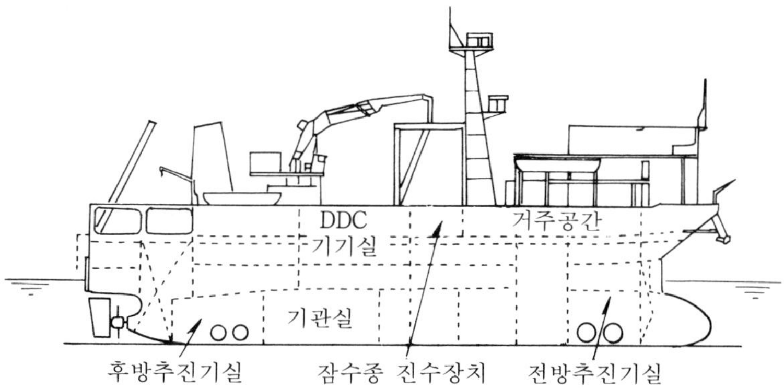

그림 4.4.2 해중작업실험선 KAIYO의
일반배치도(해양과학기술센터 자료)

제 5 장 해저석유개발

5.1 일 반

5.1.1 해저석유개발의 의의

전 세계의 석유생산에서 해저석유가 차지하는 비율은 현재 약 30%이다. 해저석유는 그림 5.1.1에 나타난 바와 같이 대부분이 대륙붕과 대륙사면에 분포해 있다. 지구상에 부존하고있는 석유에 대해서는 여러 가지 설이 있지만 대략 다음 표와 같은 분량이 매장되어 있다고 추정된다.

표 5.1.1 원유 및 천연가스의 추정매장량

구 분	원 유	천연가스
추정된 채굴가능 매장량	2조 배럴	204조 m^3
확인된 채굴가능 매장량	1조 배럴	113조 m^3

(주) 1 배럴(barrel) = 159 l

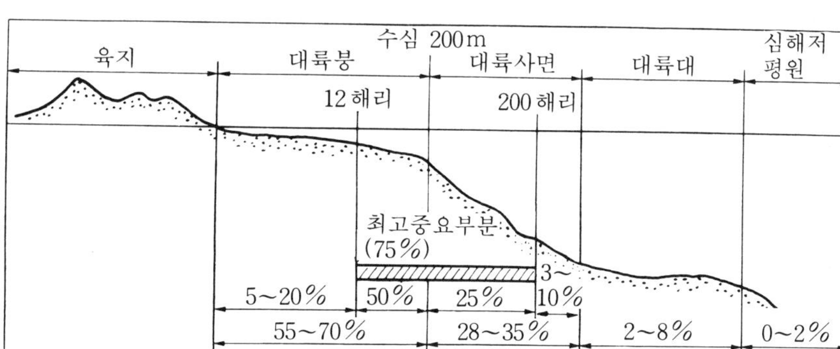

그림 5.1.1 해저석유의 분포

현재 미발견된 채굴가능 매장량의 50%가 해양에 있다고 추정되고 있다. 따라서 석유자원의 개발에서 해저석유가 차지하는 비중은 매우 크다는 것을 알 수 있다. 최근에는 메탄수산화물(methane hydrate : 물분자가 만드는 분자구조 중 메탄가스가 들어 있는 샤베트 모양의 것)이 주목받고 있다. 이것은 시베리아 동토의 지하나 수심 500~5,500m의 해저면하 100~1,100m에 분포하고 있고, 그 양은 천연가스의 수 배 이상이라고 추정된다. 이것은 유력한 에너지원이라 생각되지만, 채굴기술이나 경제성 문제로 개발은 15~20년 후에야 가능할 것으로 보여진다.

해저석유를 개발하기 위해서는 육상의 경우와 비교하여 다음과 같은 특수한 환경조건에서 요구되는 여러 가지 문제를 극복해야 한다. 즉,

① 심한 파도나 바람에 대해서 충분히 안전하게 작업을 할 수 있을 것

② 수압에 견디고 수심이 깊은 곳에서도 안전하게 작업이 가능할 것

③ 시추중 또는 생산도중에 기름을 유출하여 해양을 오염시키지 않을 것

④ 작업이 육지에서 떨어진 해역에 설치된 굴삭기기 및 생산플랫폼에서 수행되기 때문에 폭발 및 화재에 대하여 안전할 것

해양개발이 본격화된 것은 1950년대부터이지만, 본 5장에서 설명하는 모든 기술은 현재까지 비교적 단기간에 개발되었으며 현재로는 수심 900m 정도 보다 얕은 곳에 부존된 해저석유를 개발하는 주요 기술은 거의 완성되었다고 보아도 좋다. 앞으로 해저석유 개발은 북해의 북부, 북극해 등 환경조건이 보다 열악한 해역이나 또는 수심 800~1,500m 정도의 심해역으로 비중이 옮겨질 것으로 예상된다. 따라서 앞으로 이러한 해역의 해저석유개발에 알맞은 새로운 기기나 시스템의 개발이 필요하다. 본 장에서는 현재 실용화되어 있는 기기와 그밖에 현재 개발중인 기기 및 시스템에 대해서도 간단히 설명한다.

5.1.2 해저석유개발의 순서

해저석유개발의 순서는 탐광작업, 개발작업, 생산작업의 단계로 나눌 수 있는데 그 개요는 그림 5.1.2와 같다.

(1) 탐광작업

① 광업권 취득 : 석유개발회사는 먼저 석유부존이 유망한 구역의 광업권을 취득한다.

② 지질조사 및 물리탐사 : 광업권 취득 후, 해저지질, 지각구조를 조사하기 위

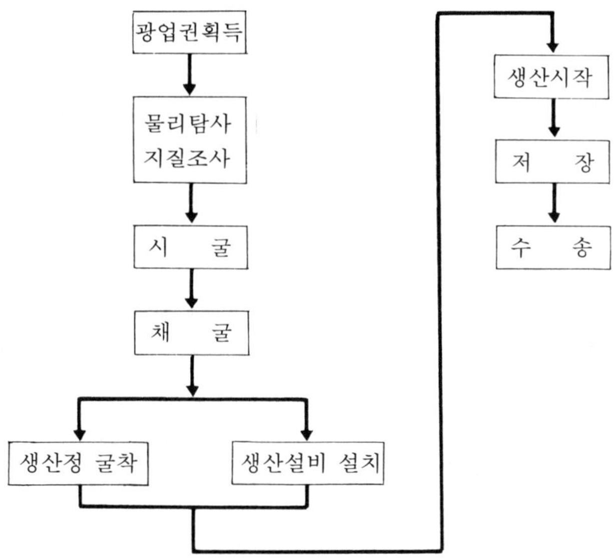

그림 5.1.2 해저석유개발의 순서

해 해저지질조사, 물리탐사(자기탐사, 중력탐사, 지진탐사) 등을 행한다. 이 작업은 주로 항공기, 물리탐사선을 사용한다. 그러나 이러한 지질조사, 물리탐사로 직접 석유를 확인할 수는 없고, 주로 지하구조를 아는 것이 목적이다.

지하에 유전이 존재하기 위해서는 일반적으로 다음 조건이 필요하다(그림 5.1.3).

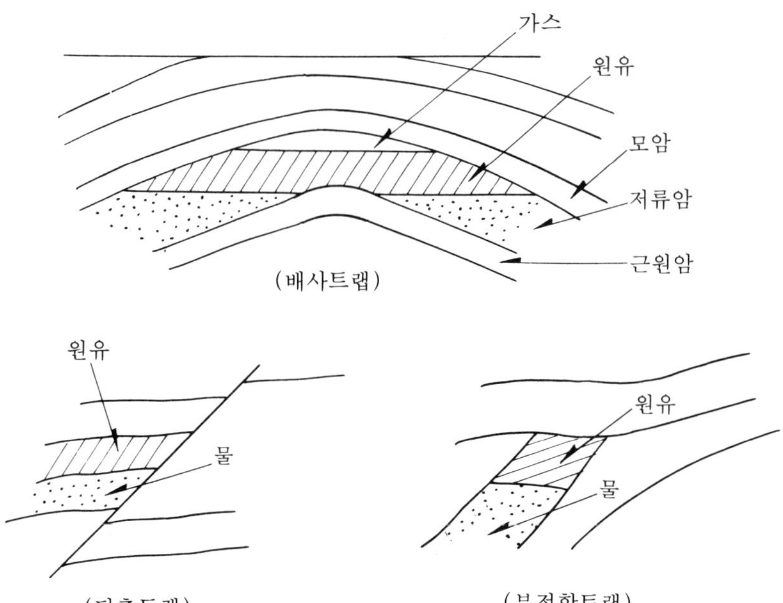

그림 5.1.3 트랩(trap) 구조의 예

ⓐ 유기물을 함유한 퇴적암이 발달해 있다.

ⓑ 원유를 함유하고 있는 저류암(貯溜岩, reservoir)과 그 위의 덮개층(cap rock), 그 밑에는 근원암(source rock)이 있다. 그리고 원유는 다공질 암석층의 공극(空隙)내에 존재하며 단독으로 석유층을 형성하지는 않는다.

ⓒ 배사구조 트랩(anticlinal trap)과 같은 지질구조가 있다.

③ 시추 및 채굴

물리탐사를 수행하여 석유가 있을 만한 곳이 발견되면, 그 해역에 적합한 석유시추용 구조물을 사용하여 실제로 해저를 시추하고, 유층평가를 위한 갱내조사(암질조사, 니수검층, 물리검층 등)와 산출능력 테스트를 수행한다. 이것을 **시굴**(試掘, exploration drilling)이라 한다. 시굴에 성공하면 석유층의 분포를 조사하기 위해, 다시 몇 개의 유정(well)을 더 시추한다. 이것을 **채굴**(採掘, extension 혹은 appraisal drilling)이라 한다.

이상 시굴과 채굴을 수행한 후에 종합적인 유층평가, 경제성 평가를 통하여 개발투자의 여부를 결정한다. 경제성이 있는 석유층을 찾아내는 것은 현재 100개의 시추중 2~3개 정도의 확률로서 기술적으로 매우 어려운 작업이다.

(2) 개발 및 생산작업

개발, 생산작업의 순서와 설비는 수심, 유전의 규모 등에 따라 천차만별이지만, 여기에서는 해상에 생산플랫폼을 설치하는 경우에 대해서 설명하기로 한다.

① 생산시설의 설치

탐광의 결과, 채산이 맞는 석유/가스전이 발견되어 생산이 결정되면, 개발계획이 책정되어 생산시설, 운반될 설비의 계획, 발주, 제작, 설치가 차례로 진행된다. 육지로부터의 거리, 수심, 유층의 깊이와 넓이 등을 고려하여 해상에 생산기지를 만들기로 하면, 먼저 생산플랫폼을 해상에 설치하고, 그 위에 생산에 필요한 각종 장치를 탑재한다.

생산설비로는 굴착장치, 갱구설비, 석유/가스 처리장치, 공동설비(utility : 전력, 증기, 물 등의 공급설비), 거주설비 등이 필요하다. 그러나 이러한 설비의 기계·배관 등을 모두 플랫폼 갑판위에 운반하여 조립하는 것은 작업공간 부족, 공사기간 연장, 해상공사로 인한 공사비 상승 등의 문제가 발생하기 때문에, 육상에서 미리 모듈(module)이라 불리는 커다란 블럭으로 조립해 놓고, 이것을 해상크레인 바지를 이용하여 플랫폼 위에 탑재하는 공법이 일반적으로 사용된다.

모듈을 탑재하면 각 모듈간에 배선, 배관을 접속하는 전체 의장을 실시한다.

이러한 의장공사를 **후크업**(hook up)이라 부른다. 의장공사와 병행하여 파이프라인 부설선을 이용하여 해저에 파이프라인을 부설한다. 해저의 파이프라인은 선박의 닻(anchor)이나 어선의 조업시 파손을 막기 위하여 선박이 항해하는 곳이나 어장에서는 해저면 아래 1m 정도의 깊이에 매설한다.

② 생산정의 굴착

굴착·생산용 플랫폼의 설치 및 후크업(hook up)이 완료되고 파이프라인의 매설이 완료되면 플랫폼 위에서 생산정(production well)을 굴착한다. 유층의 넓이나 매장량에 따라 다르지만, 1개의 플랫폼에서 10~60개의 구멍이 굴착된다. 굴착한 구멍의 입구에는 크리스마스 트리(Christmas tree)라고 불리는 밸브군(群)이 설치된다.

플랫폼상에 설치된 굴착용 장비는 다른 해양구조물에 탑재된 것과 거의 같은 것이 사용되며, 굴착작업이 끝나면 다른 플랫폼에서의 작업에 사용하기 위해 옮겨진다. 갑판승강식 구조물(jack-up rig)을 사용할 수 있는 수심의 경우에는 일부러 굴착장치를 플랫폼에 설치하지 않고, 갑판승강형 시추선을 플랫폼에 인접시켜 생산정을 굴착하는 수도 있다.

③ 생산 및 운반

생산정의 굴착이 끝나고, 생산에 필요한 장치 및 시설을 모두 설치하면, 커미셔닝(commissioning)이라고 불리우는 플랜트 전체의 시운전을 시행한다. 그후 석유와 천연가스를 생산하게 된다. 생산된 석유와 가스는 해상플랫폼에서 파이프라인이나 셔틀탱커(shuttle tanker : 해상의 생산기지와 육지 사이를 왕복운항하는 유조선)에 의해 육상 처리설비로 보내진다.

일반적으로 해저석유개발에는 많은 자금과 긴 시간이 필요하다. 하나의 해저유전 개발을 예로 들면, 탐광기간 2년, 시굴 2년, 유전규모 확인에 1년, 생산설비 건설기간 3년, 생산시작부터 운반개시까지 1년, 모두 9년이나 걸린다.

그리고, 일반적으로 시굴, 생산, 원유 저장까지의 단계를 석유생산의 **상류부문**(up stream)이라 하고, 그 후의 정제, 판매단계를 **하류부문**(down stream)이라 부른다. 원유를 운반하는 유조선은 이 두 부분의 중간적인 존재이다.

이상에서 설명한 해저석유의 시추, 개발, 생산에는 굴착장치, 생산설비 이외에, 표 **5.1.2**에 나타난 것과 같은 각종 작업기기가 필요하게 된다.

표 5.1.2 해저석유개발에 소요되는 주요 기기

<table>
<tr><th rowspan="2">개 발 작 업</th><th colspan="2">주 요 기 기</th></tr>
<tr><th>직 접 기 기</th><th>관 련 기 기</th></tr>
<tr><td>탐사, 조사</td><td>항공기, 물리탐사선, 잠수조사선</td><td></td></tr>
<tr><td>시추, 채굴</td><td>각종 굴착구조물</td><td>예인선(tug boat), 보급선(supply boat), 앵커취급선(anchor handling boat), 작업원운반선(crew boat), 잠수기기, 헬리콥터</td></tr>
<tr><td>개발, 생산</td><td>각종 생산플랫폼, 각종 처리설비, 공동설비(utility), 거주설비</td><td rowspan="3">데크 바지(deck barge), 진수용 바지(launching barge), 크레인 바지(crane barge), 파이프라인 부설선(pipe lay barge), 해상작업대(SEP), 보급선, 예인선, 잠수기기, 헬리콥터</td></tr>
<tr><td>저 장</td><td>저장탱크(탱크와 생산플랫폼 겸용형, 부이 겸용형 등)</td></tr>
<tr><td>수 송</td><td>셔틀탱커, 각종 계류장치</td></tr>
</table>

5.2 굴착장치

5.2.1 개 요

유정의 굴착방법은 일반적으로 회전식(rotary type)이 아주 깊은 곳의 석유 및 가스의 굴착에 가장 적합하여 육상, 해상을 불문하고 넓게 채용되고 있다. 그림 5.2.1에 회전식 굴착장비의 개요를 보여주고 있다. 이 그림은 육상에서 사용되는 비교적 간단한 모델을 나타내고 있지만 해양의 경우에 있어서도 그 기본적인 구성은 거의 다를 바 없다. 그러나 부유식 굴착장치의 경우에는 부체운동의 영향을 줄이기 위하여 몇 가지 기기가 추가된다. 회전식 굴착은 비트 (bit : 그림 5.2.2)라는 절삭기(cutter)에, 지층에 적합한 하중과 회전수를 줌으로써 암석을 깎아 내리면서 굴진하는 방법이다. 회전식의 굴착작업을 무리없이 진행하기 위해서는 다음 항목을 만족해야 한다.

① 암석의 파괴

② 굴착된 부스러기의 신속한 제거

③ 유정 내부지층의 붕괴방지

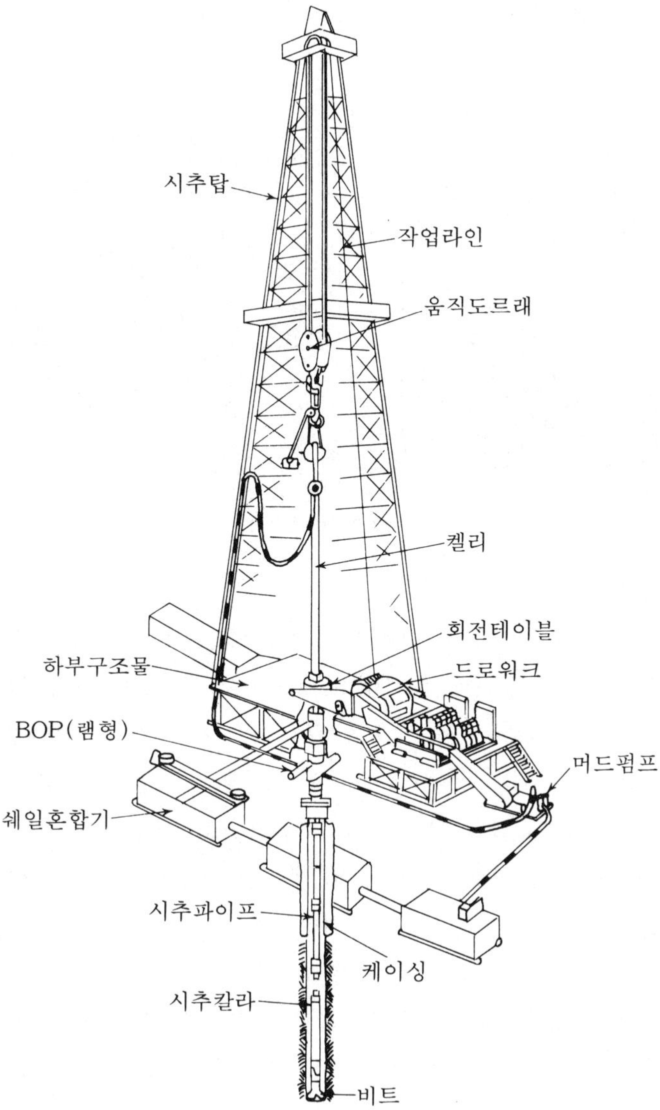

그림 5.2.1 회전식 굴착장치

④ 석유 가스의 분출방지

이를 위해서 다음에 설명하는 여러 장치가 설치된다. 석유 굴착장치는 미국에서 개발된 것이 많기 때문에 현재도 기기의 제원 등에는 영미단위계(ft-lb system)를 쓰는 경우가 많다(부록 1 참조).

5.2.2 여러 가지 굴착장치

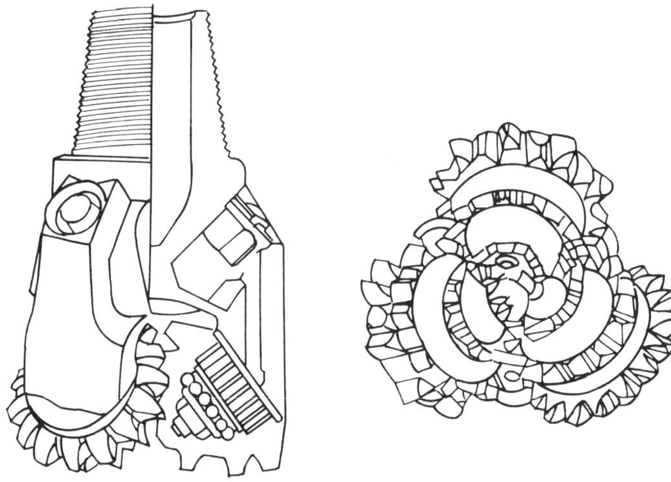

그림 5.2.2 비트(bit)

(1) 비트의 구동장치

그림 5.2.1에 보이는 바와 같이 비트의 상부에는 수직하중을 전달하기 위한 시추칼라(drill collar), 시추파이프(drill pipe), 켈리(kelly : 단면외형이 6각형 또는 4각형의 봉)가 연결되어서 시추공 끝에서 시추갑판(drill floor)까지 긴 파이프(drill string 혹은 drill stem)로 연결된다. 켈리의 상단은 스위블(swivel)이라 불리는 회전접촉부에 결합된다. 시추스트링(drill string)은 회전이 가능하게 스위블에 매달려 내려진 상태가 된다. 또 시추갑판에는 회전하는 테이블(rotary table : 그림 5.2.3)이 설치되어 켈리에 회전력을 전달한다. 그리고 켈리의 상하 방향 움직임은 구속되지 않도록 되어있다.

하부구조물(substructure) 위에는 철골구조의 시추탑(derrick 혹은 mast)과 드로워크(drawworks)가 설치되고, 시추탑 꼭대기의 고정도르레(crown block)와, 시추탑 내를 오르내리는 움직도르레(travelling block) 및 그 아래의 갈고리(hook) 등 매달아 올리는 장치로 구성된다. 위에서 말한 스위블은 이 갈고리에

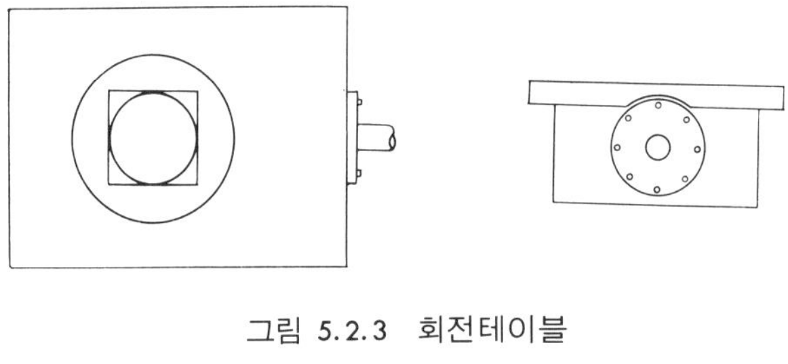

그림 5.2.3 회전테이블

걸려 있다. 회전테이블, 드로워크는 직류전동모터에 의하여 구동된다. 회전테이블로 하단의 비트(bit)와 시추스트링을 회전시키면서 동시에 항상 적정한 하중을 비트에 전달되게끔 드로워크를 조작하여 시추스트링을 조금씩 내려가면서 굴진시킨다. 시추스트링 중량의 대부분은 매달려 있고 극히 일부의 하중만 비트에 걸리게한다. 켈리의 길이만큼 굴진하면 켈리의 바로 아래에 시추파이프 1개를 연결시키는 조작을 되풀이한다. 또 비트가 마모되면 시추스트링을 일단 끌어올려 새 비트와 교환한다.

(2) 굴착용 머드(泥水, mud)

굴착작업은 머드를 순환시키면서 수행한다. 머드의 역할은 ① 파낸 부스러기의 제거 ② 지층내 유체의 분출방지 ③ 유정벽의 붕괴방지 ④ 비트 및 시추봉의

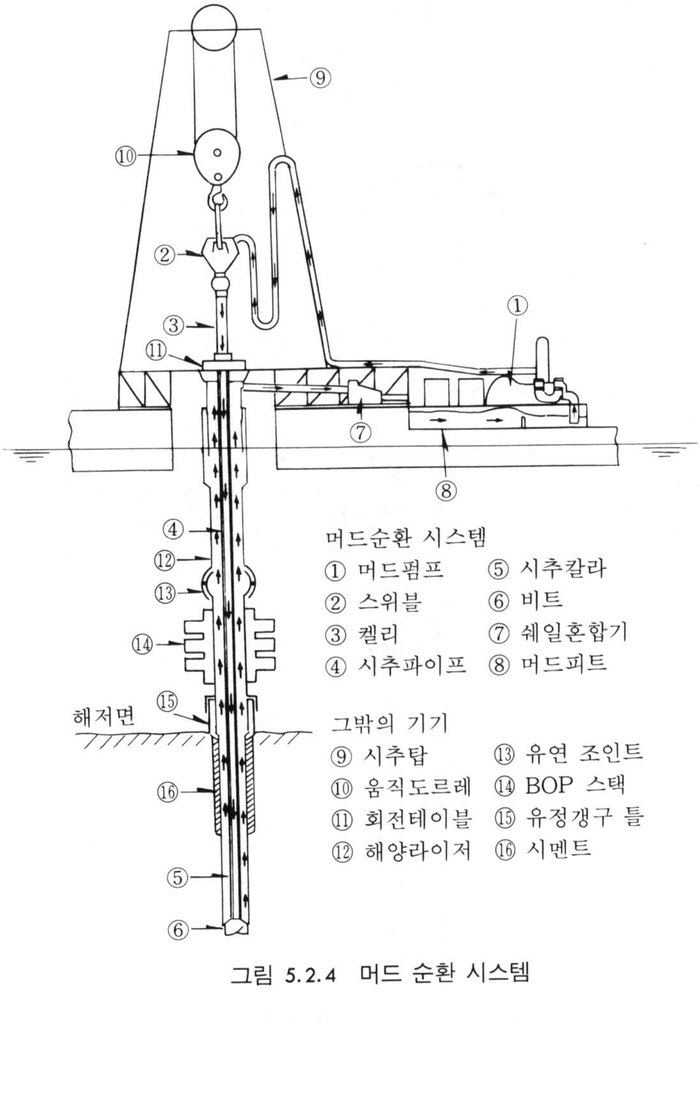

그림 5.2.4 머드 순환 시스템

냉각 및 윤활작용 등이다. 보통 쓰이는 머드는 물에 중정석(barite), 벤토나이트(bentonite), 조니제(調泥劑) 등을 녹인 것인데 굴착조건에 따라 비중, 점성, 수소이온농도(pH) 등의 성질을 조정할 필요가 있다.

머드는 머드피트(mud pit)에서 만들며 머드펌프로 이송한다. 머드펌프에서 보내어진 머드는 고정배관과 스위블을 연결하는 호스(rotary hose 혹은 water hose), 스위블을 거쳐 시추스트링 속을 내려가 구멍 끝의 비트노즐에서 분사된다. 분사후 머드는 유정벽과 시추스트링 사이를 통하여 올라오는데 이 때 파낸 부스러기를 운반해 온다. 이와 같이 갱내를 순환하여 온 머드에는 지층내의 여러 가지 물질을 함유하여 오므로 절삭 부스러기를 제거하거나 가스를 빼는 등 여러 가지 재생처리를 한 후 머드피트에 다시 보내져 재사용한다. 재생처리용 기기로는 쉐일혼합기(shale shaker), 가스제거기(degasser), 모래제거기(desander), 미사제거기(desilter) 등이 설치되어 있다(그림 5.2.4).

(3) 케이싱 파이프

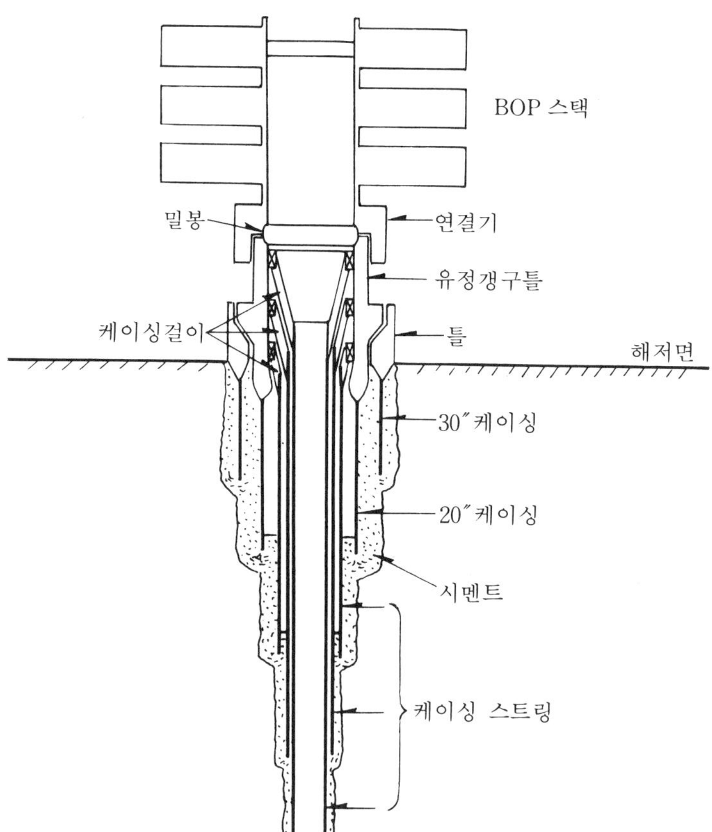

그림 5.2.5 케이싱 파이프와 유정의 단면

유정을 어느 정도의 깊이까지 굴진하면 유정의 붕괴나 유정내의 출수를 방지할 목적으로 일단 굴진을 중단하고 시추스트링을 끌어 올리고 케이싱 파이프(casing pipe, CSG)를 유정내에 삽입한다(그림 **5.2.5**). 유정벽과 CSG의 틈(annulus) 사이에 시멘트 반죽을 압축하여 넣어 굳힌다. 이 작업을 **시멘팅**(cementing)이라 한다. 이 때문에 시멘트 반죽을 만들어 유정벽 사이에 압축시켜 밀어넣기 위한 펌프장치인 시멘팅 장치(cementing unit)가 설치되어 있다. 이때 이후의 굴착은 CSG내를 통과할 수 있는 크기의 비트가 사용되므로 케이싱 파이프의 지름도 작아진다. 굴착심도에 따라 몇 단계의 CSG가 순차로 삽입되면 최종 CSG의 지름은 일반적으로 7in 또는 5.5in로 된다. 케이싱 파이프의 지름과 비트 지름의 관계는 일반적으로 표 **5.2.1**과 같다.

표 5.2.1 케이싱 파이프의 지름과 비트 지름과의 관계

케이싱 지름(in)	비트 지름(in)	해저면에서의 대략적 깊이(ft)
30	36	80~200
20	26	1,000
13 3/8	17 1/2	3,000
9 5/8	12 1/4	지층에 따라 변함
7	8 1/2	지층에 따라 변함

(4) 분출방지장치(BOP)

굴착중 갑자기 고압의 지층유수(석유, 가스, 물)가 분출(blowout)될 위험이 있는데 이러한 분출을 저지하기 위하여 케이싱 바로 위에 BOP(blowout preventer)를 장착한다. BOP는 긴급 차단판의 기능을 가지는 것으로, 안전성을 높이기 위하여 여러 층으로 겹쳐 사용한다. 이것을 **BOP 스택**(stack)이라 한다. BOP의 형식에는 램형(ram type)과 원환형(annular type : 고무줄로 시추파이프 주위를 밀봉하는 형식)이 있다. 램형에는 파이프램과, 전단램(shear ram)이 있다(그림 **5.2.6**).

(5) 유정내 조사

굴착작업 도중에, 유정갱내 조사기기를 사용하여 유정내부를 조사(지질조사, 니수검층, 전기검층(그림 **5.2.7**), 음파검층, 방사능검층 등)하여 석유, 가스층의 유무와 위치를 조사한다. 유정내 조사에 따라 산출능력시험(formating test)을 할 적당한 위치가 선정되면 케이싱을 내리고, 시험대상층 부분을 시멘팅한 뒤, 그 부분에 화약을 사용하여 구멍을 내고(jet perforation), 기름을 갱내에 유입시

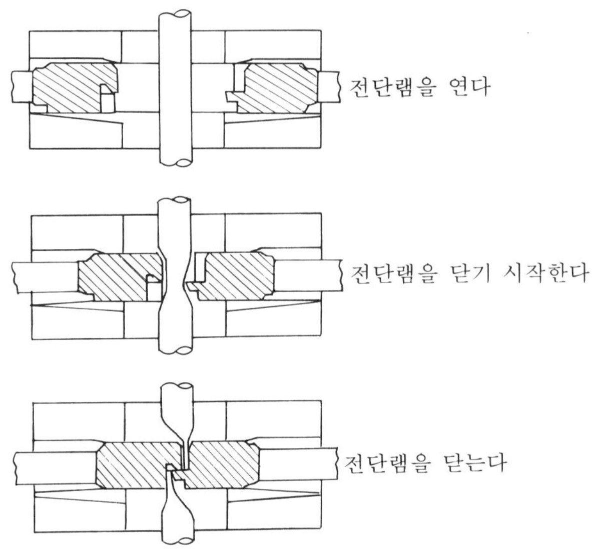

그림 5.2.6 BOP(전단램, shear ram)

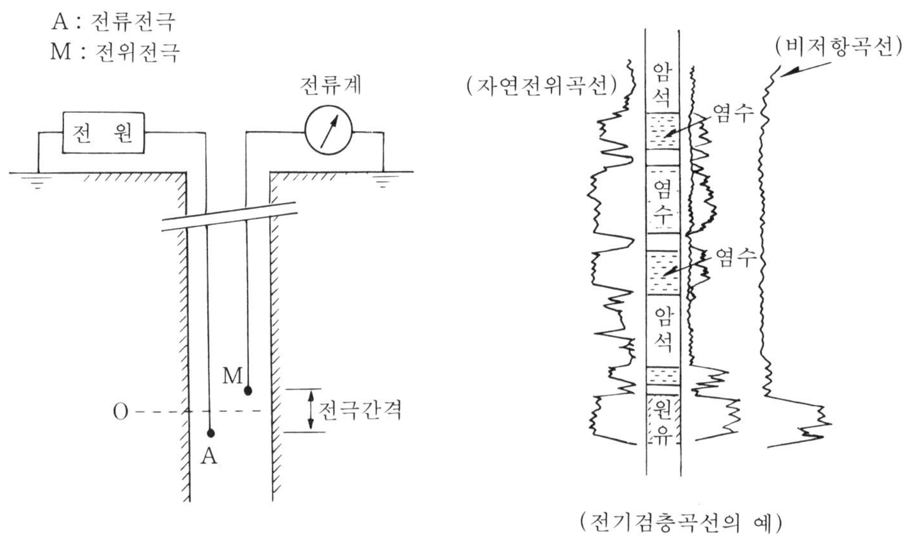

그림 5.2.7 전기검층(電氣檢層)에 의한 유정내 조사

킨다. 산출능력시험의 방법으로는 시추스트링(drill string)의 중간에 각종 시험도구를 부착하여 수행하는 DST(drill stem test) 등이 있다.

5.2.3 해저굴착에 필요한 특수장치

해저굴착의 경우 구조물이 바로 지상에 해당하기 때문에, 해저와 굴착장치 사이에 해수와 파랑의 영향을 방지하기 위해 다음과 같은 특수한 장치가 필요하다.

(1) 부유식 구조물의 특수장치

부유식 구조물(반잠수식 및 선박형)은 파랑에 따라 움직이기 때문에, 이 운동을 흡수하고 굴착작업을 원활하게 수행하기 위해 다음과 같은 장치가 설치된다(그림 **5.2.8**).

① 임시 가이드베이스(temporary guide base)

굴착시 맨 먼저 해저면에 내려와 해저면과 구조물을 연결하는 기판이 되는 것으로 외형은 8각형으로 중앙에 원형 구멍이 있고, 여기서 유정이 굴착된다. 구멍 주변의 네 곳에 가이드라인(guide line)이 연결된다.

② 가이드라인(guide line)

가이드라인은 임시 가이드베이스를 기점으로 구조물 선상까지 연결되어 있는 4개의 와이어로프로, 해저에 각종 기기를 내릴 때 가이드 역할을 한다. 가이드라인은 구조물이 흔들려도 항상 일정한 장력을 유지할 수 있도록 가이드라인 인장기(guide line tensioner)를 설치할 필요가 있는데 그 본체는 공기유압식 실린더이다. 그리고 수심이 450m 이상의 깊은 수심일 경우는 가이드라인을 이용해 기기를 설치하는 것이 곤란하기 때문에, 초음파 신호에 의해 기기의 위치를 제어하면서 고정시키는 비가이드라인 방식도 개발되어 있다(그림 **5.2.9**).

③ 영구 가이드 구조물(permanent guide structure)

임시 가이드베이스 위에 설치되는 기초 구조물로 4개의 기둥을 가지고 있어 유정의 갱구(wellhead)와 BOP 스택(stack)을 지지한다.

④ 유정갱구(wellhead)

해저면의 갱구(subsea wellhead)는 갱구 틀(wellhead housing)과 케이싱 걸이(casing hanger)로 구성된다. 30 in와 20 in 케이싱의 상부는 각각의 틀(housing)에 고정되어 있고, 또한 이보다 작은 지름의 케이싱은 케이싱 걸이에 의해 20 in 파이프의 틀로 지지된다. 케이싱 걸이의 상부에는 밀봉장치를 설치하여 케이싱 사이의 누수(leak)를 방지한다(그림 **5.2.5**).

⑤ BOP 스택(blowout preventer stack)

BOP 스택은 영구 가이드 구조물 위에 설치되어 갱구와 유압연결기(connector)로 연결된다. 일반적으로 램형 4단(안쪽 1단은 전단램)과 원환형 1단을 겹쳐 쌓은 구조로 되어 있다. BOP의 개폐는 구조물상에서 원격제어된다.

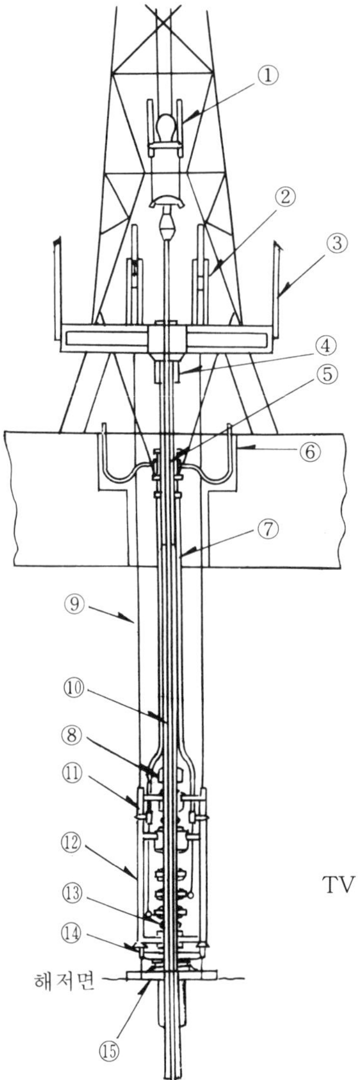

①	운동보상기
②	라이저 인장기
③	가이드라인 인장기
④	전환기
⑤	텔레스코픽 조인트
⑥	킬/초크라인
⑦	해양라이저
⑧	유연조인트
⑨	가이드라인
⑩	시추스트링
⑪	하부 해양라이저
⑫	BOP 스택
⑬	유정갱구 틀
⑭	영구가이드 구조물
⑮	임시 가이드 베이스

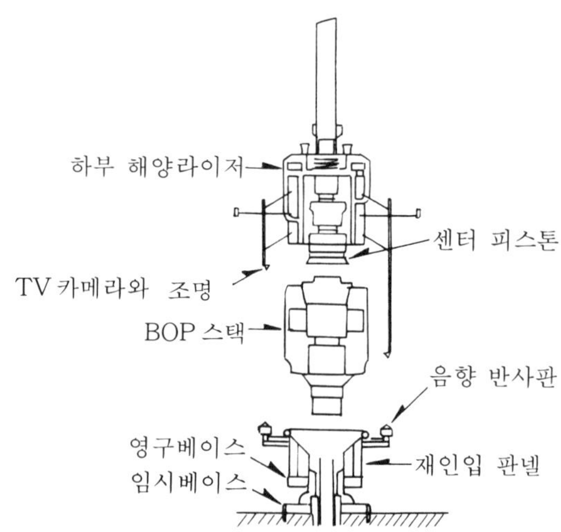

그림 5.2.8 부유식 구조물의 특수장치
(1) 가이드라인 방식

그림 5.2.9 부유식 구조물의 특수장치
(2) 비가이드라인 방식

⑥ 하부 해양라이저(lower marine riser, LMR)

원환형 BOP, 유압제어용 포드(hydraulic control pod), 볼조인트(ball joint) 또는 유연조인트(flexible joint) 등으로 구성되어 있고, BOP 스택 상부에 유압 연결기로 연결된다.

⑦ 해양라이저(marine riser)

해양라이저는 앞에서 말한 볼조인트와 구조물을 연결하는 파이프로서, 순환머드가 유정을 거쳐 돌아오는 길을 형성하고, 또한 시추파이프를 보호한다. 볼조인트는 라이저파이프 하단의 경사각을 ±10°까지 허용되는 구조로 되어 있으나, 굴착작업 중에는 4° 이하로 억제하는 것이 일반적이다. 해양라이저의 상단에는 텔레스코픽 조인트(telescopic joint 또는 slip joint)가 설치되어 있다. 이것은 바깥쪽 통과 안쪽 통으로 구성되는데, 바깥쪽 통은 해양라이저에 고정되고, 안쪽 통이 텔레스코픽하게 신축하여 구조물의 상하운동을 흡수할 수 있도록 되어있다. 라이저 상부(telescopic joint의 바깥쪽 통)는 와이어로프에 의해 매달려 있고, 그 와이어로프에는 라이저 인장기에 의해, 구조물의 상하운동에 관계없이 해양라이저에 정해진 장력이 걸리도록 되어 있다.

해양라이저에는 파랑, 조류에 의한 외력이 걸리고, 또한 수심이 깊어지면 외력, 머드중량이나 자중에 의해 좌굴(挫屈)할 우려가 있다. 이것을 완화하기 위해, 해양라이저의 주위에 부력체(일반적으로 syntactic foam : 유리기포 강화 플라스틱)를 다는 것과 동시에, 위에서 말한 바와 같이 상단을 강하게 끌어 당겨서 좌굴을 방지한다.

⑧ 전환기(diverter)

텔레스코픽 조인트의 안쪽 통 상부에 연결되고, 회전테이블의 바로 아래 설치되는 일종의 저압 BOP이다. 또한 BOP를 해저에 설치하지 않은 상태로 굴착할 때 분출에 대비하는 장비이다. 전환기에서는 횡방향으로 가지가 나와 있어서 통상 굴착시에는 거기서 되돌아 나오는 머드가 토출된다.

⑨ 운동보상기(motion compensator)

움직도르레와 갈고리 사이에 설치되어, 반잠수식 구조물이 상하운동을 하더라도 그것을 유압실린더로 흡수하여, 시추스트링에 상하운동의 영향이 미치지 않도록 하는 장치이다. 이것에 의해 비트에 전달되는 하중을 안정되게 하고 굴착능률이 떨어지는 것을 피할 수 있다.

⑩ 킬라인 및 초크라인(kill and chock line)

BOP 스택에서 라이저를 따라서 설치된 파이프로, 상부는 머드 시스템과 연결된다. 킬라인(kill line)은 BOP 차단후, 고압가스의 분출을 막기 위해, 비중이 큰 머드를 주입하는 파이프라인이다. 그리고 초크라인(choke line)은 분출억제시 유정내의 압력을 조절하는 파이프라인으로, 가스나 머드를 머드처리 시스템으로 보내는 것이다.

이상 기술한 굴착용 장치를 사용한 굴착작업의 순서를 부유식 구조물의 경우에 대해 요약하면 그림 5.2.10과 같다. 그리고 대형 반잠수식 구조물에 설치된 굴착장치의 예를 표 5.2.2에 나타내었다.

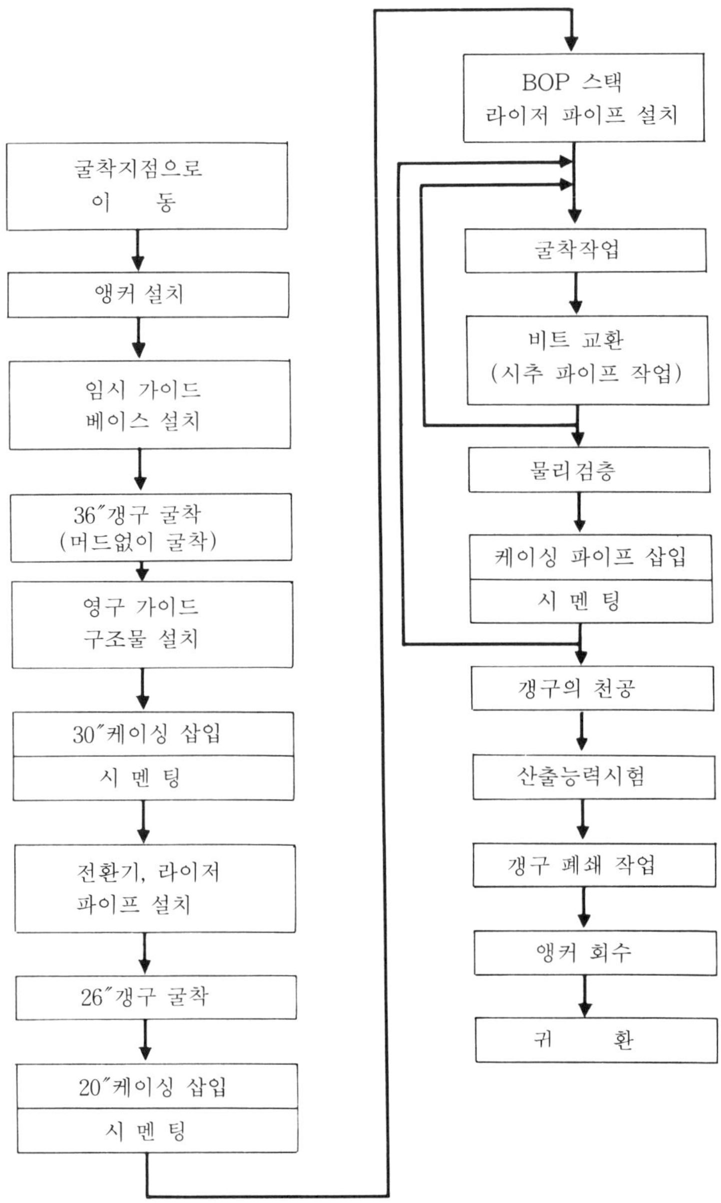

그림 5.2.10 부유식 구조물을 사용할 때의 굴착작업의 순서(시굴)

표 5.2.2 반잠수식 구조물의 주요 제원

시추탑(derrick)	178′×40′×40′, 하중 1,500,000 lb	1기
드로워크(drawworks)	직류 전동기, 1000 ps × 3	1기
회전테이블(rotary table)	〃 1000 ps × 1	1기
머드펌프(mud pump)	〃 800 ps × 2	2기
시멘팅 장치(cementing unit)	디젤 구동	1세트
BOP 스택(stack)	램형 18 3/4″, 15,000 psi × 4 원환형 18 3/4″, 10,000 psi × 2	
가이드라인 인장기(guide line tensioner)	40′travel, 20,000 lb	6기
라이저 인장기(riser tensioner)	66′travel, 100,000 lb	16기
운동보상기(motion compensator)	25′travel, 600,000 lb	1기
텔레스코픽 조인트(telescopic joint)	55′travel	1기

(2) 착저식 구조물의 유정갱구장치

갑판승강식 구조물과 같은 착저식 구조물에서는 선체동요가 없기 때문에 각종 동요흡수장치가 불필요할 뿐만 아니라, 수심도 얕아서 구조물과 해저 사이의 모든 장치가 아주 간단하게 설치될 수 있으므로 육상의 장치에 가깝게 된다. 먼저 30 in 케이싱을 해저에 세운다(항타기(杭打機)로 박아 넣거나 구멍을 뚫어 삽입, 고정시킨다). 이것은 해면 위까지 나오기 때문에 이 구멍을 굴착하여 각 크기의

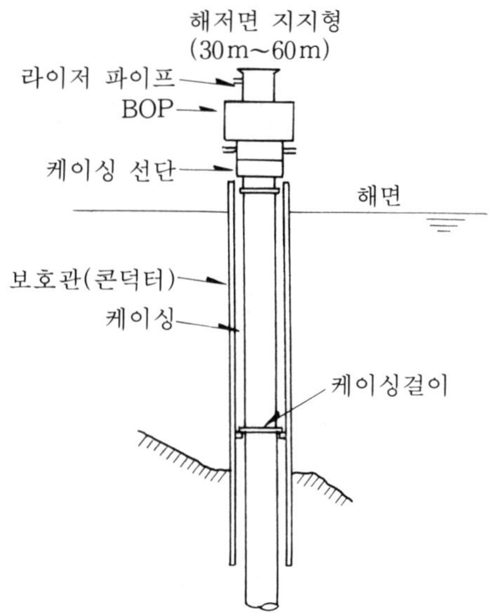

그림 5.2.11 착저식 구조물의 유정갱구 장치

케이싱을 삽입한다. 이들 케이싱도 해면 위까지 나오기 때문에 그 위에 BOP 스택이 설치된다(그림 5.2.11).

5.3 이동식 해저석유 굴착장치

5.3.1 일 반

해양에서의 굴착작업(특히 試掘)은 많은 경우 이동식 해양굴착장치(mobile offshore drilling unit ; MODU)에 의해 수행된다. 이것은 앞에서 설명한 것과 같은 굴착장치 한 세트를 부유식 구조물 위에 설치하고 해상을 이동하여 목적지에서 정위치를 유지하면서 굴착작업을 할 수 있도록 되어 있는 것으로서 보통 **해양구조물**(rig)이라 말한다. 그러나 해양구조물이라는 것은 원래 굴착기기를 나타내는 말이었지만, 지금은 부유식 구조물을 포함하여 해양에 설치되는 모든 구조물을 가리키는 말로 사용되게 되었다.

해양구조물은 다양한 해역 조건에 적용될 수 있도록 지금까지 여러 가지 형태가 개발되어 왔는데 이것들은 크게 다음과 같이 분류할 수 있다(그림 5.3.1). 이들 해양구조물중 현재 가장 많이 사용되고 있는 갑판승강식, 반잠수식 및 선박형(ship type) 구조물에 대하여 설명하기로 한다.

- 해양구조물
  - 착 저 식
    - 잠수식
    - 갑판승강식
  - 부 유 식
    - 반잠수식
    - 선 박 형
    - 바 지 형

그림 5.3.1 해양구조물의 형식

5.3.2 갑판승강식 구조물(Jack-up Rig)

(1) 개 요

1953년 최초의 구조물인 DELONG PLATFORM No. 1이 출현해 각광을 받아온 이래, 건조수도 급격히 증가하여, 현재 해양구조물 전체 수효의 절반을 차지하고 있다. 이 형식의 구조물은 그림 **5.3.8**에 대표적인 예를 나타내었듯이 선체(hull)와 몇 개의 다리(leg 또는 spud)로 구성되며 승강장치(jacking system)에 의해 선체와 다리를 오르내릴 수 있도록 한 것이다. 이동시에는 다리를 올려 선체가 물 위에 뜬 상태로 예인(wet tow)되든지, 혹은 데크 바지에 탑재하여 이동된다(dry tow). 목적지에 도착하면 승강장치를 조작하여 다리를 하강·착지시키고, 다시 승강조작을 계속하여 선체를 해면위 파도가 미치지 않는 높이까지 올린다. 또한 굴착작업을 개시하기 전에는 예비하중을 다리에 걸어, 해저지반 속으로 충분히 관입시킨다. 이렇게 다리에 의해 해저면에 고정된 상태로 굴착작업을 하고 이것이 종료되면 다시 선체를 하강·착수시켜 승강장치와 선체의 부력을 이용하여 해저면에 뚫고 들어간 다리를 뽑아내어 일정한 위치까지 다리를 상승시킨 후 이동한다.

(2) 특 징

이 형식은 다음과 같은 장점이 있다.

① 착저상태로 작업하기 때문에 동요없이 작업이 가능하다.

② 캔티레버식의 경우 시추외에도 생산정의 굴착 및 보수에 사용되는 등 사용용도가 넓다.

③ 탑재한 굴착장치는 육상용과 거의 비슷하여, 부유식과 같은 특수장치가 불필요하다. 또 선체구조도 부유식보다 간단하므로 전체 가격은 비교적 낮다.

한편 다음과 같은 단점이 있다

① 부유식과 비교할 때 이동 수심이 얕아서 90m 정도가 보통이며 최대 120m 정도까지만 가능하다. 가동수심은 갑판이 상승된(jack-up) 상태의 구조물 고유주기와 파주기와의 일치에 의한 공진, 그리고 착저시 다리에 가해지는 충격하중의 크기에 따라 제한된다.

② 다리를 상승시켜 수면에 띄운 채로 예인할 때 복원성과 다리 및 그 지지구조의 강도가 문제될 수 있다. 가동수심이 커지면 다리는 당연히 길게 할 필요가 있고, 또한 당연히 무거운 구조로 되기 때문에 이 점이 더욱 문제가 된다.

③ 선체에 적재가능한 하중(굴착용 파이프, 머드(진흙), 시멘트 등의 무게, 즉 변동하중이라 한다)이 부유식 구조물에 비해 일반적으로 작다. 그러나 최근의 건조된 사례를 보면 반잠수식 구조물에 필적하는 변동하중을 허용하는 것도 있다(표 **5.3.1**).

(3) 선체형상

갑판승강식 구조물의 평면 형상은 3각형, 4각형, 6각형 등이 있지만 최근에 건조되는 구조물은 거의 3각형이다. 또 굴착위치(유정갱구의 중심)를 어디에 두느냐에 따라 슬로트 방식(slot type)과 캔티레버 방식(cantilever type)으로 나누어지는데 최근에는 복합된 방식도 건조되고 있다(그림 **5.3.2**).

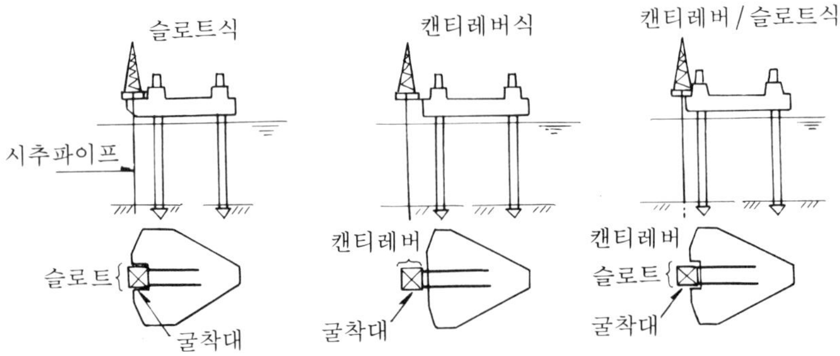

그림 5.3.2 갑판승강식 구조물의 선체형상

① 슬로트 방식

선체에 슬로트(slot)가 만들어져 있어, 선체를 상승한 뒤에 굴착장치를 슬로트 위로 이동시켜 슬로트에서 굴착하도록 한 것이다.

② 캔티레버 방식

캔티레버라고 불리는 내닫이 구조를 갑판상에 설치해, 선체를 상승한 뒤에 이 부분을 선미방향으로 선체 밖으로 돌출시켜 여기에서 굴착작업을 수행하도록 한 것이다. 이동장치는 일반적으로 유압실린더식이다(그림 **5.3.3**). 이 형식은 작업중 다리에 걸리는 모멘트가 크고 또 중심 위치도 높게되는 단점이 있지만, 자켓내에서 채유정의 굴착이나 기존 생산정의 보수, 개수작업(workover)을 할 수 있는 장점이 있으므로 최근 건조되는 갑판승강식 구조물은 거의 대부분 이 방식이다.

③ 캔티레버/슬로트 방식

선체에 캔티레버와 슬로트를 겸비한 구조물로서 다리에 큰 모멘트를 주지 않

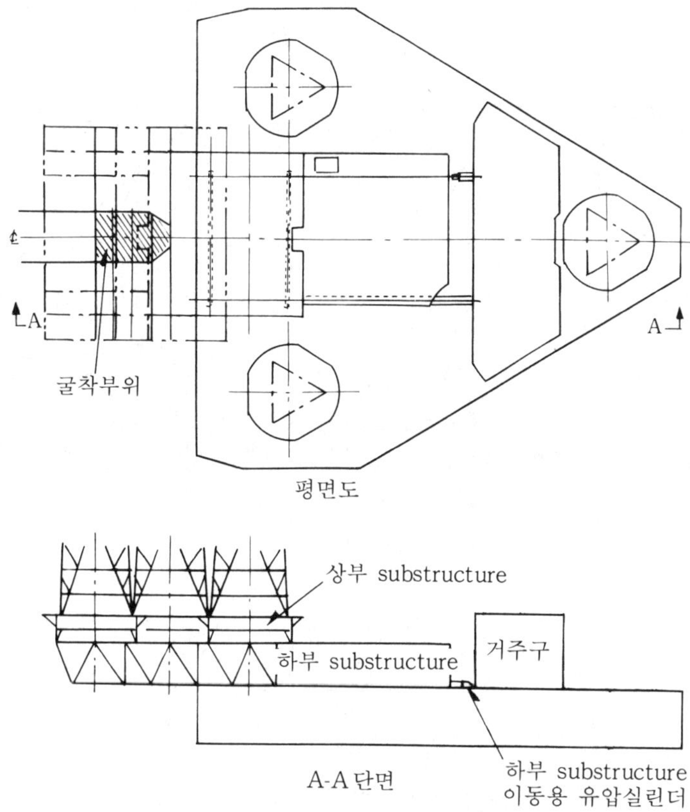

그림 5.3.3 캔티레버 방식의 갑판승강식 구조물의 하부구조(substructure) 이동장치

고 굴착 횟수를 증가시킬 수 있다.

(4) 다리의 형식 및 구조

① 다리의 구조

다리의 구조에는 그림 **5.3.4**에 보이는 것과 같이 트러스 구조와 원통 구조가 있지만, 일반적으로 단면형상이 3각 또는 4각인 트러스 구조가 사용되고 있다. 원통 구조는 가동수심이 얕을 때(60m 정도 이하)나, 매트(mat)가 붙어 있는 경우에 채용되고 있다(뒤에서 설명함). 다리의 수는 초기의 구조물에서는 6~8개 정도였지만, 승강장치의 진보에 따라 현재는 3개가 주류이다. 또 다리는 항상 직립으로 유지되는 형태(vertical leg)가 일반적이다.

② 접지부 구조

다리는 착저했을 때 큰 하중을 지탱하므로, 해저지반이 연약할 때에는 해저면 아래로 깊이 파묻혀 들어가서, 장기간 작업 후 다리를 빼내는 것이 조업상 큰 문

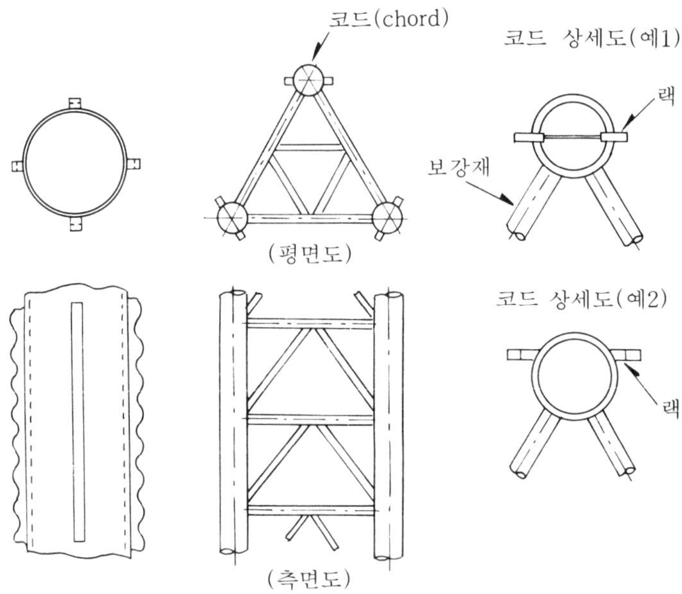

(1) 원통형 (2) 트러스형(3각형)

그림 5.3.4 다리의 구조

제점의 하나이다. 이 때문에 다리의 하단에 탱크(spud can or footing)나 매트(mat)를 설치하여 접지면적을 늘려서, 다리의 관입깊이를 줄인다(그림 5.3.5). 일반적으로 스퍼드캔(spud can)이 부착된 것은 암반에서 사질토까지, 매트(mat)가 부착된 것은 사질토에서 연약 점토, 실트질까지의 해저지질에 사용되고 있다. 또 흐름이 빠른 해역에서 해저가 사질토일 경우에는 세굴(洗掘, scouring : 다리의 하부 토사가 해류에 의해 씻겨 나가는 현상)이 일어날 수 있으므로 주의해야 한다.

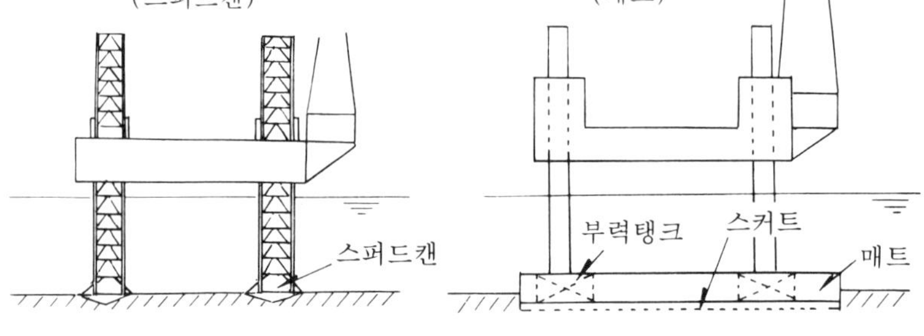

그림 5.3.5 갑판승강식 구조물의 접지부 구조

(5) 승강장치

승강장치에는 공기 또는 유압실린더를 사용하는 방식(pin lock type 또는 grip type)과 전동모터를 사용하는 랙피니언 방식(rack and pinion type)이 있지만, 현재에는 후자의 방식이 주류이다(그림 5.3.6). 랙피니언 방식의 경우, 다리에는 랙(rack)을 부착하고 이것에 맞물리는 단독 또는 대향(對向) 피니언을 전동모터로 구동시켜 연속적으로 승강시킨다. 일반적으로 피니언 하나의 정격 승강용량은 200~400 ton, 정격 유지용량은 승강용량의 1.5~2배 정도로서, 하중에 대응해서 피니언의 조합수를 결정한다. 또 승강속도는 0.3~0.45 m/min 정도로 설계되고 있다. 또 구조물의 대형화에 따라서 요구되는 유지용량의 증대에 대처하기 위해 승강장치와 별도로 랙초크(rack chock)를 설치하는 경우도 있다(그림 5.3.7).

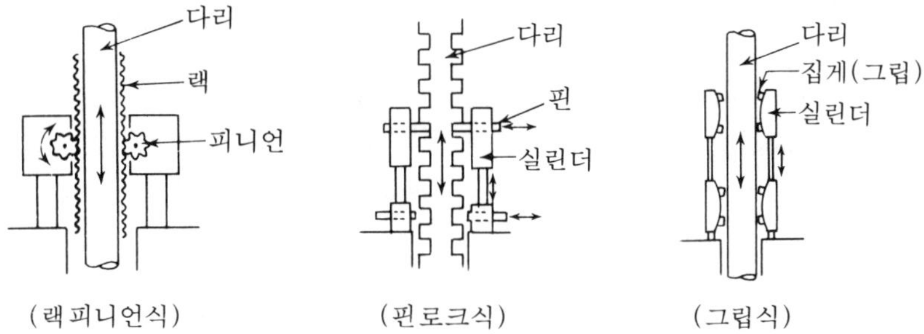

그림 5.3.6 갑판승강식 구조물의 승강장치

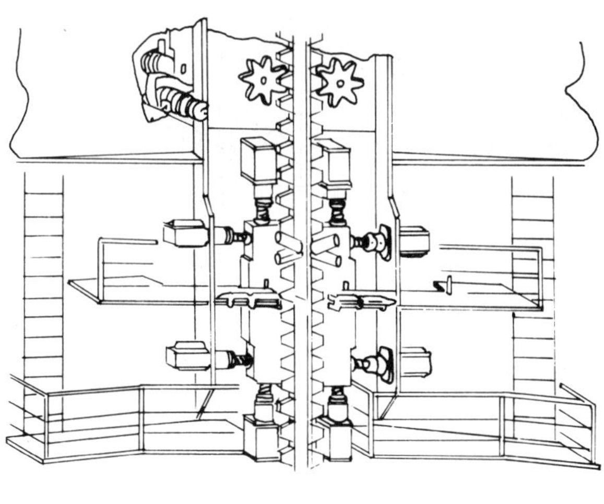

그림 5.3.7 랙초크(rack chock)

캔티레버 방식의 갑판승강식 구조물의 주요 제원을 표 **5.3.1**에, 그리고 일반 배치도를 그림 **5.3.8**에 나타내었다.

표 5.3.1 캔티레버 방식의 갑판승강식 구조물 주요 제원(HAKURYU No. 9)

구 분	제 원	구 분	제 원
형 식	갑판승강식 캔티레버 방식	승강장치 형 식 정격 승강하중 승강속도	 전동, 랙피니언 2,400 ton / 다리 0.3 m / min
선 급	ABS & NK		
선 체 길 이 폭 깊 이	 59.0 m 56.0 m 6.58 m	변동하중 굴착시(서있는 상태) 승강중	 2,600 ton 1,200 ton
다 리 형 식 수 전장(스퍼드캔 포함)	 3각 트러스 스퍼드캔 부착 3개 96.6 m	가동수심(최대)	66.7 m
		승 무 원	99명
		해상조건 파 고 풍 속 에어갭(air gap)	 15.2 m 51.4 m / sec 10.0 m

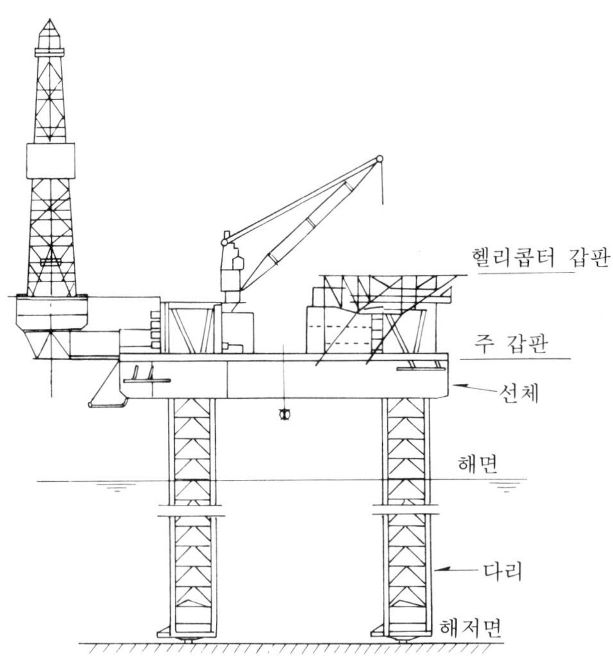

그림 5.3.8 캔티레버 방식의 갑판승강식 구조물 HAKURYU No.9의 일반배치도
(일본해양굴삭(주)의 자료)

5.3.3 반잠수식 해양구조물(Semi-submersible rig)

(1) 개 요

해저석유개발이 깊은 수심과 파랑이 거친 해역으로 진전함에 따라 갑판승강식 해양구조물(jack-up rig)은 기술적으로나 경제적으로 한계에 부딪치게 되었다. 또한 이러한 해역에서는 선박형 시추선 역시 동요가 크고 가동률이 떨어져 부적합하다. 이러한 배경으로 1957년 최초의 반잠수식 해양구조물인 BLUE WATER No. 1이 등장하였고, 부상상태에서 우수한 작업성능을 발휘한 것으로 인식되어 최근 급속한 발전을 계속하고 있다. 특히 북해의 유전개발에 큰 역할을 했으며, 갑판승강식 해양구조물과 함께 시추용 구조물의 쌍벽을 이루고 있으며, 앞으로 점점 대형화될 경향을 보이고 있다.

반잠수식 해양구조물의 형상은 하부선체(lower hull)라고 불리는 부력체의 상부에 칼럼(column)이라 불리우는 수직기둥을 세우고 그 위에 상부구조(upper hull)를 설치한 뒤 이것들을 필요한 수효의 경사진 보강재(brace)를 사용하여 입체적으로 결합한 것이다(그림 5.3.9). 최근 건조된 반잠수식 해양구조물의 구조는 복원성 향상을 위해 부력을 가진 상자형구조(pontoon)로 되어 있다.

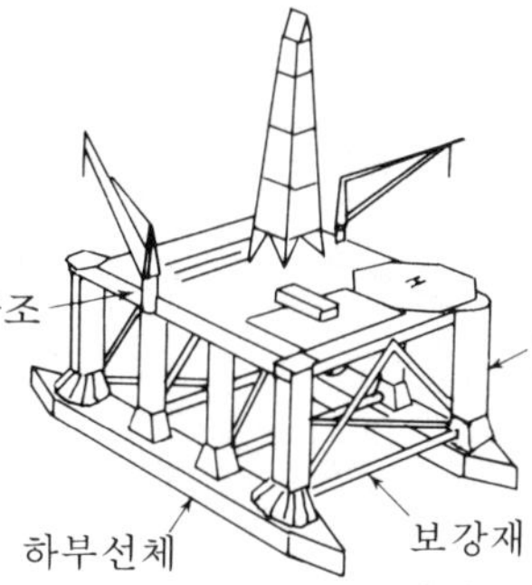

그림 5.3.9 반잠수식 해양구조물

반잠수식 해양구조물의 가동방법은 일반적으로 하부선체에 의해 물 위에 뜬 상태로 이동하고, 목적지에서는 하부선체 내부와 기둥의 일부에 밸러스트를 주입하여 가라앉혀 반잠수 상태로 만든다. 이 상태에서의 복원성능은 칼럼(column)에 의존하고 있으므로, 이 형식의 반잠수식 구조물을 **칼럼안정형**(column-stabilized type)이라고도 한다. 이 때의 흘수는 갑판 밑에 파가 부딪치지 않도록 계획하는 것이 보통이다. 굴착작업은 주로 반잠수 상태로 행하여진다.

(2) 특 징

반잠수식 해양구조물에는 다음과 같은 장점이 있다.

① 굴착작업시에는 앵커나 체인 그리고 추진기(thruster) 겸용, 혹은 동적 위치유지 시스템(DPS : dynamic positioning system)에 의하여 위치가 유지되기 때문에, 깊은 수심에서도 시추가 가능하다.

② 갑판승강식 구조물(jack-up rig)이나 선박형 구조물로는 굴착작업이 불가능한 높은 파도에서도 작업할 수 있다. 반잠수 상태에서는 선박형 구조물에 비해 동요성능이 특별히 뛰어나고, 따라서 기상악화에 따른 가동 제한시간(weather down time)이 적다. 동요 중 특별히 굴착작업에 지장을 주는 것은 상하동요인데 반잠수식 구조물은 몰수부의 용적이 크면서 수선면적이 작아 '파강제력을 받지 않는 형상'에 가깝고, 또한 상하동요의 고유주기도 파주기보다 긴 20초 이상으로 설계되어 있으므로(제2장 2.2.3절 참조), 상하동요의 진폭은 선박형 구조물의 절반 이하가 된다(그림 5.3.10).

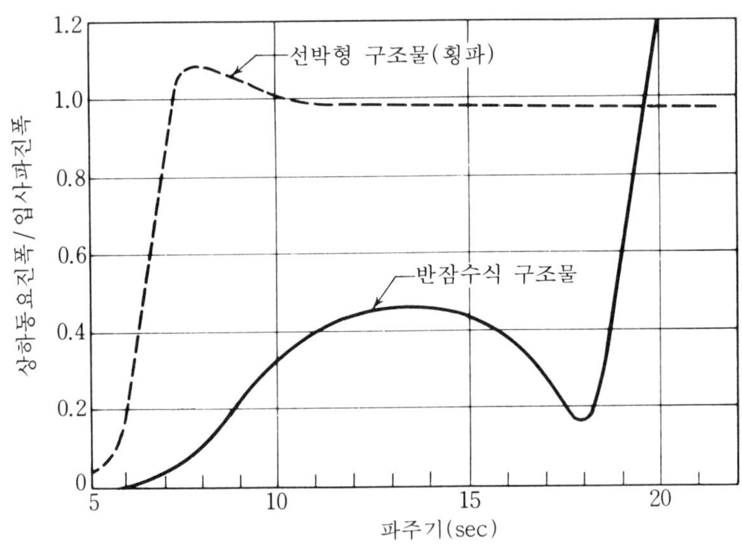

그림 5.3.10 반잠수식 구조물과 선박형 구조물의 상하동요 비교

③ 대형화가 비교적 용이하여 갑판승강식 해양구조물에 비해 큰 변동하중을 수용할 수 있다. 따라서 물자보급 없이도 장기간의 가동이 가능하다.

④ 하부선체(lower hull)에 프로펠러를 장치하면, 갑판승강식 해양구조물에 비해 이동성이 양호해지고 이동시간도 짧아진다.

한편 다음과 같은 단점도 있다.

① 수선면적이 작으므로 복원성능(손상시 포함)에 주의할 필요가 있다. 변동

하중이 큼에 따라 특히 복원성능과의 관계가 중요하다.

② 선체구조, 굴착장치가 복잡하므로 갑판승강식 해양구조물에 비해 상대적으로 가격이 높다.

(3) 선체형상

선박형의 하부선체(lower hull)가 2개 있고 이것이 각각 2~4개의 칼럼(column)에 의해 갑판구조와 연결되어 있다. 최근 건조되는 반잠수식 구조물의 칼럼은 전체 4개인 것이 주류를 이루고 있다. 전체 구조를 보면 종방향은 하부선체(lower hull), 칼럼(column), 갑판거더(deck girder)로 이루어진 프레임 구조, 횡방향은 칼럼, 갑판보, 보강재(brace)로 이루어진 트러스 구조가 많이 채용되고 있다(그림 5.3.11). 초기의 반잠수식 구조물에서는 보강재로 결합된 3~5개의 칼럼과 칼럼하부의 독립된 부체(footing)로 구성된 구조가 많다. 이 방식의 반잠수식 구조물은 상하동요가 하부선체(lower hull)방식보다 작게 되지만, 구조가 복잡하고 예인시 저항이 커지는 등의 단점이 있어서 현재에는 건조되지 않는다.

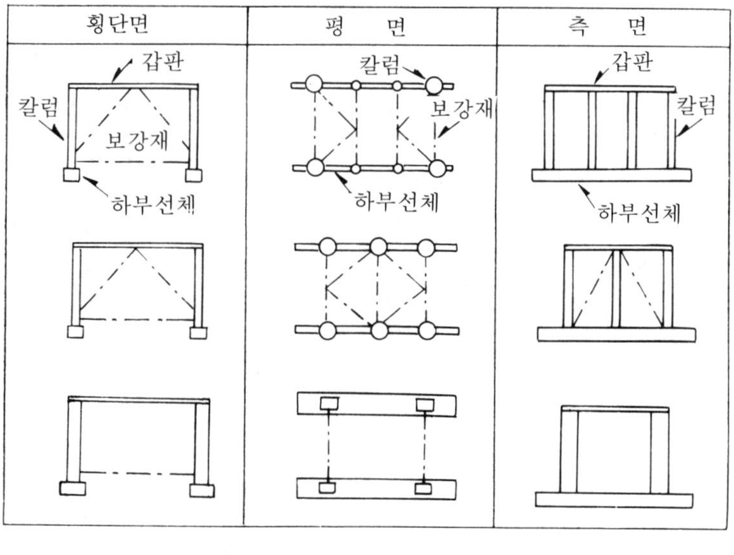

그림 5.3.11 반잠수식 구조물의 구조형식

(4) 위치유지 장치(제2장 참조)

파랑중에서 굴착작업을 수행할 때는 반잠수식 구조물의 위치를 해저면 유정갱구로부터 어떤 허용범위내로 유지할 필요가 있는데, 보통 체인·와이어 방식의 계류 시스템이나 또는 이것에 추진기(thruster)를 추가한 방식이 사용된다.

(5) 추진장치

예항시 저항이 작은 하부선체(lower hull)방식은 거의 프로펠러를 갖춘 자항식으로 되어있다. 프로펠러는 전동모터로 구동되는 방식으로서 전동모터는 하부선 체내에 설치된다. 또 계류용의 추진기(thruster)를 설치한 경우 이것을 추진용으로 겸용하는 것이 가능하다.

하부선체(lower hull)방식의 반잠수식 구조물의 주요 제원을 표 **5.3.2**에 나타내었고 또한 일반배치도는 그림 **5.3.12**에 나타내었다.

표 5.3.2 반잠수식 구조물 HENRY GOODRICH의 주요 제원

구 분	제 원	구 분	제 원
형 식	2개의 하부선체 4개의 칼럼, 자항식	추진장치	계류 및 추진 겸용
선 급	DNV	승 무 원	150명
상부구조 길 이 폭 깊 이	 75.0m 75.0m 8.0m	계류장치 앵 커 계류라인 추진기(thruster)	12점 계류 18ton × 12 체인 76mmφ, 1,675m × 12 7,000ps × 2
하부선체 길이 × 폭 × 깊이	 97.7 × 14.5 × 13m	굴삭깊이 가동수심	7,600m 610m
칼 럼	13.75 × 13.0m × 4개	설계조건(최대)	
흘수(작업시)	28.0m	풍 속	51.5m/sec
갑판 변동하중(작업시)	5,500ton	파 고	33.5m

5.3.4 선박형 구조물

(1) 개 요

선박형 구조물(ship type rig)은 일반적인 선박과 같은 형태의 선체에 굴착장치를 탑재한 것으로서(그림 **5.3.13**) 갑판승강식 구조물과 같이 1953년경부터 사용되기 시작했다. 굴착작업시의 위치유지는 다점계류 또는 동적 위치제어 시스템에 의한다.

(2) 특 징

선박형 구조물은 다음과 같은 장점이 있다.

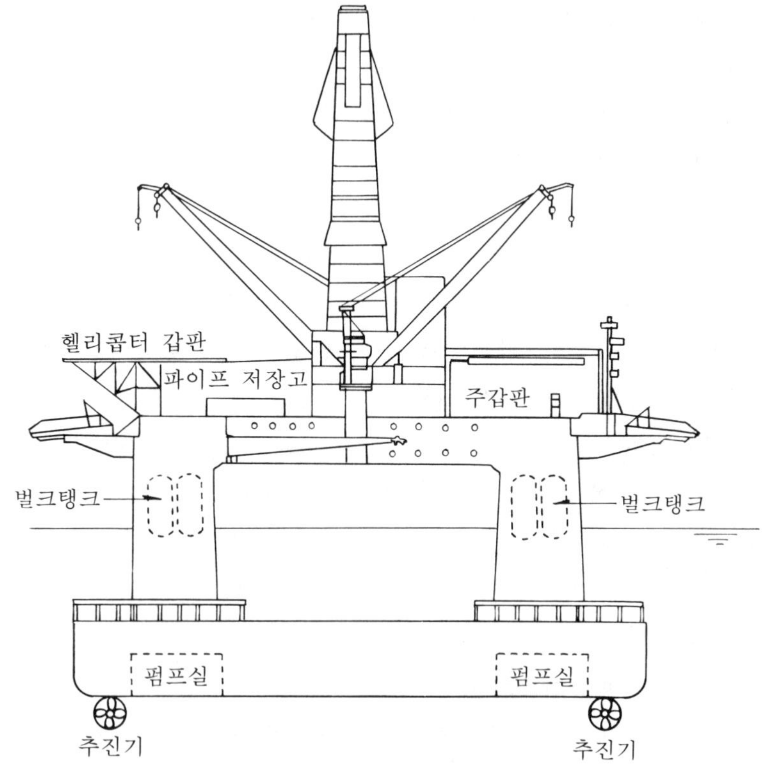

그림 5.3.12 반잠수식 구조물 HENRY GOODRICH의 일반배치도(미츠이(三井)조선 자료)

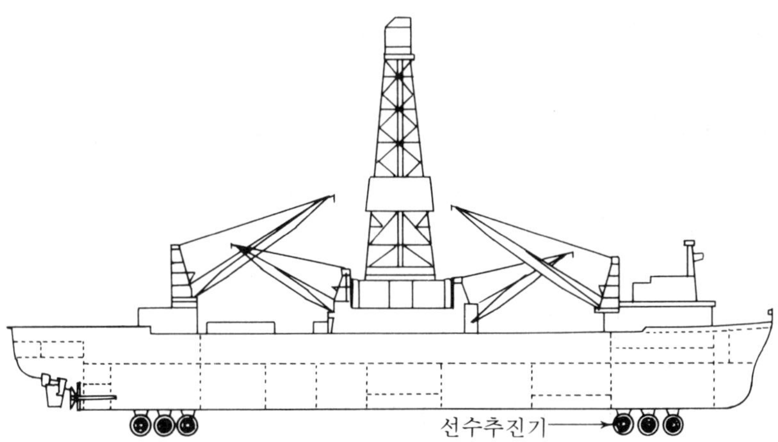

그림 5.3.13 선박형 구조물(터렛계류 방식)의 일반배치도

① 추진성능이 좋으므로 이동성이 우수하다.

② 변동하중을 크게 수용할 수 있다.

③ 풍압 및 수중면적이 반잠수식 구조물보다 작으므로 동적 위치제어 시스템의 용량이 비교적 작아도 된다.

④ 구조적으로 선박과 같은 형태이므로 안정성이 검증되어 있다.

이상과 같은 장점을 살려서 비교적 평온한 해역에서 널리 사용되고 있다. 특히 다른 구조물로는 곤란한 깊은 수심(1,000~2,500 m)에서의 시추에는 지금까지 거의 선박형 구조물이 사용되고 있다. 한편 파랑이 있을 때는 동요가 크기 때문에 가동률이 낮은 것이 결점이다.

(3) 위치유지장치

굴착작업시 위치유지는 다음의 방식을 사용한다(제 2 장 2.3 절 참조).

① 다점계류(통상적인 방법)

선수미로부터 8~12개의 계류라인으로 잡아당기는 방식으로 수심이 비교적 얕은 곳에서 작업할 때의 위치유지 방법이다.

② 터렛계류(turret mooring)

선체 중앙부에 설치된 터렛계류 시스템에서 8~12개의 앵커케이블이 잡아당겨서 위치를 유지하는 방법이다. 선체는 터렛의 주위를 자유로이 회전할 수 있도록 되어 있어서 항상 바람과 파도의 방향으로 선수를 돌림으로써 선체운동, 계류라인에 가해지는 외력을 대폭 줄일 수 있다. 배의 선수를 돌리는 것은 선수추진기(bow thruster), 선미추진기(stern thruster)에 의한다. 데릭은 회전 중심에 위치하고, 해저와 연결되어 있는 라이저파이프(riser pipe) 등은 계류플러그(mooring plug)에 설치되어 있기 때문에 배의 회전이 굴착작업에 지장을 주지 않도록 되어 있다.

③ 동적 위치제어 시스템(DPS)

동적 위치제어 시스템은 바람, 파도, 조류 등의 외력에 대해 여러 개의 추진기(thruster)를 자동제어함으로써 선체를 해저면 유정갱구의 바로 위쪽에 유지하도록 하는 시스템이다.

선박형 구조물의 주요 제원이 표 5.3.3에, 그리고 일반배치도가 그림 5.3.13에 나타나 있다.

표 5.3.3 선박형 구조물의 주요 제원의 예

구 분	항 목	구 분	항 목
길이(수선간) 폭 깊 이 만재흘수	148.40 m 24.40 m 9.80 m 7.50 m	속 력	14 knots
		주발전기	2,500 kW × 6
		위치유지 방식	DPS 및 터렛계류
선 급	ABS	추진기	2,500 ps × 6
재화중량	8,650 ton	승 무 원	104 명
추진장치	2축, DC 모터 구동 합 계 16,000 ps	가동수심 굴삭깊이	2,500 m 7,600 m

5.4 해저석유 생산설비

5.4.1 개 요

(1) 생산설비의 종류

개발계획이 마무리되면 그 계획에 따라 해저석유의 채굴과 생산이 시행된다. 생산에 필요한 제반 장치와 설치장소는 크게 분류하면 표 **5.4.1**과 같다.

표 5.4.1 생산설비의 종류 및 설치장소

장 치	설 치 장 소
플랫폼	해상(고정, 부유)
마무리용 유정갱구장치	해상, 해저
원유처리설비	육상, 해상(고정, 부유), 해저
저유탱크	육상, 해상(부유), 해저
운반설비	육상(앞바다), 해상(고정, 부유)

해저석유의 생산 시스템은 이들 설비의 설치장소에 대해서 주변의 환경조건, 경제성을 고려하여 조합한 여러 가지 종류가 고려되고 있다. 그중 주요한 예를 표 **5.4.2**에 나타내 보였다.

다음은 표 **5.4.2**에 나타낸 생산 시스템의 개요에 대하여 설명한다.

1) 육상에서 비교적 가까운 장소에 사용되는 시스템이다. 다시 분류하면 단독유정 방식과 다유정 방식으로 나누어진다.

① 단독유정 방식

표 5.4.2 각종 생산 시스템의 예

장치 \ 시스템	A	B	C	D
플랫폼	해상 (고정식)	해상 (고정식)	해상 (부유식)	해상 (부유식)
유정갱구장치	해상 (일부 해저)	해상 (일부 해저)	해저	해저
원유처리설비	해상 및 육상	해상 (고정식)	해상 (부유식)	해저 (일부 해상)
저유탱크	육상	해상(부유식) 혹은 해저	해상 (부유식)	해저 혹은 해상
운반설비	육상	해상	해상	해상

각 유정마다 자켓을 설치하는 방식이다. 비교적 수심이 얕고, 대규모의 유전에 채용되고 있다. 채굴은 갑판승강식 구조물 등으로 수행한다. 생산된 원유는 몇 개의 유정을 합쳐서 임시 스테이션(flow station : 해상의 고정식 플랫폼)에서 제 1단계 처리를 하고, 원유는 다시 유전 중앙의 집중 스테이션(gathering station)에 모아져서 제2단계 처리를 하여 파이프라인으로 육상기지에 수송된다. 집중 스테이션에는 원유처리설비 외에 동력설비, 제어설비, 거주설비 등이 설치된다(그림 5.4.1(1)).

② 다유정 방식

하나의 플랫폼에 몇 개의 수직 또는 경사유정을 모아서 배치하는 방식으로 앞에서 말한 임시 스테이션에 몇 개의 유정을 모아서 배치하고, 원유를 다시 유전 중앙의 집중 스테이션에서 육상의 기지에 보내진다. 유층의 깊이가 얕고 경사굴착이 허용되지 않을 때는 플랫폼의 주위에 해저에서 마무리 처리하는 단독유정을 몇 개 배치하여 생산된 원유를 해상의 플랫폼에 모으는 경우도 있다.

2) 육상에서 거리가 떨어진 대규모 해저유전에 사용되는 시스템이다(그림 5.4.1(2)). 다유정 방식 또는 위성유정 방식(5.4.2절 참조)을 채용하여, 1개의 플랫폼에 굴착장치, 처리설비, 동력설비, 거주시설 등을 모아서 배치한다. 생산된 원유는 해상 또는 해저탱크에 저장하고 탱커로 수송한다. 가스전의 경우에는 액화 플랜트가 대규모로 되어야 하고 반면 비교적 용이하게 장거리 수송이 가능하다는 점 때문에 현상태로 육지에 압축수송된다.

3) 부유식 석유생산 시스템(FPSO : floating production, storage and off-

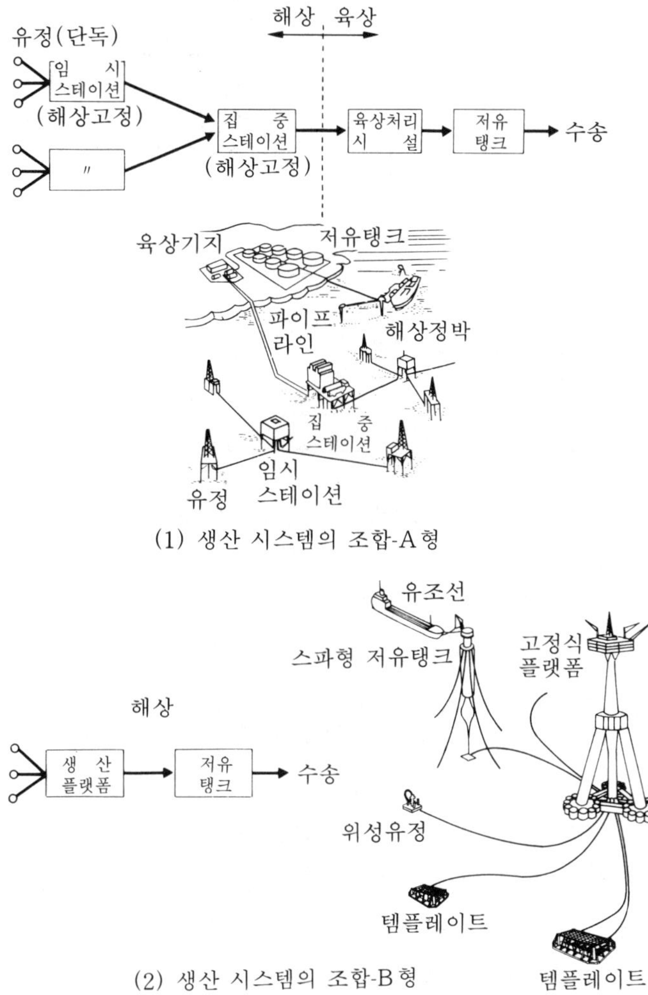

(1) 생산 시스템의 조합-A형

(2) 생산 시스템의 조합-B형

그림 5.4.1 해저석유 생산 시스템

loading)이라 불려지는 시스템이다. 육상에서 거리가 떨어진 깊은 수심의 유전, 한계규모의 유전(marginal field), 또는 조기생산 시스템(early production system, EPS)에 채용되는 시스템으로서, 몇 개의 해저유정 갱구장치로부터 원유를 해저매니폴드(manifold)에 모아 라이저파이프(riser pipe)로 해상의 처리설비 및 저유탱크에 보내게 되어 있다(상세한 것은 **5.4.8**절 부유식 석유생산 시스템을 참조할 것).

4) 이 시스템은 해저생산 시스템(subsea production system, SPS)이라고 불려지며, 여러 종류가 있다(상세한 것은 **5.4.9**절 해저석유 생산 시스템을 참조할 것).

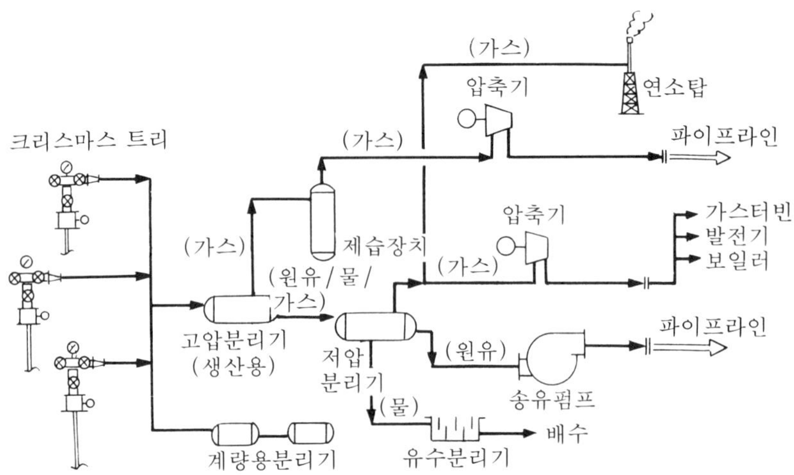

그림 5.4.2 해저석유 생산과정 개요

(2) 생산과정(production flow)에 대한 개요

생산과정의 개요에 대하여 '1)' 시스템(단독유정 방식)을 예로 들어 개요를 설명한다(그림 5.4.2).

① 원유는 해상의 고정식 플랫폼에 설치된 유정갱구장치에서 해저의 파이프라인을 경유하여 임시 스테이션에 모아지고, 여기서 고압분리기(separator)에 의해 1차로 석유/가스/물의 분리작업이 행해진다.

② 다음으로 집중 스테이션의 저압 유수분리기에 의해서 다시 한번 가스와 물을 분리하고, 원유는 펌프로 해저 파이프라인을 경유하여 육상의 정유공장(process plant)으로 보내진다. 한편 원유와 함께 부수적으로 나오는 가스의 일부는 생산플랫폼 기기의 연료로 사용되고, 나머지 잉여가스는 연소탑(flare stack)에서 연소된다. 유수분리기 이외의 처리기기에서 나오는 폐수는 기름이 제거된 후 바다에 배출된다.

③ 육상에 보내진 원유는 최종단계의 처리(염분제거, 유상액(emulsion)제거, 안정화 처리(stabilization ; 원유증기압의 감소))를 거쳐 저유탱크에 저장된다.

④ 저유탱크의 원유는 연안계류장(sea berth) 또는 계류 부이(buoy)를 통해 유조선에 선적된다.

5.4.2 생 산 정

(1) 생산정 구조의 개요

생산정은 플랫폼상에 설치된 굴착장치에 의해 굴착된다. 굴착은 앞에서 말한 캔티레버 방식의 갑판승강식 구조물에 의해 수행된다. 또 수심이 깊은 곳의 위성유정의 굴착은 부유식 구조물에 의해 이루어진다. 굴착은 시굴, 탐굴의 경우와 동일한 순서로 시행하고, 굴착종료후 유정내에 터빈파이프, 안전판(down hole safety valve, DHSV), 팩커(packer) 등을 설치하고, 유정갱구에는 크리스마스 트리를 설치한다. 케이싱(casing)의 하단에는 유층에서 원유가 유입되도록 구멍이 나있다(그림 **5.4.3**).

다유정 방식의 경우는 경사굴착도 병행한다. 유정갱구장치(wellhead assembly)란 케이싱 상부에 설치되는 케이싱 선단(casing head), 케이싱 걸이, 튜

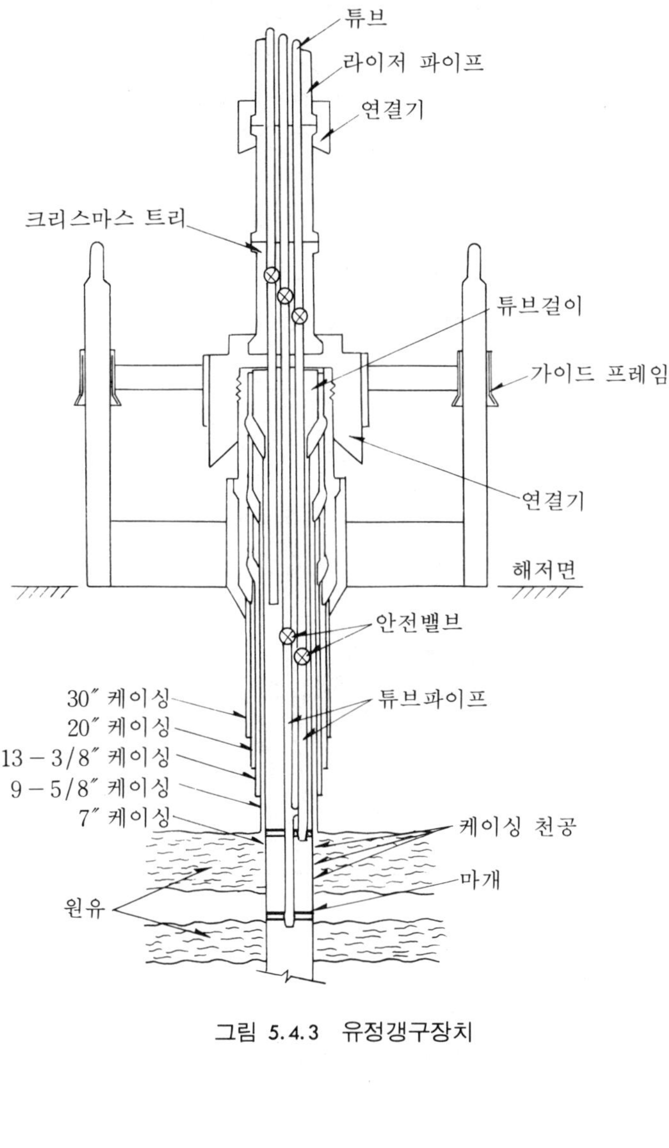

그림 5.4.3 유정갱구장치

브 선단(tubing head), 튜브 걸이(tubing hanger), 크리스마스 트리를 포함한 장치의 총칭이다. 유정갱구장치는 플랫폼상 또는 해저에 설치된다(그림 5.4.3).

해저 마무리용(subsea completion) 유정갱구장치는 FPSO, SPS 또는 고정식 생산플랫폼의 위성유정으로 널리 사용되고 있다. 해저 유정갱구장치에는 건식(dry type)과 습식(wet type)이 있다(그림 5.4.4).

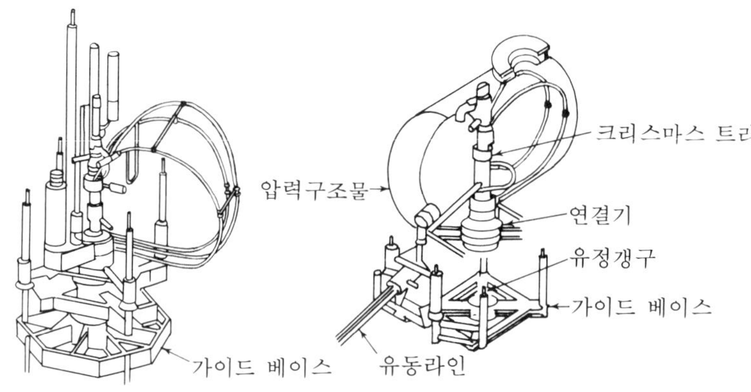

그림 5.4.4 해저 유정갱구장치

① 건식 유정갱구장치는 대기압으로 유지되고 있는 내압용기 안에 설치되는 방식이다. 기기의 보수, 점검은 작업원이 내압캡슐을 타고 각 장치가 설치된 내압용기 안으로 들어가 시행한다.

② 습식은 각 장치가 해중에 노출된 방식이다. 다유정 방식의 해저 유정갱구장치(multiwell subsea completion)는 그림 5.4.5에 나타난 것과 같은 템플레이

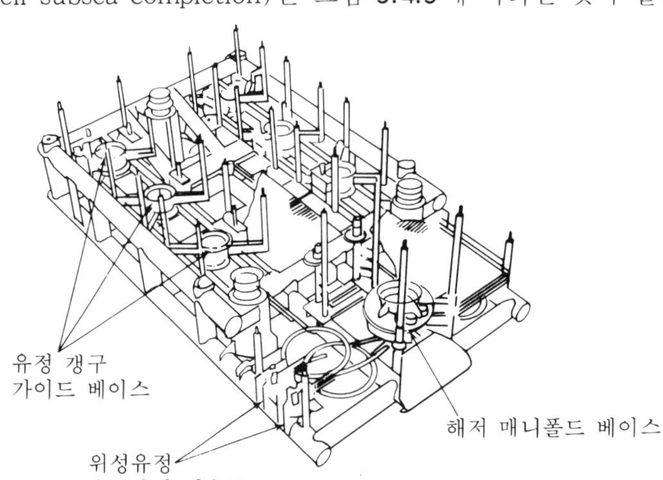

그림 5.4.5 템플레이트(template) 해저 유정갱구장치

트(template)에 부착되어 설치된다.

(2) 채유(採油)방법

① 1차회수(primary recovery)

원유층의 압력이 높으면 원유는 자연적으로 배출된다. 이러한 채유방법을 **자연분출생산**(flowing production)이라 한다. 원유층 압력이 떨어져 스스로 분출되지 않게 된 경우에는 인공적으로 원유를 채유한다. 인공채유법은 펌프에 의한 펌프채유와 유정내에 가스를 주입하여 자연분출 상태로 만드는 가스주입법(gas lift)이 있다.

② 회수율 증대법(enhanced oil recovery, EOR)

앞에서 말한 1차회수시 회수율은 원유의 경우 20~30%로 나머지는 지하에 남는다(가스의 경우는 70~80%). 그래서 원유층에 압력을 가하여 회수율을 높일 필요가 있는데 이것을 **회수율 증대법**이라 한다. 최초에 행한 회수율 증가를 **2차 회수**(secondary recovery), 그 다음에 다시 수행하는 경우를 **3차 회수**(tertiary recovery)라 한다. 회수율 증대법에는 생산정과 별도로 굴착한 유정에서 원유층내로 물을 주입하여 기름을 밀어내는 수공법(水攻法,water flooding), 압축가스를 주입하는 가스압입법(gas injection) 등이 있다.

5.4.3 원유처리설비

생산정에서 채유된 원유와 가스는 플랫폼상의 각종 처리설비에 의해 처리된(processing) 후 육상 또는 해상의 저유탱크에 보내진다. 이들 처리설비에는 일반적으로 그림 **5.4.1**(2)의 해저석유 생산과정의 개요에서 설명한 여러 장치가 있는데, 원유와 가스의 특성, 주위 조건에 따라 하나 또는 여러 곳의 플랫폼상에 탑제된다. 여러 개의 생산플랫폼이 집합된 것을 **콤플렉스**(complex)라 부른다(그림 **5.4.6**). 또한 처리설비는 일반적으로 모듈화되어 육상의 공장에서 제작된 후 뒤에 설명할 데크 바지(deck barge)에 실려 현장에 운반되며 크레인 바지에 의해 플랫폼에 탑재된다.

5.4.4 공동설비(utility)

원유처리설비에 필요한 전력, 증기, 물, 공기 등을 공급하는 설비를 **공동설비**라 한다. 일반적으로 전력은 디젤 또는 가스터빈 발전기에 의해 공급된다.

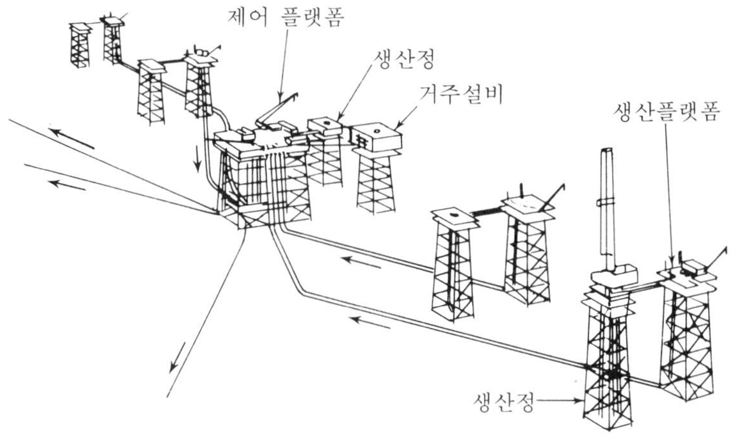

그림 5.4.6 콤플렉스(complex)

5.4.5 거주시설

원유처리시설의 규모에 대응해서 20～500인 정도의 거주시설(accommodation)을 설치한다. 거주시설은 안전을 위해 전용 플랫폼상에 설치되는 경우도 많다. 거주시설의 상부는 육상과의 연락을 위해 헬리콥터장을 설치하는 것이 일반적이다.

5.4.6 생산플랫폼

각종 생산설비를 탑재하는 플랫폼의 구조형식은 이제까지 자켓식과 중력식이 주된 것이었다. 그러나 300m를 훨씬 넘는 대수심 해역에서 해저석유를 생산하려면 종래의 방식으로는 기술적으로도, 또한 경제적으로도 실현하기 어려워지기 때문에, 이것을 대신할 새로운 설계개념이 차례로 발표되고 있다. 이들 새로운 형식을 포함해서 생산플랫폼의 구조형식을 분류하면 그림 **5.4.7**과 같다(빙해역에 대해서는 제**10**장을 참조할 것).

(1) 고정식(rigid type)

① 파일고정식(자켓식, jacket type)

수심 300m 정도까지의 해역에서 가장 많이 사용되고 있는 형식이다(그림 **5.4.8**). 자켓은 원통 파이프로 된 골조구조로 상부에 갑판를 설치하고, 그곳에 처리설비, 거주설비 등을 탑재한다. 소규모의 자켓은 육상에서 제작하여 진수용 바지(launching barge : **5.5.4**(3) 참조)에 싣거나 또는 해상에 띄운 상태로 예인한

- 생산플랫폼
  - 고 정 식
    - 파일 고정식 — 자켓식
    - 중 력 식
      - 타워식
      - 매니폴드식
    - 갑판 승강식
  - 유 연 식
    - 가이드 타워
    - 아티큘레이트 타워
    - 파일타워
    - 유연타워
  - 부 유 식
    - 반잠수식
    - 바지/선박형
    - 원통부이형
    - 인장각식

그림 5.4.7 생산플랫폼의 구조형식

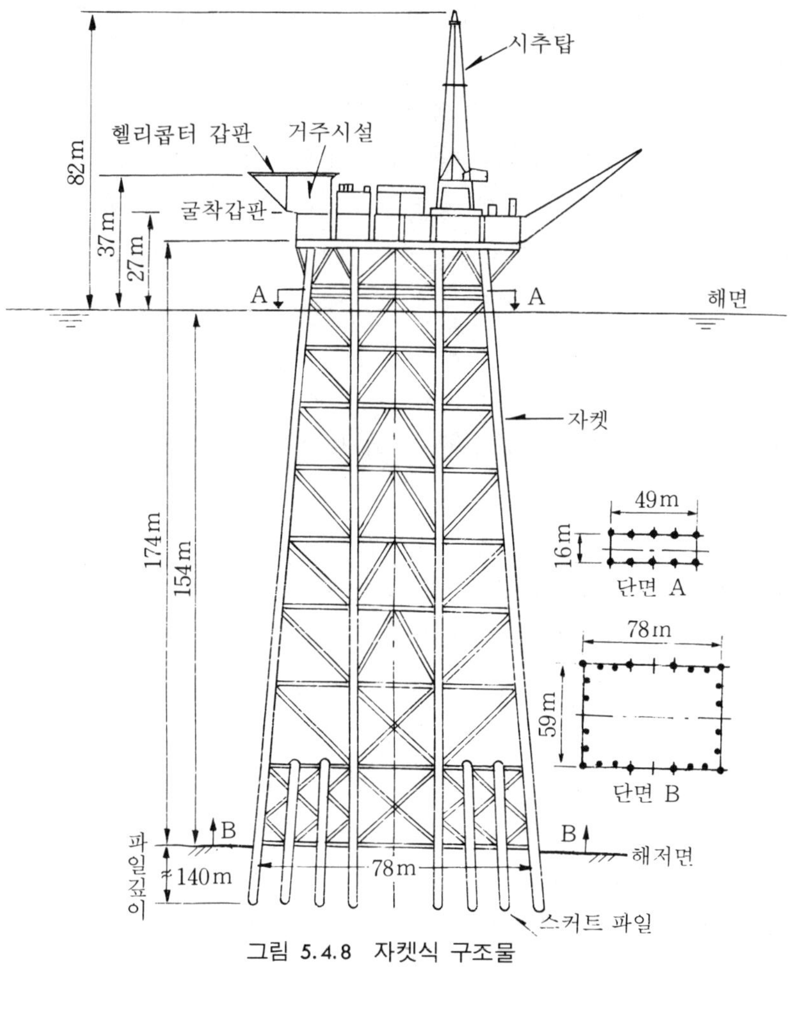

그림 5.4.8 자켓식 구조물

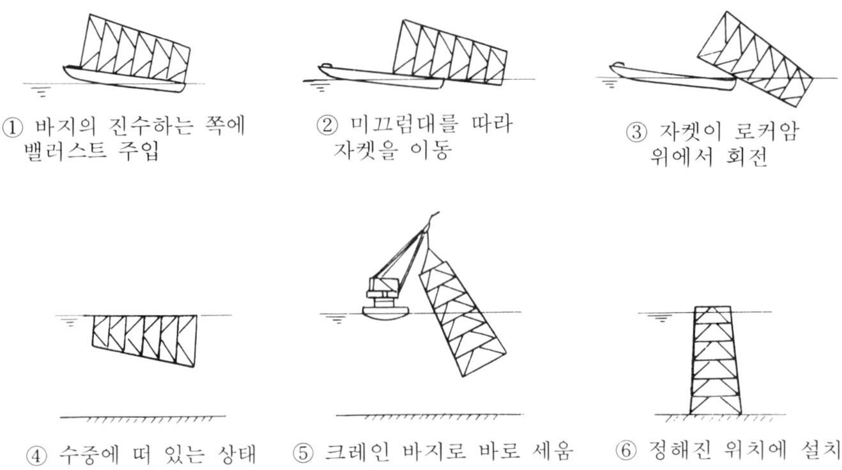

그림 5.4.9 자켓식 구조물의 설치방법

다. 설치장소에 운반된 자켓은 해저면에 착저되어 파일에 의해 해저면에 고정된다(그림 5.4.9). 대규모의 자켓은 골조를 구성하는 원통파이프가 부력탱크로 되어 있으므로, 설치장소에 예인한 후 파이프 속에 해수를 주입하여 착저시킨다. 자켓이 설치되는 수심은 해마다 깊어지고 있다. 예를 들면 Mississippi 앞바다의 COGNAC 유전은 수심 312m의 장소에 자켓이 건조되었다. 이 자켓은 3단으로 분리되어 건조되었다. 그 후 1988년에는 멕시코만의 수심 411m의 장소에 현재(1994년)로는 세계 최대의 자켓이 건설되었다(그림 5.4.10).

② 중력식(gravity type)

구조물의 자체 중량에 의하여 해저면에 착지시키는 방식으로 주로 콘크리트로 만들어진다. 횡방향의 미끄러짐에 대해서는 케이슨(caisson) 바닥의 스커트(skirt)에 의해 방지된다.

중력식 구조물은 비교적 최근에 시작된 것으로 1973년 북해의 해저유전에 건설된 EKOFISK I가 최초이다. 이 형식의 구조물은 크게 타워(tower)형과 매니폴드(manifold)형으로 구분되는데 타워형은 바닥부분이 케이슨으로, 원유저장탱크를 겸하고 있다. 또 바닥위로 1~4개의 타워를 설치해서 갑판을 지지하도록 되어 있다 (그림 5.4.11(1)). 매니폴드형은 원통 셀(cell)이 동심원상으로 배치되어 상호 결합된 구조로 되어 있다(그림 5.4.11(2)). 일반적으로 중력식 구조물의 바깥 둘레는 소파용의 유공벽(有孔壁)으로 둘러싸고, 또 바닥도 세굴(洗掘)을 방지하기 위해 같은 유공벽으로 둘러싸고 있다. 중력식 구조물은 육상의 도크 또는 연안의 해상에서 건조된 후, 설치장소까지 예항되어 해수 밸러스트를

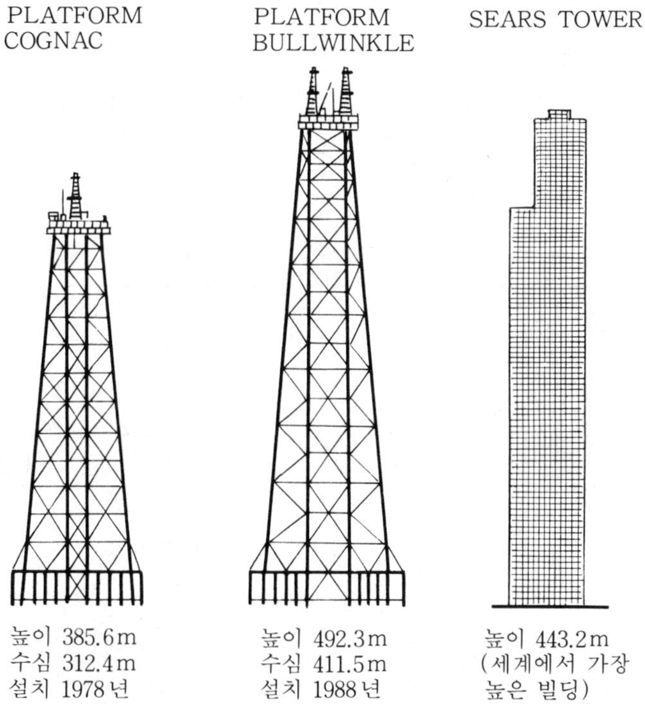

그림 5.4.10 초대형 자켓식 구조물

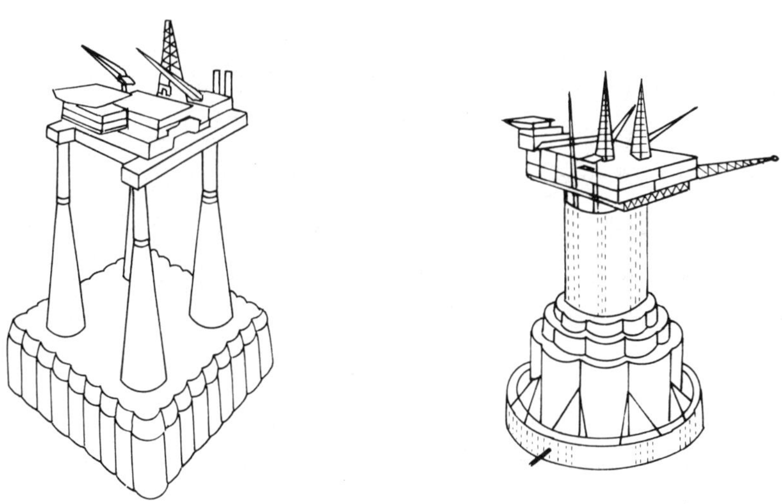

(1) 타워형(DUNLIN A에 설치)　　(2) 매니폴드형

그림 5.4.11 중력식 구조물

주입시켜 해저에 착지시킨다. 따라서 설치기간을 대폭 단축할 수 있기 때문에, 북해와 같이 해상조건이 나쁜 해역에서는 유리하다. 또한 넓은 바닥면이 하중을 지지하는 구조로 되어 있기 때문에 자켓식과 비교해서 대단히 큰 중량을 지지할 수 있다. 지금까지 건조된 중력식 구조물중 북해의 DUNLIN-A 유전에 설치된 플랫폼의 제원을 표 **5.4.3**에 나타내었다.

표 5.4.3 중력식 구조물(DUNLIN-A)의 주요 제원

용 도	굴착, 생산, 저유용
주요 치수	바닥부 콘크리트 케이슨 100m × 100m × 32m 콘크리트 칼럼 111m × 7m/22m지름 × 4 강재 칼럼 31m × 9m/6m 지름 × 4 상부 강재 갑판 82.3m × 65m × 6m
중 량	상재하중 12,000ton 중량 밸러스트 90,000ton 플랫폼 배수량 250,000ton 플랫폼 전체중량 420,000ton
유 정 수	48개
저 유 능 력	23만 kl
설 계 조 건	수심 151m, 파고 29m, 주기 17초, 풍속 57m/sec

③ 갑판승강식(jack-up type)

시추용 갑판승강식 구조물과 같은 형식의 생산플랫폼으로, 수심 100m 전후의 비교적 천해역에서의 초기생산 및 소규모 유전에 사용된다.

(2) 유연식(compliant type)

유연식은 다음 절에서 기술하는 부유식과 함께 대수심용 플랫폼으로 개발된 것이다. 이 형식의 구조물은 외력에 의해 어느 정도의 동요를 허용하지만, 좌우동요(sway)의 고유주기를 파주기(5~20초)와 동조하지 않도록 설계하여 파랑에 의한 운동을 적극 감소시키도록 계획되어 있다.

① 가이드타워(guyed tower type)

가이드타워는 상부에 적재된 하중을 타워구조물로 지지하고, 파랑 등의 횡하중은 주로 가이케이블(guy line)에 의해 지지하는 형식으로, 자켓식에 비해 강재의 중량을 경감할 수 있다. 가이드타워는 플랫폼에 작용하는 동적 외력에 대해 약간의 동요를 허용하도록 설계되어 있다. 멕시코만 레나 유전의 수심 305m인 곳에 최초로 본격적인 가이드타워 플랫폼이 건설되었다. 이 플랫폼의 기저부는

8개의 파일 위에 설치되어 있는데 회전 힌지에 가까운 상태로 되어 있다(그림 5.4.12(1)).

② 아티큘레이트 타워(articulated tower type)

플랫폼 구조물의 상부에 부력탱크를 설치하여, 해저의 기저부를 중심으로 역진자와 같은 운동을 허용하는 구조로 되어 있다(그림 5.4.12(2)).

③ 파일 타워(piled tower type)

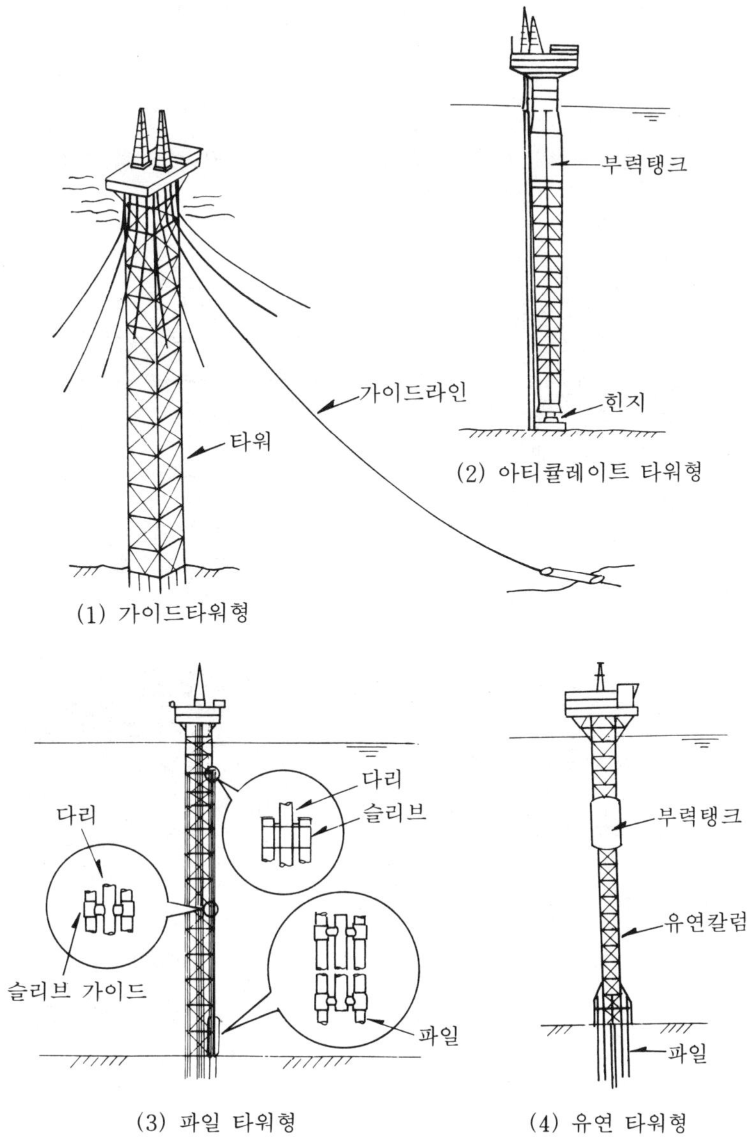

그림 5.4.12 유연식 생산플랫폼

타워 본체의 코너부를 따라 박힌 파일이 유연한 구조로 되어 있어서 타워 본체의 회전을 허용하는 구조로 되어 있다(그림 **5.4.12**(3)).

④ 유연 타워(flexible tower type)

타워 본체가 유연한 구조로 되어 있는 것으로 기저부는 파일로 고정된다. ②~④는 1994년 현재 계획뿐이고 건조된 사례는 없다(그림 **5.4.12**(4)).

(3) 부유식(floating type)

부유식은 **5.4.8**절에서 기술할 부유식 석유생산 시스템의 생산플랫폼으로 사용된다.

① 반잠수식 구조물

반잠수식 구조물과 거의 같은 구조의 부체가 사용된다(그림 **5.4.13**(1)).

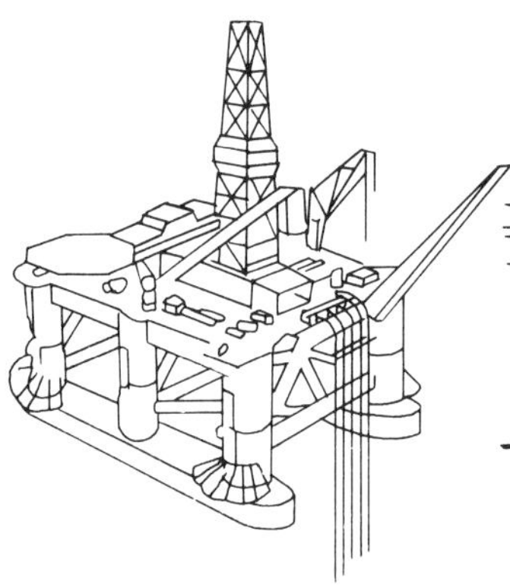

(1) 반잠수식

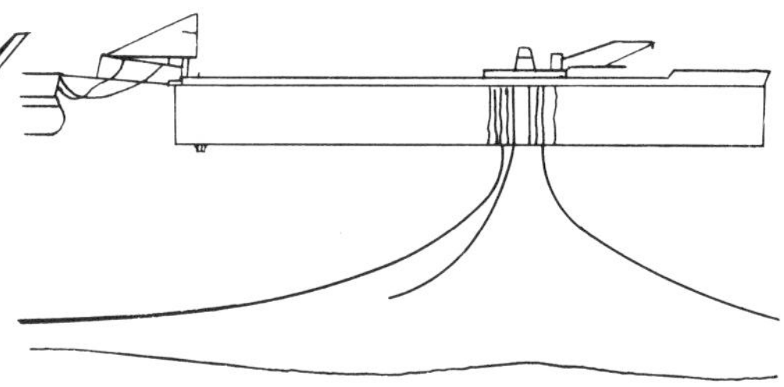

(2) 바지/선박형

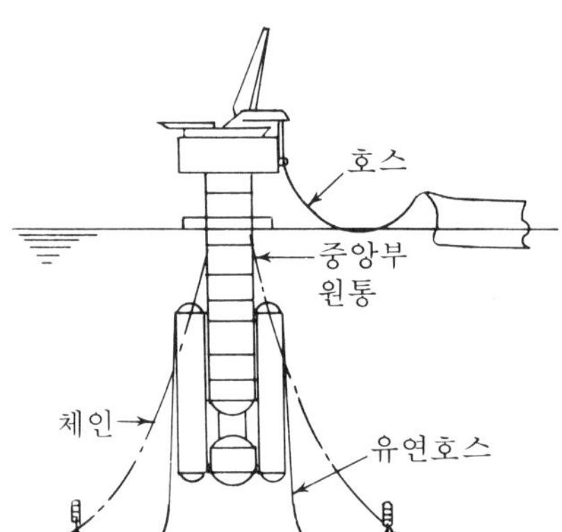

(3) 원통부이형

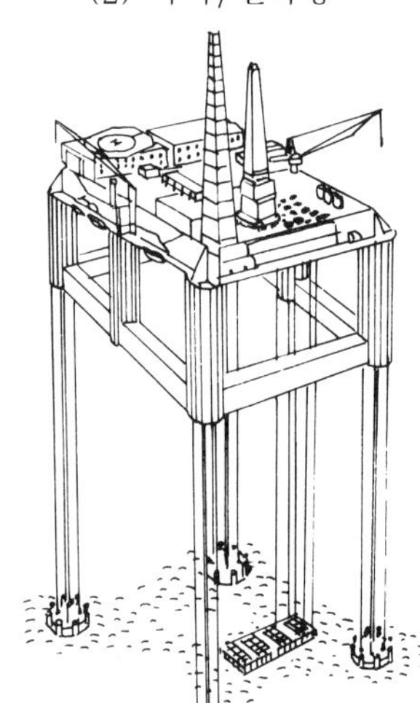

(4) 인장각식

그림 **5.4.13** 부유식 생산플랫폼

② 바지/선박형 구조물

일반적으로 저유탱크와 겸용으로 되어 있다. 선박형으로는 탱커를 개조한 형태도 많이 사용된다(그림 5.4.13(2)).

③ 원통 부이형 구조물

원통 부이형 구조물은 저유탱크와 겸용으로 되어 있다(그림 5.4.13(3)).

④ 인장각식(引張脚式) 구조물(tension leg platform type, TLP)

이 형식의 구조물은 해상의 반잠수식 구조물을 인장을 받는 긴 파이프(tendon)에 의해 계류하는 방식이다.

ⓐ 반잠수식 구조물과 같은 구조이므로 파랑에 의한 외력이 경감되고 다리에 의해 상하운동이 억제되기 때문에 파랑중 운동성능이 양호하다.

ⓑ 인장각을 포함한 전체 구조가 유연한 구조이기 때문에 강재의 중량이 경감된다.

ⓒ 자켓식에 비해 현장 설치가 비교적 용이하다.

ⓓ 탈착이 용이한 다리 접속기구를 사용하면 이동이 가능하다.

인장각식 생산플랫폼으로는 북해의 HUTTON 유전에 설치된 것이 최초이다. 표 5.4.4에는 조업중인 각종 TLP의 주요 제원을 비교하였다.

표 5.4.4 현재 조업중인 TLP의 주요 제원 비교

구 분	HUTTON	JOLLIET	SNORRE	AUGER	HEIDRUN
설치해역	북해	멕시코만	북해	멕시코만	북해
가동개시	1984	1989	1992	1993	1995
수심(m)	148	536	310	872	350
생산량					
석유(barrel/day)	90,000	35,000	190,000	40,000	200,000
가스(백만 ft^3/day)		50		150	
플랫폼					
칼럼중심간 거리(m)	95.7 × 91.7	42.7	76.0	80.5 × 85.2	80
칼럼 높이(m)	57.7	44.8	64.5	45.72	96.0
흘수(m)	32.0	24.0	37.5	2743	70.0
배수량(ton)	70,147	18,447	116,600	69,000	171,600
칼럼 수효	6	4	4	4	4
재 질	강재	강재	강재	강재	강재 + 콘크리트
인장각(tendon)					

가닥수	4×4=16	3×4=12	4×4=16	3×4=12	3×4=12
지름(mmϕ)	260	609.6	914.4	660.4	117.6
재　질	강관	강관	강관	강관	강관
앵　　커					
재　질	강	강	콘크리트	강	콘크리트
지지방식	파일	파일	중력식	파일	중력식

(미츠이(三井)조선의 자료)

5.4.7 저유탱크

해저석유의 생산에 사용되는 저유탱크(storage tank)에는 다음과 같은 형식이 있다(육상탱크는 제외).

- 저유탱크
  - 부 유 식
    - 바지/선박형
    - 원 통 부 이
  - 착 저 식
    - 생산플랫폼 겸용형
    - 독 립 형

그림 5.4.14 저유탱크의 형식

또한 해상의 저유탱크는 원유수송 터미널과 겸용하고 있는 것이 많다.

(1) 부유식

① 바지/선박형

바지 또는 중고 탱커의 화물창을 저유탱크로 만든 것으로서, 일반적으로 선적 터미널과 겸용이다. 외해에서 저유탱크를 계류할 때는 1점계류 방식(SPM)을 사용한다. SPM에는 여러 가지 방식이 고안되고 있는데, 선박형 탱크는 제2장의 2.3.2절에서 설명한 CALM, 터렛계류(turret mooring), 요크 타워(yoke tower), SALS, SALMRA, 고정타워 등의 여러 방식이 사용되고 있다.

② 원통 부이형

대형의 원통형 반잠수식 구조의 저유탱크로서, 일례로서 그림 5.4.1(2)에 표시한 SPAR라 불리는 형식이 사용되고 있다. 그리고 이 방식은 선적터미널과 겸용하고 있다.

(2) 착저식

① 생산플랫폼 겸용형

5.4.6절 (1)에서 설명한 중력식 생산플랫폼의 기저부를 이용한 형식이다.

② 독립형

콘크리트 또는 강재의 해저 탱크이다.

5.4.8 부유식 석유생산 시스템

(1) 부유식 석유생산 시스템(floating production, storage and off-loading, FPSO)

이 시스템은 앞에서 말한 바와 같이(제5장 5.4.1절 참조) 대수심 유전이나 유전의 조기개발, 중소규모 유전의 개발에 이용되고 있다. 이 시스템은 고정식의 생산플랫폼을 사용하는 방식과 비교할 때 다음과 같은 이점이 있다.

① 대수심의 해역에서 사용할 수 있다.

② 투자비용이 싸다.

③ 조기생산에 의해 투자회수까지의 기간이 짧다.

④ 개발단계에 따라 생산 시스템 방식의 변경이 가능하다.

⑤ 시스템의 재이용이 가능하다.

(2) FPSO의 개요

FPSO의 구성과 원유생산 과정은 일반적으로 다음과 같다.

해저 유정갱구장치 → 해저매니폴드 → 원유처리설비 → 저유설비 → 송출설비

현재 실용화 또는 계획중인 방식을 보면 다음과 같다.

① 저유탱크/바지 방식

해상에 계류된 부체에 원유처리설비, 저유탱크, 선적설비를 갖춘 방식이다(그림 5.4.15(1)). 부체로는 일반적으로 중고 유조선을 개조하여 사용하는 경우가 많지만, 신조된 바지를 사용하는 예도 있다. 계류방식으로는 주로 1점계류 방식이 채용되고 있다(제2장 2.3.2절 참조).

② 반잠수식 구조물 방식

반잠수식 구조의 부체에 원유처리설비를 갖춘 방식이다. 반잠수식 구조물을 사용하기 때문에 일반적으로 저유탱크, 운반설비는 별도로 설치되어 있다. 그리고 저유탱크가 없는 것도 있는데 이 경우에는 셔틀탱커에 직접 원유를 싣게 된다.

③ 수송탱커 겸용 방식

원유처리, 저유탱크, 수송을 한 척의 배로 겸용하는 방식으로서, 생산중의 선박의 위치유지는 DPS 또는 터렛계류에 의한 다점계류 방식에 의한다(그림 5.4.15(2)).

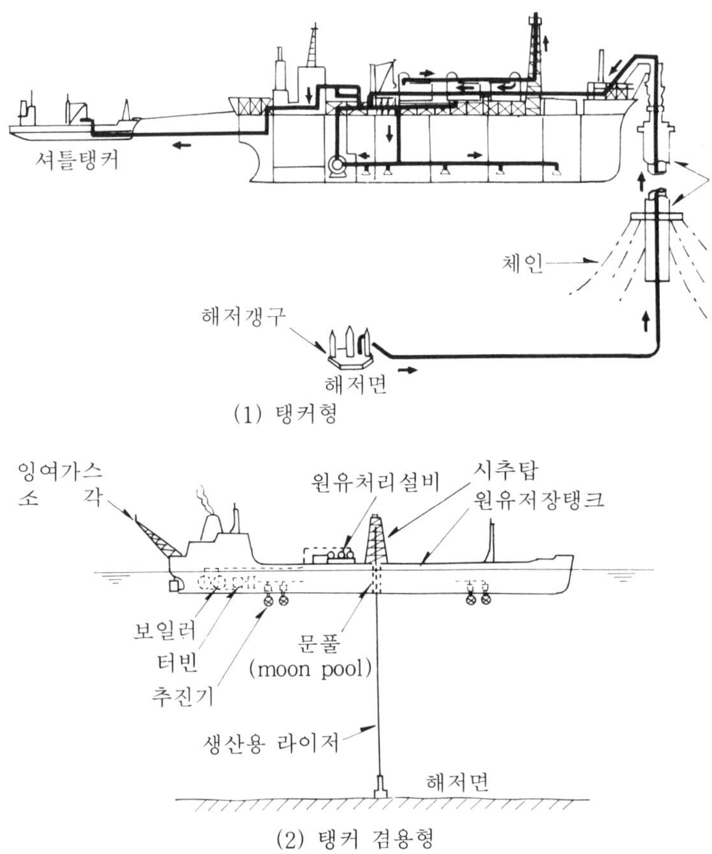

그림 5.4.15 부유식 석유생산 시스템

5.4.9 해저석유 생산 시스템

(1) 개 요

해저생산 시스템(subsea production system, SPS)는 생산설비를 해저에 설치한 장치다. 현 상태로는 모든 생산설비를 해저에 설치한 것은 없고, 일부 장치만, 예를 들면 유정갱구장치, 1차분리기, 펌프장, 제어장치의 일부가 해저에 설치되고, 나머지는 해상구조물(고정 또는 부유식)에 설치된다.

(2) 생산 시스템의 예

① Lockheed사의 해저석유 생산 시스템

그림 5.4.16(1)에는 SPS의 사례로 현재 브라질의 해저석유생산에 사용되고 있는 록히드사의 시스템을 보인 것이다. 이 시스템은 건식 유정갱구장치, 매니폴드 센터, 유동라인 (flow line) 및 1점계류의 원유처리탱크 등으로 구성되어 있다.

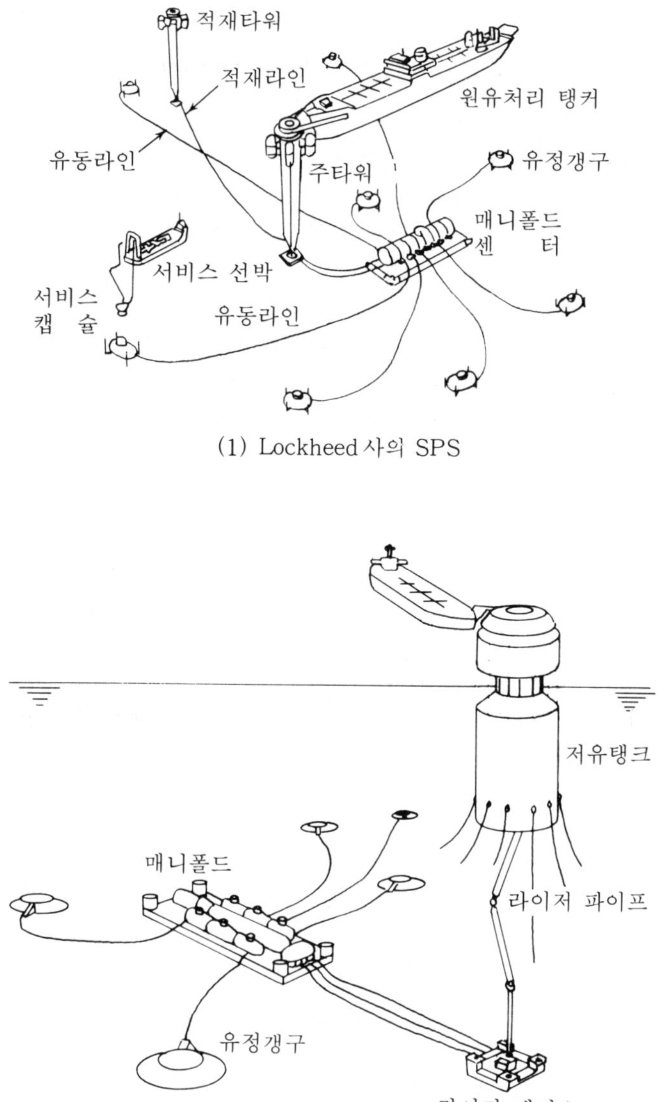

(1) Lockheed사의 SPS

(2) 일본의 SPS 계획

그림 5.4.16 해저석유 생산 시스템

② 일본의 해저석유 생산 시스템

1978년 통산성 공업기술원의 대형 프로젝트 중의 하나로 기술연구조합 해저석유 생산 시스템 연구소가 설치되었고, 1984년에 SPS의 설계 및 해양에서의 실험을 포함한 기초연구가 종료되었다. 이 시스템은 유정갱구장치, 매니폴드, 파이프라인, 라이저파이프, 저유탱크 등으로 구성되어 있다(그림 **5.4.16**(2)).

5.5 해저석유개발 관련기기

5.5.1 개 요

해저석유의 개발과 생산에는 굴착장치, 생산플랫폼 외에도 많은 관련기기가 필요하다. 이들 관련기기에는 다음과 같은 것이 있다(조사용 기기는 제외).

- 석유개발 관련기기
  - 굴착장치 관련기기
    - 보급선(예인선)*
    - 구 난 선*
    - 잠수지원선*
    - 다목적 지원선*
    - 잠수작업기기
    - 기 타
  - 생산설비 관련기기
    - 데크 바지(deck barge)
    - 진수용 바지(launching barge)
    - 크레인 바지(crane barge)
    - SEP
    - 파이프라인 부설용 바지(pipe lay barge)
    - 기 타
  - 오염방지 관련기기
    - 유회수선
    - 오일펜스 부설선
    - 기 타

(*생산설비용으로도 사용함)

그림 5.5.1 해저석유개발 관련기기

이 중에서 중요한 기기에 대해 개요를 설명한다(잠수작업기기에 대해서는 제 4장을 참조할 것).

5.5.2 해상작업기기

(1) 보급선(supply boat)

보급선은 해상의 구조물과 육상기지 사이를 왕복하며 해양구조물에 필요한 물자의 보급과 구조물의 예항, 소화작업 등을 수행하는 작업선이다. 특수장비로는 예인윈치(towing winch), 앵커취급장치, 머드 및 시멘트용 벌크탱크, 연료유 및 물을 공급하는 펌프 등을 갖추고 있다. 보급선의 선형은 파이프 등 기자재를 갑판상에 적재할 수 있는 공간을 확보하고 예항작업의 편리를 위해 선교(bridge)를 선수부에 배치하고, 선미부에 충분한 갑판면적을 가진 모양으로 되어 있다. 특히 북해와 같은 황천해역에서 사용되는 보급선은 크기도 대형이고, 선수루가 높고, 내파성, 복원성이 충분한 형태로 만들 필요가 있다.

보급선은 구조물에 접근해서 안전하게 하역하기 위해 조종성능이 뛰어나야 한다. 이 때문에 보통 주기관(main engine)은 2~4기의 2축 배열로 하며, 선수추진기(bow thruster), 가변피치 프로펠러(controllable pitch propeller : CPP) 등이 설치되어 있다. 그리고 보급선에는 잠수지원선, 구난선의 기능을 가진 다목적 지원선도 건조되어 있다. 보급선의 일반배치도의 예를 그림 **5.5.2**에 나타내었다.

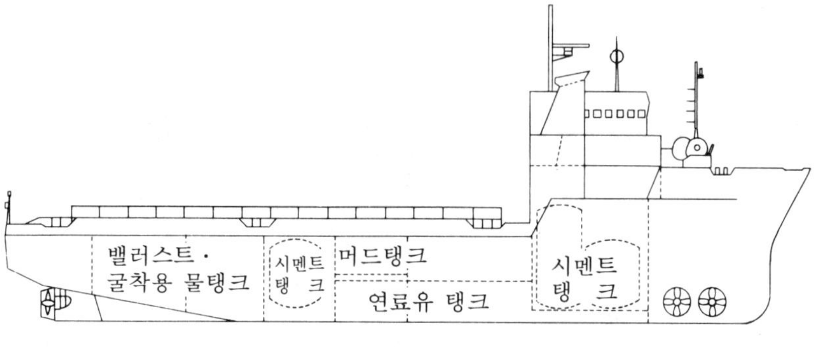

그림 5.5.2 보급선의 일반배치도

(2) 데크 바지(deck barge)

플랜트의 모듈 혹은 해양구조물 본체 등을 수송하는 전용선이다. 넓은 갑판면적을 확보하고 화물탑재를 쉽게 하기 위해 선교(bridge)를 선수부에 배치하는 선형으로 되어 있고, 수심이 얕은 항구에도 들어 갈 수 있도록 흘수가 작고 폭이 넓은 선형으로 되어 있다. 또한 대형의 부유식 화물(floating cargo)를 용이하게 탑재할 수 있도록 선박이 부유식 도크(dock)처럼 되는 FLO-FLO(float on/float off) 형식으로 된 것도 있다. FLO-FLO형 데크 바지의 일반배치도를 그림 5.5.3에 나타내었다.

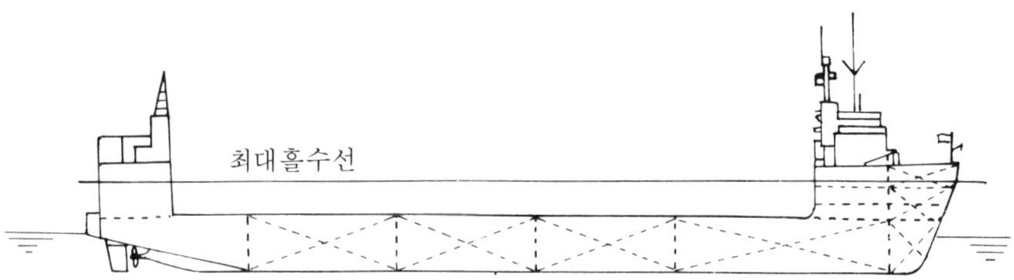

그림 5.5.3 FLO-FLO 형 데크 바지의 일반배치도

(3) 진수용 바지(launching barge)

해저석유 생산용 자켓 등을 조립공장의 안벽에서 탑재하여 목적지까지 예인하여 진수시키는 바지이다. 바지의 갑판에는 스키드빔(skid beam)을 설치하여 자켓을 고정시킨다. 자켓의 탑재 및 진수에는 윈치 또는 유압의 잭유니트(jack unit)를 사용한다. 진수작업은 밸러스트 탱크의 밸러스트 양을 조절하여 바지를 기울인 후, 윈치 또는 잭유니트에 의해 수행한다. 바지의 선미부에는 로커암(rocker arm)이라 불리는 회전진수대가 설치되어 있어서, 자켓의 진수를 용이하게 한다. 진수용 바지의 일반배치도를 그림 5.5.4에 나타내었다.

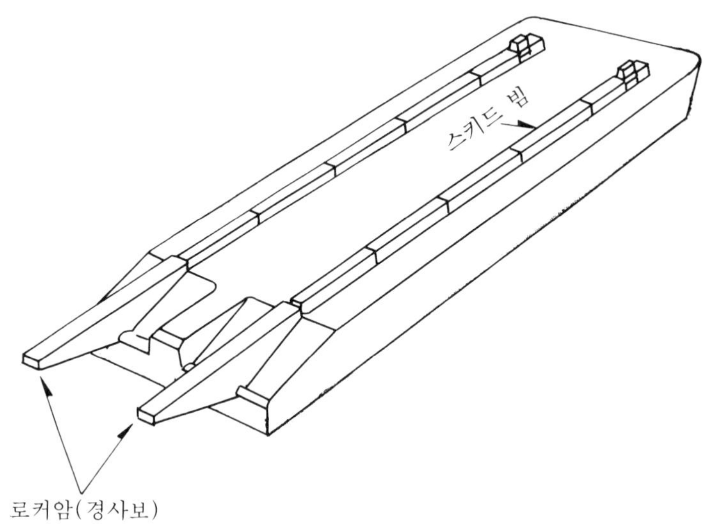

그림 5.5.4 진수용 바지의 스키드빔과 로커암

(4) 크레인 바지(crane barge)

크레인 바지는 대형의 크레인을 탑재한 바지로, 자켓의 고정, 각종 모듈의 플랫폼 탑재, 설치 및 건설작업에 사용된다. 생산플랫폼의 대형화에 따라, 크레인의 전체 용량도 1,000~12,000ton이 되는 것이 건조되어 있다. 바지의 형식에는 상자형, 선박형, 반잠수식 구조물이 있지만, 해상조건이 나쁜 해역에서는 가동률 향상의 관점에서 동요성능이 양호한 반잠수식 구조물이 사용되는 경우가 많다. 또 자항식도 많이 건조되어 있다. 반잠수식 구조물 형태의 크레인 바지의 일반배치도를 그림 **5.5.5**에 나타내었다.

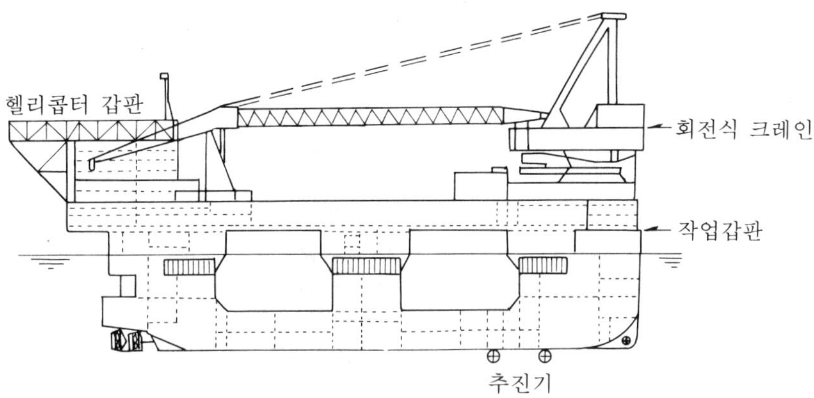

그림 5.5.5 대형 크레인 바지의 일반배치도

(5) 승강식 해상작업대(self-elevation platform, SEP)

SEP는 승강가능한 다리를 가진 작업용의 플랫폼으로, 비교적 얕은 수심에서 자켓의 설치, 해저 파이프라인의 보수나 해양 토목공사 등에 사용된다. 작업용 기기로는 대형 크레인, 파일 등을 갖추고 있다. SEP의 일반배치도의 예를 그림 **5.5.6**에 나타내었다.

(6) 파이프라인 부설선(pipe laying barge)

해저 파이프라인을 부설하기 위한 바지로, 파이프를 선상에서 용접하여 차례로 해저에 부설해 나간다. 선상에는 파이프를 탑재하는 공간, 용접소, X-ray 촬영소, 인장기(tensioner), 도장설비, 스팅거(stinger) 등이 설치되어 있다.

파이프라인의 부설은 선체를 전방으로 이동함으로써 수행된다(그림 **5.5.7**). 이 이동은 윈치에 의해 앵커라인의 길이를 조정하여 수행한다. 파이프라인 부설선에는 대형의 회전식 크레인을 갖춘 것이 많고, 이와 같은 바지를 **파이프라인 부설선 겸용 데릭 바지**라 불려지기도 한다. 바지의 선형에는 상자형과 반잠수식 구

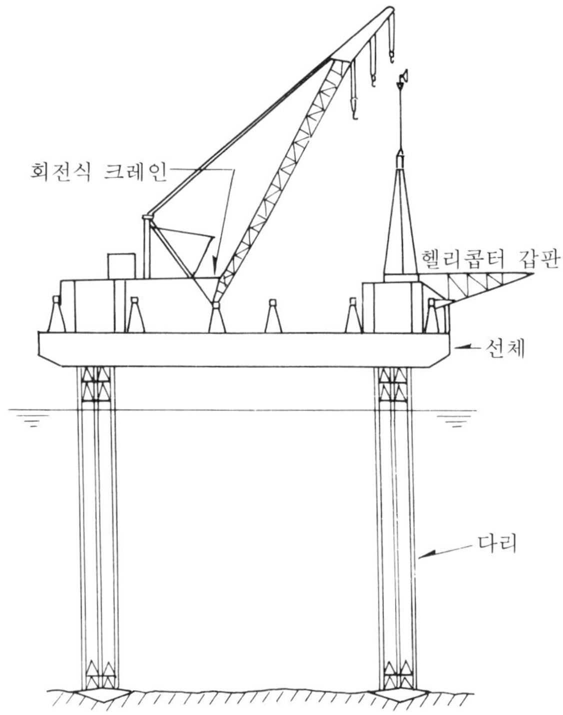

그림 5.5.6 SEP의 일반배치도

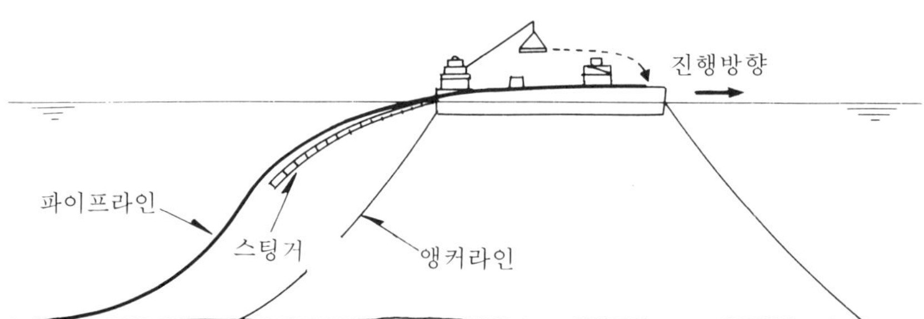

그림 5.5.7 파이프라인 부설방법

조물형이 있지만, 해상조건이 나쁜 해역에서는 반잠수식 구조물이 사용된다. 또 자항식의 파이프라인 부설선도 많이 건조되어 있다. 파이프라인 부설선의 일반 배치도를 그림 5.5.8에 나타내었다.

(7) 유회수선(oil recovery ship)

유회수선은 해면에 유출된 기름을 기계식의 유회수장치에 의해 모으는 작업선이다. 유회수 방식으로는 여러 가지가 개발되어 있는데 그림 5.5.9는 그 한 예

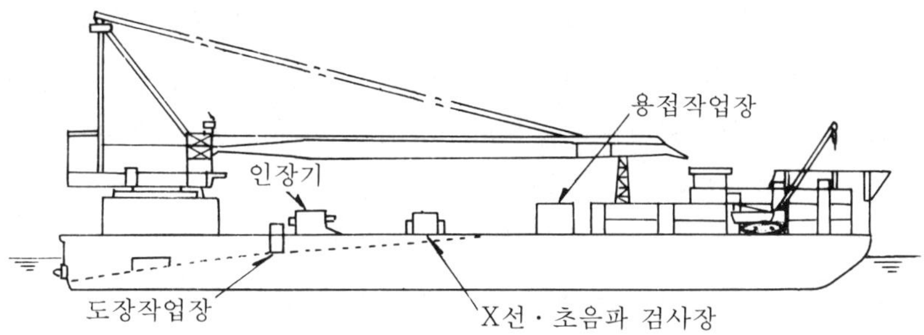

그림 5.5.8 파이프라인 부설선의 일반배치도

이다. 그러나 한 가지 종류의 유회수장치로 레인보우 필름(rainbow film)상의 박막유에서부터 유상액(emulsion) 상태인 중유(크림과 같은 상태)까지의 유출유

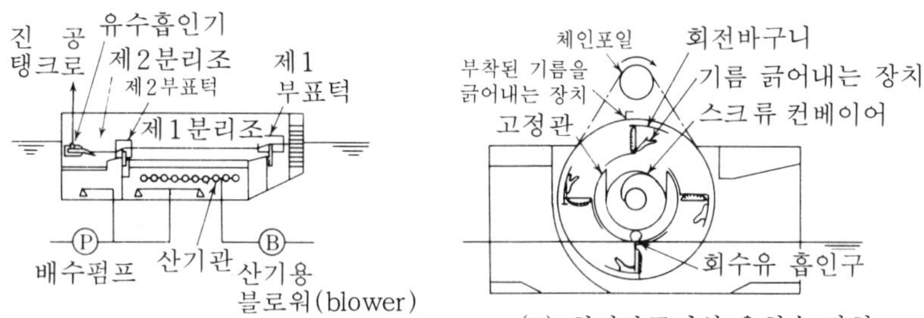

(1) 산기분리식 유회수장치

(2) 회전바구니식 유회수 장치

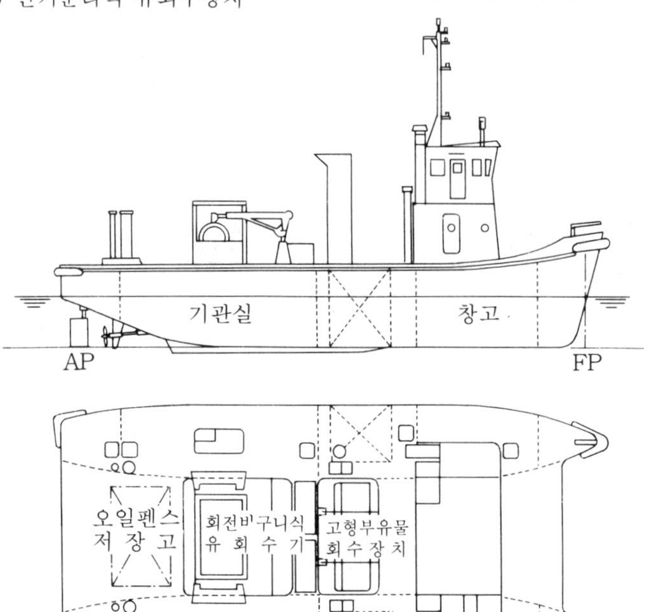

그림 5.5.9 유회수선 제2 SOKAI(蒼海)의 일반배치도

를 회수하는 방식은 아직 개발되어 있지 않기 때문에 두 종류의 유회수장치를 장비하는 수도 있다. 그림 5.5.9는 유회수선 제2 SOKAI(蒼海)의 일반배치도로서 이 배는 산기분리(散氣分離)식 유회수장치(그림 5.5.9(1))와 회전바구니(回轉籠)식 유회수장치(그림 5.5.9(2))를 갖추고 있다.

전자는 제1분리조에 흘러 들어온 유수에 밑에서부터 작은 공기방울을 불어 넣어, 기포에 부착된 기름성분은 제2분리조에 들어가 진공펌프로 바깥으로 흡인된다. 이 장비는 저점도의 기름회수를 목적으로 한다. 후자는 고정관을 축으로 회전하여 4개의 바구니를 돌리면서 기름을 떠낸다. 바구니가 최상부에 가까와지면 기름을 긁어내는 장비가 자동적으로 움직여 강제적으로 기름을 스크류 컨베이어(screw conveyer) 상에 떨어뜨린다. 기름은 흡인구에서 배출된다. 이 장치는 고점도의 유회수장치에 적용된다.

(8) 오일펜스 부설선(oil fence handling ship)

오일펜스 부설선은 기름의 확산을 방지하는 오일펜스를 펴서 늘어뜨리기 위해 오일펜스 취급장치를 장비한 작업선이다. 오일펜스 부설선의 일반배치도를 그림 5.5.10에 나타내었다.

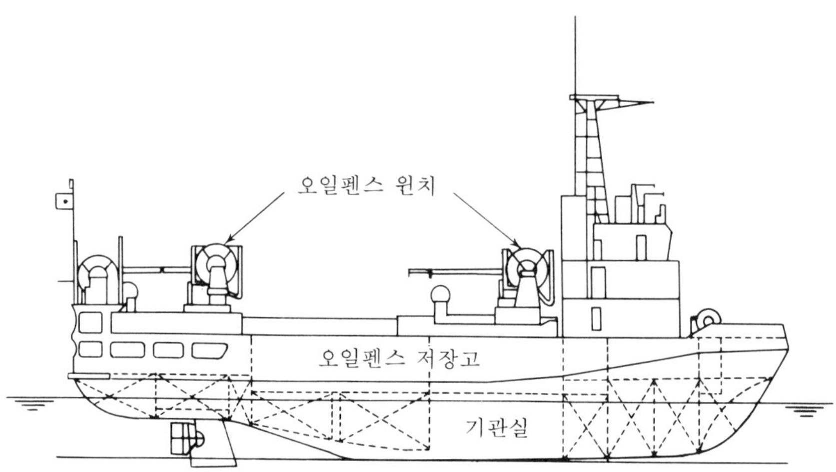

그림 5.5.10 오일펜스 부설선의 일반배치도

제 6 장 해양 광물자원 개발

6.1 일 반

석유, 천연가스 이외의 해저 광물자원으로는 해저면상에 있는 표사광상, 망간단괴, 코발트각, 열수광상 등과, 해저면 아래의 석탄 등이 있다. 또한 해수중에 함유되어 있는 광물자원으로 염화나트륨, 마그네슘, 취소(臭素) 등과 그외에 우라늄의 회수도 연구되고 있다.

(1) 해저면상의 광물자원

① 표사광상(漂砂鑛床, offshore placer deposit)

해안 근처의 모래는 토목, 건축자재로 사용되고 있으며 광물자원을 풍부히 함유한 표사광상으로 유명한 곳은 다음과 같다.

- 태국, 말레이시아, 인도네시아 연안의 주석
- 아프리카 남서해안의 다이아몬드
- 호주 동해안, 모잠비크 근해의 중금속(ilmenite, zirconium)
- 호주, 인도, 브라질, 미국 동부의 티타늄 사철(砂鐵)

이런 광물자원들은 수심이 비교적 얕은 곳(20~100m)에 있어서 채굴이 용이하다.

② 망간단괴(manganese nodule)

망간단괴는 지름 0.5~25cm 정도의 덩어리 형태의 광물(산화물)로서(사진 6.1.1), 수심 4,000~6,000m의 심해저에 넓게 분포되어 있다(그림 6.1.1). 또한, 지름 1mm 이하의 작은 입자(micro nodule) 형태로도 다량 부존되어 있다고 알려져 있다. 특히 하와이 동남부의 광물대(ore zone)로 불리워지고 있는 해역의 심해저에는 고품위의 망간단괴가 집중적으로 분포해 있어서 가장 유망한 해역이

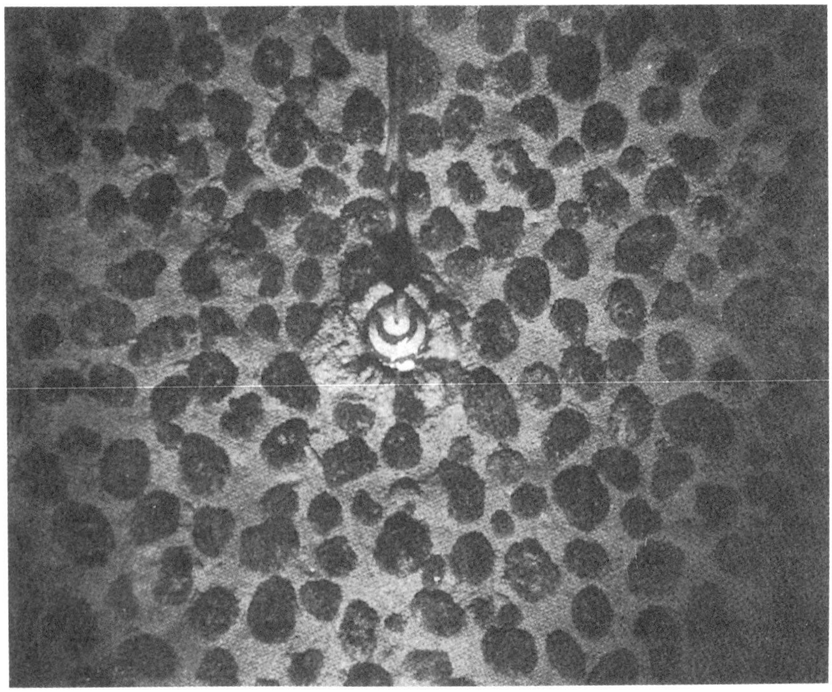

사진 6.1.1 심해저 망간단괴(중앙의 구의 지름은 10cm, 심해자원개발 주식회사 제공)

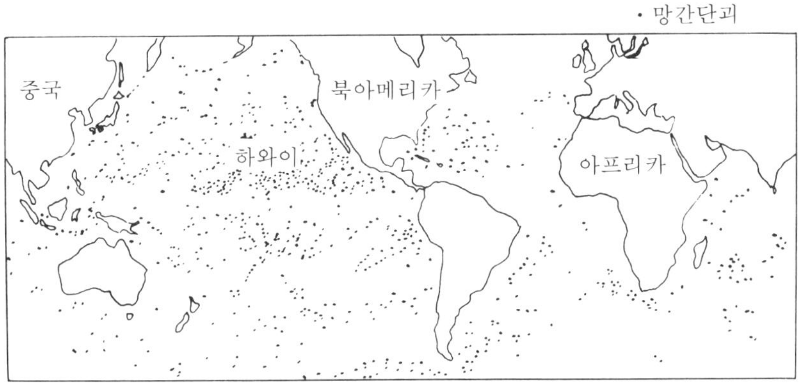

그림 6.1.1 망간단괴의 분포

라 생각된다. 망간단괴에는 망간 외에도 니켈, 구리, 코발트 등이 함유되어 있고 평균적 성분은 표 6.1.1과 같다.

망간단괴에 함유된 광물자원의 총량은 적게 잡아서 다음과 같다(1979년 국제 해양심포지움 보고). 이 표를 보아도 알 수 있듯이 해저의 망간단괴는 특수강에

표 6.1.1 망간단괴의 평균 조성

구 분	태평양(54시료)	대서양(4시료)
망간	24.2%	16.3%
철	14.0%	17.5%
니켈	0.99%	0.42%
구리	0.53%	0.20%
코발트	0.35%	0.31%

필요한 니켈, 코발트, 망간의 매장량이 육상과 비교해서 엄청나게 많아서 앞으로의 개발이 주목되고 있다.

표 6.1.2 망간단괴에 함유된 광물자원량

구 분	자 원 량	육상을 포함한 전체 매장량에 대한 비
총 광물자원량	230억 ton	—
니켈	2.9억 ton	84.3%
구리	2.3억 ton	31.8%
코발트	0.6억 ton	97.6%
망간	63.3 억 ton	54.3%

③ 코발트각(cobalt crust)

코발트각(殼)은 망간단괴와 거의 같은 성분이지만, 해산(海山)의 사면이나 정상의 암반이 노출되어 있는 부분에 두께 5mm~5cm 정도로 분포되어 있다(그림 6.1.2). 코발트각의 존재는 1964년경부터 알려져 있었으나 1980년대에 들어서 다음과 같은 이유로 주목받게 되었다.

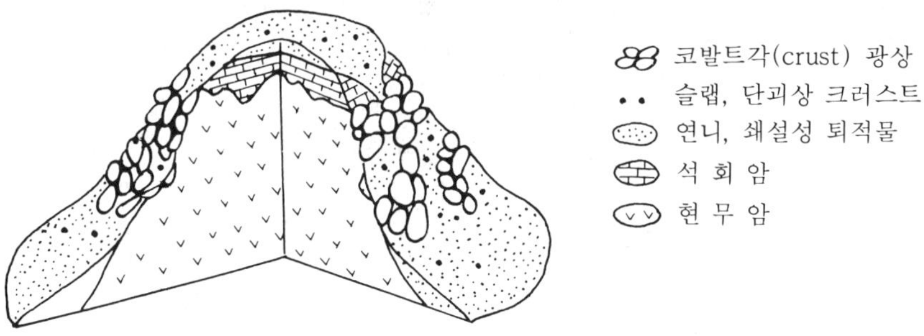

그림 6.1.2 코발트각의 부존 상황(심해저 광물자원 개발협회의 자료)

ⓐ 표 6.1.3과 같이 코발트 함유량이 망간단괴에 비해 많다(cobalt-rich). 반면 니켈, 구리의 함유량은 적다. 코발트 함유량은 수심과 밀접한 관계가 있어서 수심이 얕을수록 함유량이 많다(표 6.1.4).

표 6.1.3 코발트각의 평균 조성

구 분	하와이제도 해역	Johnston섬, Palmyra섬
코발트	0.88%	0.92%
니켈	0.48%	0.51%
구리	0.05%	0.06%
망간	23.60%	25.70%

표 6.1.4 코발트각의 조성(%)과 수심*

수심(m)	망 간	철	코 발 트	니 켈	구 리
1,100~1,500	28.4	14.3	1.18	0.50	0.03
1,500~1,900	24.7	15.3	0.90	0.42	0.06
1,900~2,400	25.5	16.1	0.88	0.41	0.07
2,400~3,000	20.5	19.5	0.69	0.18	0.09
3,000~4,000	25.5	18.0	0.63	0.35	0.13

(주) *MIDPAC 81 조사자료(중앙태평양 Line제도 해역)

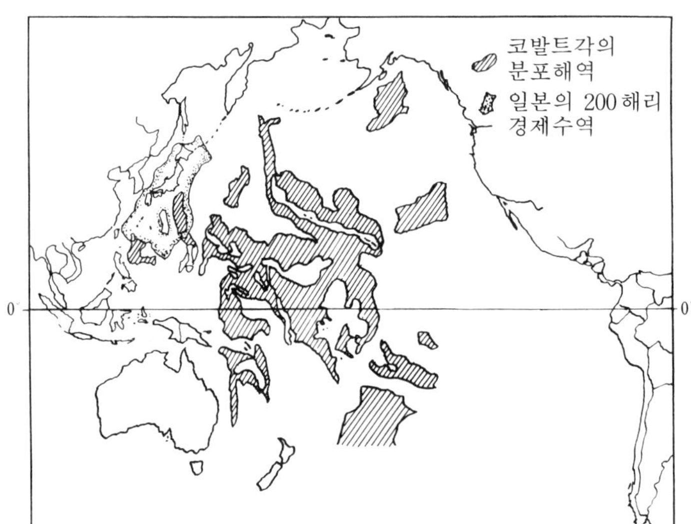

그림 6.1.3 태평양의 코발트각의 분포 상태
(심해저 광물자원 개발협회의 자료)

ⓑ 수심이 얕은 곳(800~2,500 m)에 분포하기 때문에 채광이 비교적 간단하다.

ⓒ 광상이 200해리 배타적 경제수역 내에 분포한다(그림 6.1.3). 따라서 망간단괴에 비해서 경제성이 높을 것으로 생각된다.

④ 열수광상(hydrothermal deposit)

열수광상(熱水鑛床)은 해저지각이 갈라진 곳의 열수분출부에 있는 뻘 상태(泥狀) 또는 덩어리 형태의 구리, 아연, 금, 은을 함유한 금속광상(황화물, polymetalic massive sulfide, PMS)이다. 열수광상은 1965년 홍해의 2,000 m 심해에서 발견된 고온의 니상(泥狀)금속(metalliferous mud)이 최초이다. 그후 1980년 전후로 동태평양의 여러 곳(수심 2,500~3,000 m)에서 발견되었다(그림 6.1.4).

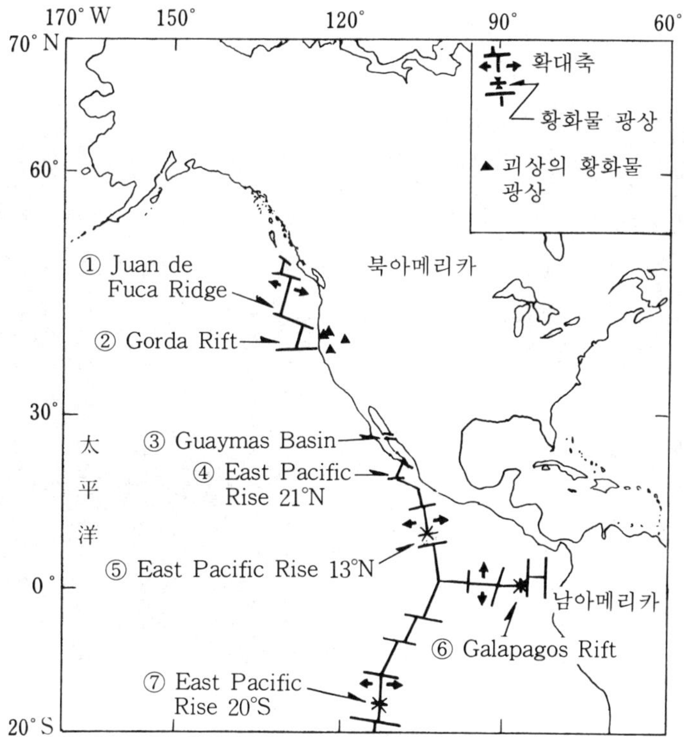

그림 6.1.4 동태평양의 열수광상 분포

열수광상은 금속의 함유율이 높고 비교적 좁은 지역에 밀집해 있으며, 또한 지각내로부터 계속해서 재생된다는 특징이 있다. 표 6.1.5는 열수광상의 금속조성의 예를 보여주고 있다. 열수광상의 개발은 홍해의 고온 니상금속 이외는 아직 착수되지 않고 있으나, 일본 근해에서는 1989년 잠수조사선 SHINKAI 2000에 의해 탐사된 오키나와 해곡(trough)의 이제나(伊是名) 해혈(海穴)(수심 1,330m)에서 열수가 분출되는 곳이 발견되었다(사진 6.1.2).

표 6.1.5 열수광상의 금속조성(동태평양)

해 역	금 속 조 성(%)				광상의 체적
	아 연	구 리	납	은(ppm)	(m^3)
Juan de Fuca Ridge	55	0.35	0.32	300	100,000
Guaymas Basin (남 Trough)	30	1.0	0.1	300	1,200,000
East Pacific Rise (21°N)	50	0.75	0.35	400	16,200
Galapagos Rise	0.1	10.0	0.1	300	80,000,000

사진 6.1.2 오키나와의 이제나 해혈(伊是名 海穴, 수심 1,330m)에서 열수를 분출하고 있는 모습(해양과학기술센터 제공)

(2) 해저면 아래의 광물자원

석유자원 이외에 해저면 아래의 광물자원으로는 석탄이 대표적이다. 일반적으로 해저탄전(submarine coal field)의 개발은 해안선 가까운 육지로부터 해저 깊은 곳으로 순차적으로 채굴하는 형태로 진행된다. 채탄기술은 육상의 탄전과 같으나 개발을 위한 지질조사는 해상에서의 조사가 필요하다.

(3) 해수중의 광물자원

해수중의 광물자원으로는 염화나트륨, 마그네슘, 취소 등이 공업원료로 널리 이용되고 있다. 또한 해수중에 미량(3.33ppb 〈10억분의 1의 농도〉)의 우라늄이 함유되어 있는데 전체적으로는 45억 ton에 이르고 있어, 지상의 추정매장량 50만 ton과 비교할 때 엄청나게 많다. 그러나 현재의 회수기술로는 비용면에서 육상 광물자원에 비교되지 못하여, 앞으로 개발이 기대되는 분야이다.

6.2 해양 광물자원의 채광 시스템

해양 광물자원의 채광 시스템은 비교적 수심이 얕은 곳의 광물(예를 들면 표사광상)을 제외하고는, 현재 연구・개발중이며 실용화되지는 않았다. 특히 주목이 집중되고 있는 코발트각, 열수광상에 대해서는 타당성 조사단계이며 미래의 개발이 기대되고 있다.

(1) 표사광상의 채광 시스템

수심이 비교적 얕은 곳에 분포되어 있어서, 펌프(pump)에 의한 흡입(suction) 방식, 공기부양(air lift) 방식 그리고 이젝터(ejector) 방식이 사용되고 있다(그림 6.2.1).

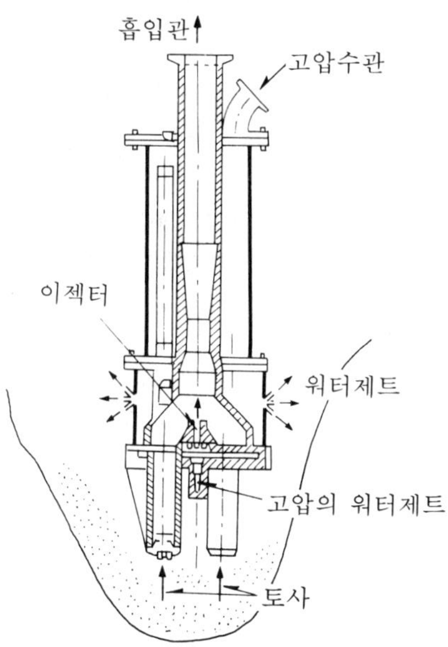

그림 6.2.1 Ejector 방식(에히메(愛媛)대학의 자료)

(2) 망간단괴의 채광 시스템

망간단괴의 채광방법으로는 그림 6.2.2와 같은 방법이 연구되고 있다. 그림 6.2.2에 나타난 방식 중에서 주요한 것을 아래에서 설명한다.

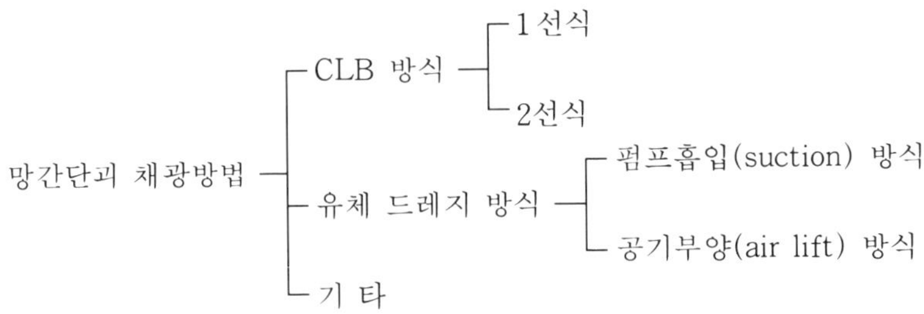

그림 6.2.2 망간단괴의 채광방법

① CLB(continuous line bucket) 방식

여러 개의 버켓(bucket)이 달려있는 연속된 폐쇄(閉鎖)고리의 로프(rope)를 선상에서 해저로 내려서, 로프를 순환시켜 망간단괴를 선상에 끌어 올리는 방식으로서, 1선식(船式)과 2선식이 있다(그림 6.2.3(1)).

② 유체 드레지(dredge) 방식

배에서 해저까지 유연한 파이프를 내려, 파이프의 끝 부분에 집광기(collector)를 설치한다. 집광기에 모아진 망간단괴는 펌프에 의해 흡입(suction) 또는 공기부양(air lift)에 의해서 선상에 연속적으로 끌어 올려진다. 이 방식은 최초로 1978년 SEDCO 445(선박형 구조물)에 장착되어서 태평양 5,000m 해저로부터 연속채광에 성공하였으며, 상업적으로는 가장 유망한 방법으로 생각되고 있다. 이때 사용한 펌프의 주요 제원은 표 6.2.1과 같다(그림 6.2.3(2), (3)).

표 6.2.1 SEDCO 445 채광실험시 펌프의 제원

해 저 수 심	5,000～5,200m
파 이 프 지 름	8 in
채 광 시 스 템	유 체 드레지 방 식
펌 프	설치수심 약 1,000m 용량 500m^3/hr × 2대 모 터 800kW
슬 러 리 유 속	평 균 2.5m/sec

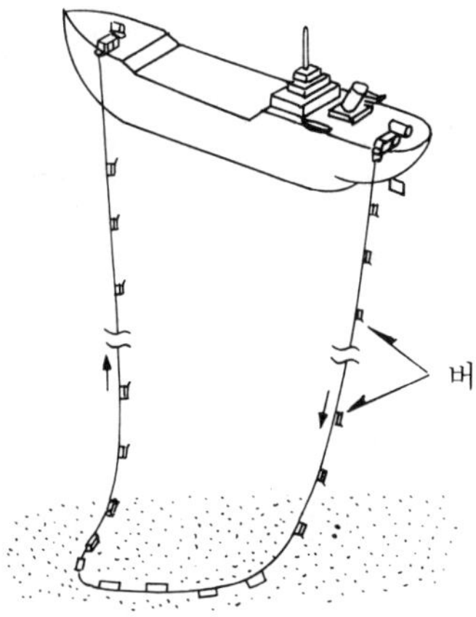

(1) CLB 방식

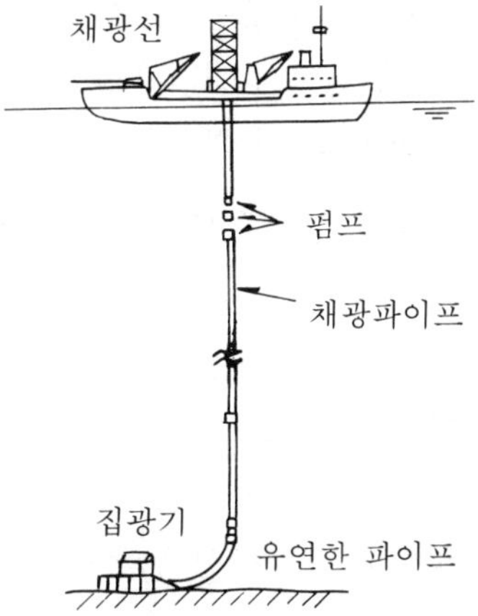

(2) 유체 드레지 방식(펌프흡입식)

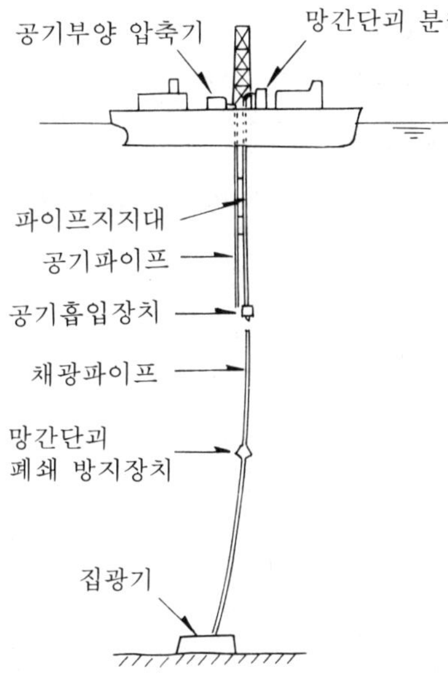

(3) 유체 드레지 방식(공기부양식)

그림 6.2.3 망간단괴 채광 방식

③ 기 타

이상의 방법 이외에 프랑스에서 연구되고 있는 것으로, 무인채광장치를 부착한 셔틀잠수선과 CLB를 조합한 방식이 있다. 망간단괴가 발견된 것은 1872년으로 오래 되었지만, 현재로는 국제 콘소시엄이나 각국 정부기관에 의해 연구·

개발이 진행되고 있는 단계에 있다. 민간 국제 콘소시엄으로는 US Steel, INCO, Kennecott, Lockheed의 각 그룹이 선행투자자로 인정을 받고 있다. 또한 정부 프로젝트로 일본, 프랑스, 소련, 인도가 참가하고 있다.

일본의 경우 자원조사는 심해자원개발 주식회사(DORD)가, 채광 시스템(공기부양 방식)은 기술연구조합인 해저광물자원 개발 시스템 연구소에 의해서 개발이 진행되고 있다(제 1 장 1.2.2절 참조).

(3) 열수광상의 채광 시스템

① 중금속뻘

고압 해수제트로 중금속뻘을 슬러리(slurry)화해서 펌프흡입 방식으로 빨아들이는 방법이 연구되고 있다(그림 6.2.4(1)).

② 괴상(塊狀)광상

열수광상은 망간단괴와 달리 입체적인 덩어리 형태로 되어 있다. 그러므로 우선 이것을 분쇄할 필요가 있고, 다음으로 분쇄된 광석을 해수와 혼합된 슬러리로 만들어 흡입펌프 등으로 빨아들이는 방식이 연구되고 있다(그림 6.2.4(2)).

(4) 코발트각의 채광 시스템

코발트각의 채광 시스템에 대해서는 각종 방식이 고안되고 있으나, 앞에서 말

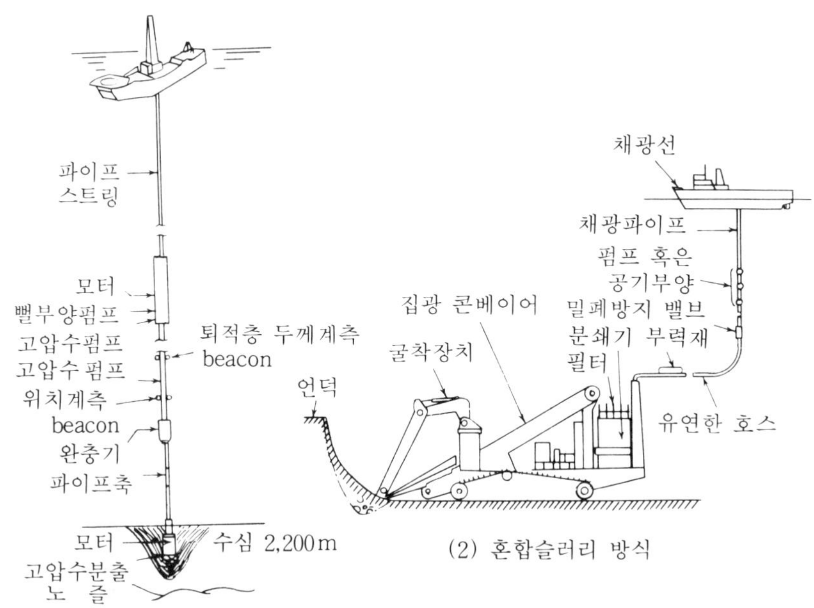

그림 6.2.4 열수광상의 채광 시스템

한 CLB 방식이나 그림 **6.2.4**(2)와 유사한 방식이 연구되고 있다.

(5) 해수중 우라늄의 회수 시스템

해수중의 우라늄 회수방법으로는 여러 가지 방식이 고안되고 있으나, 현재 가장 유망하게 생각되고 있는 것은 그림 **6.2.5**와 같이 무기(티탄산계) 또는 유기(섬유상의 아미톡신형 킬레이트 수지)의 흡착제를 사용해서 해수중의 우라늄을 흡착시키는 방법이다.

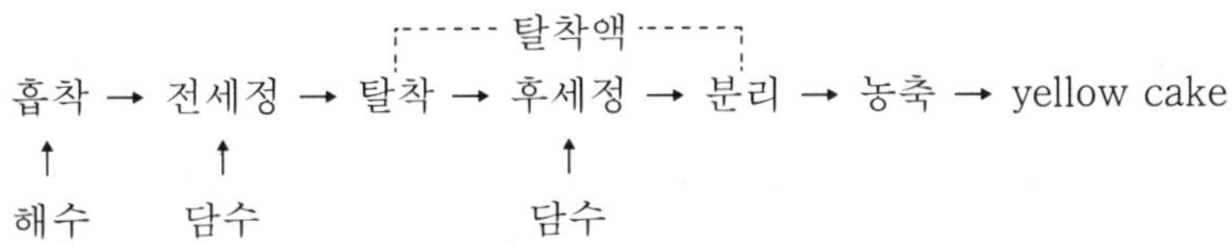

그림 6.2.5 우라늄 흡착 방법

일본에서는 금속광업사업단이 중심이 되어 연간 10kg의 우라늄을 회수하는 모델 플랜트(표 **6.2.2**)를 건설하여(1985년 완성), 연구개발을 진행하고 있다.

표 6.2.2 우라늄 회수 모델 플랜트의 개요

플랜트 규모	우라늄 10kg/년
흡 착 방 식	유동상(流動床) 방식
흡 착 제	함수산화(含水酸化) 티타늄
운 전 cycle	(20일 흡착 + 4일 탈착)/cycle, (15cycles/년)

제 7 장 해양에너지의 이용

7.1 일 반

해양에너지의 이용 시스템이란 해양에 존재하는 무한한 에너지를 전력 등으로 변환하는 시스템이다. 해양에 존재하는 에너지의 종류는 다음과 같이 분류할 수 있다.

표 7.1.1 해양에너지의 종류와 재생가능 자원량(쓰쿠바(築波)대학 자료)

해양에너지의 종류		재생가능 자원량
역학적 에너지	해 류 조 석 파 랑 풍 력	0.05×10^9kW 0.03×10^9kW 2.70×10^9kW
열 에 너 지	온 도 차 (solar pond)*	2.0×10^9kW
물리화학적 에너지	농 도 차	
Biomass 에너지	해조류 등**	

(주) * 엄밀하게는 해양에너지가 아니지만 온도차발전 시스템과 유사한 것이어서 본 장에서 개요를 서술하기로 한다.

** 제8장 해양 생물자원의 개발을 참조할 것.

해양의 자연에너지를 발전 등에 이용하는 것은 다음과 같은 장점을 가지고 있다.

① 공급되는 에너지의 양이 방대하고 또한 무한하여 고갈되지 않는 재생에너지(renewable energy)이다.

② 에너지원의 분산이 가능하다.

③ 청정에너지여서 해양과 대기오염의 걱정이 없다.

④ 초고온, 초저온, 초고압이 되는 부분이 없기 때문에 특수재료를 사용할 필요가 없다.

⑤ 에너지 가격의 변동이 없다.

한편 해양에너지는 다음과 같은 단점이 있다.

① 입력에너지의 밀도가 낮다.

② 입력에너지의 변동 폭이 크고, 또한 사람의 힘으로 입력을 조정하는 것이 곤란하다.

③ 환경조건이 가혹하다.

따라서, 해양에너지 이용 시스템을 실용화하기 위해서는 가동률, 효율을 높이는 동시에 출력을 안정시키는 것이 중요하다. 또한 육지로부터 멀리 떨어진 곳에서 얻어진 전력을 육상 소비지에 송전하는 방법도 문제가 된다. 현재 해양에너지를 발전에 이용하는 시스템은 개발단계에 있으며, 조력발전, 파랑발전, 온도차발전의 일부를 제외하고는 아직 실용화되어 있지 않다. 그 어느 것이나 미래기술이라고 할 수 있다. 이들 기술을 실용화하는 데에는 기술적인 문제를 해결하는 이외에 경제성을 향상하는 일, 즉 발전원가를 현재의 화력, 원자력 또는 멀리 떨어진 외딴섬에서 사용되고 있는 디젤발전과 같은 수준으로 끌어내리는 일이 중요하다.

7.2 해류에너지의 이용

해양에너지 이용 시스템 중 역학적 에너지와 열에너지의 이용에 대해 설명하기로 한다.

7.2.1 해류에너지

세계적인 대규모 해류로 북태평양의 쿠로시오해류, 북대서양의 멕시코만류, 인도양의 소말리해류, 남태평양의 동오스트레일리아해류 등이 유명하다. 해류의 출력(power, kW)은 $P = 0.5Qv^2$ {여기서 Q : 유량(ton/sec), v : 평균 유속(m/sec)}로 표현된다. 쿠로시오해류의 규모는 유량이 초당 3,000만에서 5,000만 ton, 유속은 1~5knots에 달한다. 따라서 출력은 3.9×10^6kW 이상이라고 추정된다. 멕시코만류도 쿠로시오해류와 같은 정도라고 추정된다.

7.2.2 해류에너지를 이용한 발전 시스템

해류의 운동에너지를 기계적인 회전운동으로 변환하는 방법으로 다음과 같은 방법이 고려되고 있으나, 어느 것도 아직은 아이디어 단계로서 대규모의 실험이나 실용화되어 있지는 않다.

- 해류에너지의 동력변환 방식
  - 수평축 방식
    - Kaplan 수차
    - 프로펠러 터빈
  - 수직축 방식
    - Voith Schneider 프로펠러
    - 전류방향형(全流方向型) 수차
    - 세일 캐노피(sail canopy) 방식
  - 기 타
    - Savonius rotor 방식
    - 전자유체(電磁流體) 발전방식

그림 7.2.1 해류에너지의 동력변환 방식

발전 시스템은 해저고정형, 선박형, 반잠수식, 잠수식 해양구조물 등에 장치된다. 이런 구조물을 5~6knots의 해류 중에 계류하는 것은 대단히 어려워 고장력 체인, 와이어, 파지력(把地力)이 큰 앵커 등의 개발이 필요하다. 아래에서는 위에 언급한 동력변환 방식을 개략적으로 설명한다.

(1) 수평축 방식

육상의 수력발전소에서 사용되고 있는 Kaplan 수차나 선박의 프로펠러와 유사한 프로펠러 터빈을 이용하는 방식이다. 수평축 방식의 효율을 향상시키기 위해서는 축의 중심을 해류의 방향변화에 따라 잘 바꾸어주는 것이 필요하다(그림 7.2.2).

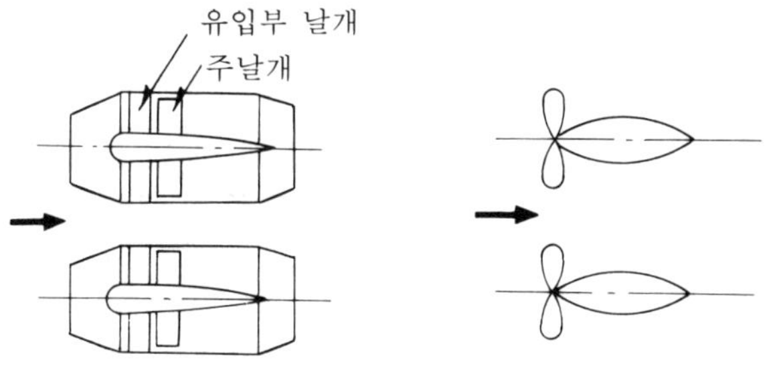

(1) Kaplan 수차 (2) 프로펠러 터빈

그림 7.2.2 수평축 방식

(2) 수직축 방식

이 방식에는 예인선 등에서 사용되고 있는 Voith Schneider 프로펠러, 전류방향형의 수차, 파라슈트에 의해 발전기를 회전시키는 세일 캐노피(sail canopy) 방식 등이 고려되고 있다(그림 7.2.3).

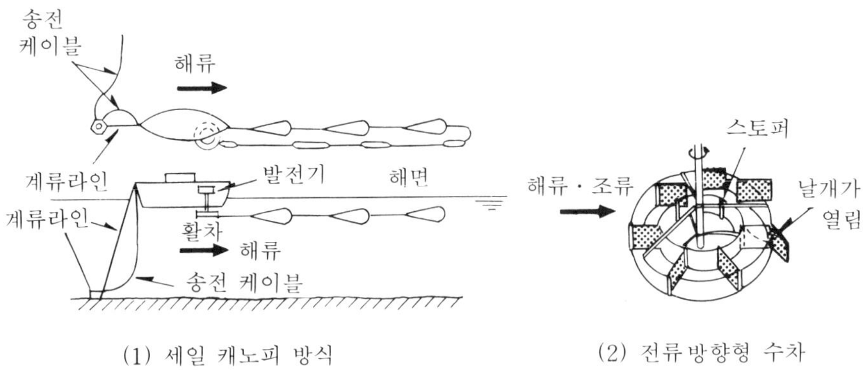

그림 7.2.3 수직축 방식

7.2.3 해류발전 시스템의 계획사례

해류발전 시스템의 계획사례로 미국의 CORIOLIS-Ⅰ의 개요를 설명한다(그림 7.2.4).

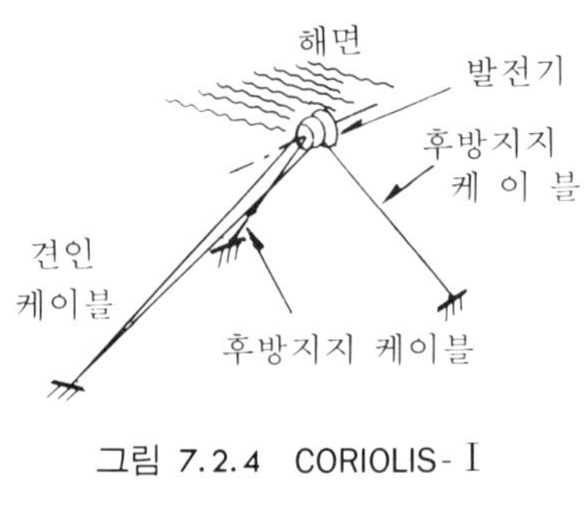

그림 7.2.4 CORIOLIS-Ⅰ

표 7.2.1 CORIOLIS-Ⅰ 주요제원

발전 시스템	덕트가 붙은 프로펠러
출 력	83 MW
덕 트 치 수	출구 지름 171 m, 길이 110 m
배 수 량	6,000 ton
설 치 장 소	플로리다 반도(바하마 앞바다)

위에서 말한 덕트(duct) 내에 발전장치를 내장하고 수심 115m인 곳에 케이블로 계류시킨다. 프로펠러의 바깥에는 림(rim)이 설치되어 있고 림의 회전에 의해 마찰력으로 발전기 구동부를 움직이게 되어 있다.

7.3 조석에너지의 이용

7.3.1 조석에너지

조석은 태양과 달의 인력에 의한 해면의 주기적인 상하운동이다. 조석에너지는 지구 전체로 약 3×10^7kW라고 생각되고 있으나 이용가능량은 전체의 1~2% 정도로 추정되고 있다. 조석에너지의 이용은 조석의 위치에너지를 이용하는 방법과 조류의 운동에너지를 이용하는 방법이 고려되고 있다. 조류의 운동에너지를 이용하는 방법은 앞에서 기술한 해류에너지를 이용하는 방법과 동일하다. 조석의 위치에너지 즉 조차를 이용하는 방법은 조차가 큰 만의 입구에 제방을 구축해 저수지를 만들고 저수지로부터 해수출입을 이용해서 발전기를 구동하는 방법이다(그림 7.3.1).

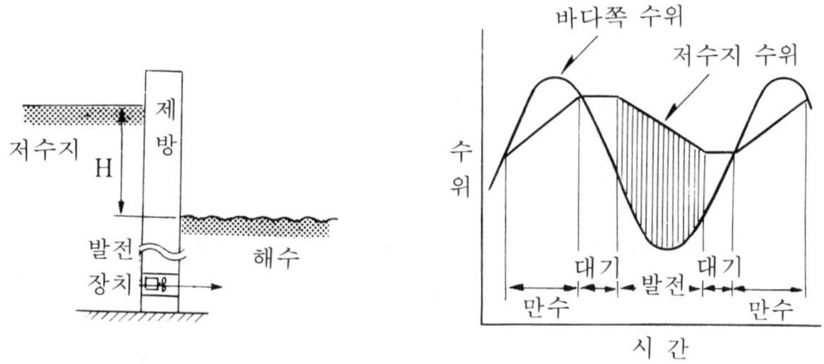

그림 7.3.1 조력발전의 원리

조차에 의한 에너지의 출력(kW)은 P = 0.102HQ {여기서 H : 낙차(m), Q : 유량(ton/sec)}로 표현된다. 따라서 조석에너지를 유효하게 이용하기 위해서는 조차가 커야하므로 설치가능한 장소가 제한된다. 조차가 큰 곳이라도 16m 정도로(캐나다 동부해안) 육상의 수력발전소 낙차에 비교하면 아주 작다. 따라서 효과적인 출력을 얻기 위해서는 큰 유량이 필요하다. 일본에서는 아리아케(有明)해의 조차가 4.5m로 최대인데 그 이외에는 조차에너지를 얻을 수 있는 곳이 거의 없다. 그러나 조류에너지를 이용할 수 있는 곳은 꽤 있다.

7.3.2 조차에너지를 이용한 발전 시스템

조력발전은 출력의 변동이 크기 때문에 이것을 가능한 한 평균화하는 것이 필요하고 따라서 다음과 같은 방식이 이루어지고 있다.

- 조력발전 방식
  - 단일 저수지 방식
    - 1방향 방식
    - 양방향 방식
  - 양수병용 단일 저수지 방식(양방향)
  - 2 저수지 방식

그림 7.3.2 조력발전의 방식

(1) 단일 저수지 방식

밀물시에 저수지의 수문을 열고, 썰물시에는 수문을 닫는다. 썰물시에만 수차를 돌리는 수문을 올려서 발전시킨다(1방향식). 반면 터빈을 양방향의 흐름에 대해 회전할 수 있도록 하여, 밀물과 썰물 어느 때에도 발전이 가능하게 한 것이 양방향 방식이다(그림 7.3.3).

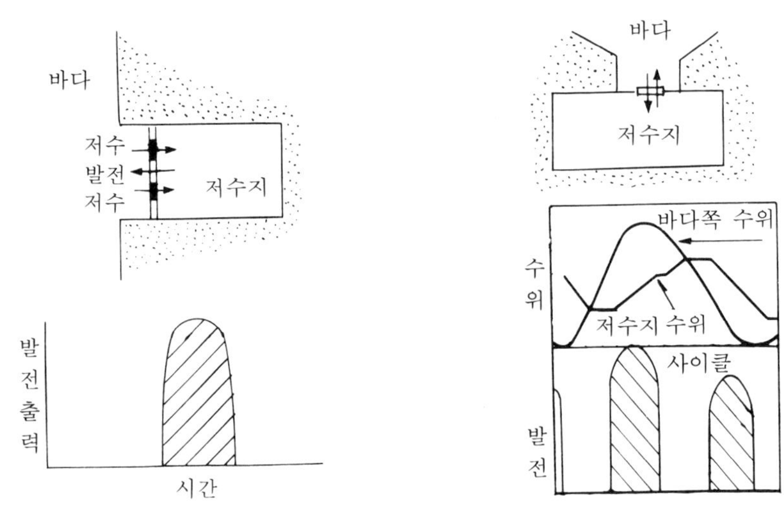

(1) 1방향 방식 (2) 양방향 방식

그림 7.3.3 단일 저수지 방식

(2) 양수병용 단일 저수지 방식

저수지에 양수, 배수펌프를 설치하면, 발전의 최대 출력시간을 임의로 결정하는 것이 가능하다.

(3) 2 저수지방식

저수지를 2개 설치하고, 한쪽을 고수위로 유지한다. 고수위 저수지에는 밀물일 때에 양수하고, 저수위 저수지는 썰물일 때에 배수한다. 발전 시스템은 2개의 저수지 사이에 설치한다. 이 방식은 대체로 연속적으로 출력이 얻어지는데, 출력은 단일 저수지 방식에 비해서 작다.

7.3.3 조력발전소의 예

실용화된 발전소로서는 프랑스의 랑스 발전소가 있다(그림 7.3.4). 양수병용의 단일 저수지 방식(양방향)으로서 1967년부터 발전을 하고 있다.

표 7.3.1 랑스 조력발전소의 개요

저 수 용 량	$184 \times 10^6 m^3$
조 차	13.5m(최대), 3.5m(평균)
댐 제 방	전장 750m
발 전 기	10MW × 24대

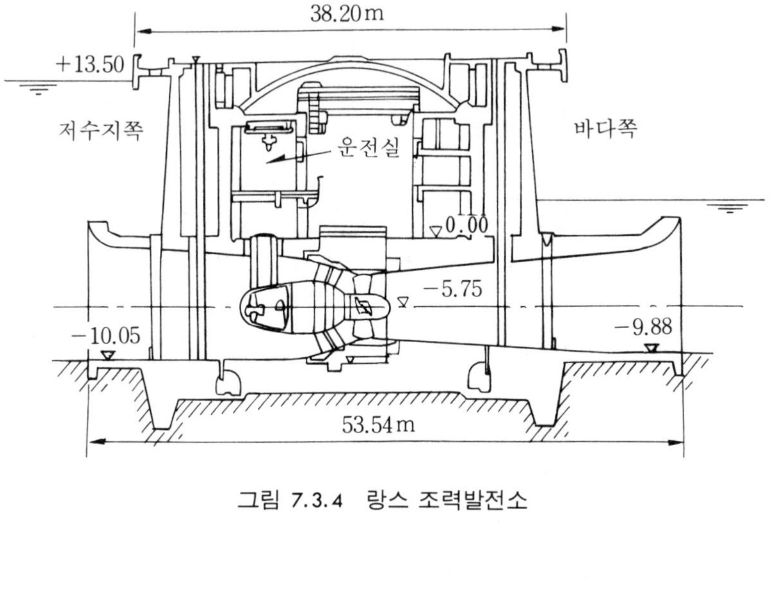

그림 7.3.4 랑스 조력발전소

7.4 파랑에너지의 이용

7.4.1 파랑에너지

파랑이 가진 에너지(kW/m)는 $P = 0.55 H_s^2 T_v$ {여기서 H_s = 유의파고(m), T_v : 평균 파주기(sec)}로 표현된다. 일본 근해에 잠재하는 연간평균 파랑에너지는 그림 7.4.1에 나타낸 바와 같다.

일본 연안의 파랑에너지는 운수성 항만기술연구소의 계산(1980년)으로는 연간평균 6kW/m, 유효 해안선 길이 5,200km에 3.1×10^7kW로 되어 있다. 또 도쿄대학 생산기술연구소의 연구(1979년)에서는 연간평균 10kW/m, 유효 해안선 길이 5,000km로 하여 5.0×10^7kW로 산정하고 있다.

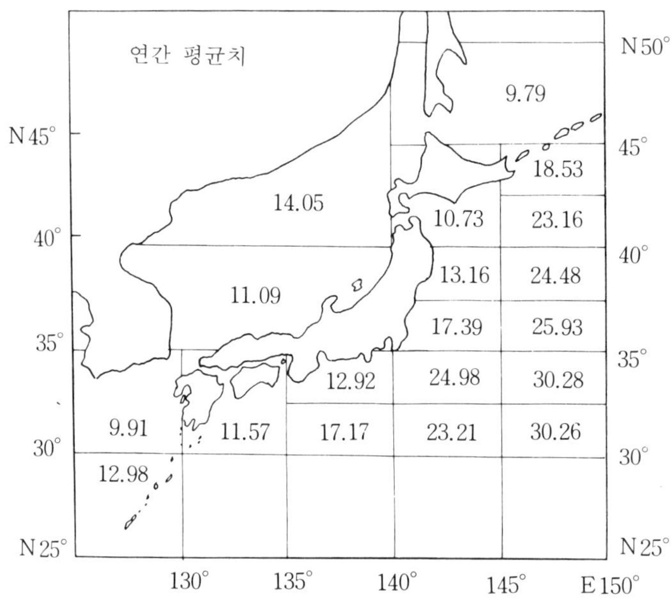

그림 7.4.1 일본 주변의 파랑에너지(도쿄대학 생산기술연구소의 자료)

7.4.2 파랑에너지를 이용한 발전 시스템

파랑에너지를 전력으로 변환하기 위해서는 우선 파랑에너지를 다른 역학적 에너지로 변환하고(1차변환), 이 역학적 에너지를 사용해서 발전기를 돌려 전력을 얻는 2차변환 과정을 거친다. 1차변환때 파랑에너지를 높은 효율로 흡수하는 방식에는 여러 가지 종류가 고려되고 있으나 크게 나누면 다음과 같다(그림 7.4.2).

파랑에너지의 1차변환 방식
- 가동물체형(可動物體型)
- 진동수주형(振動水柱型)
- 수압면형(水壓面型)
- 파랑에너지 증폭집중형(增幅集中型)

그림 7.4.2 파랑에너지의 1차변환 방식

파랑에너지의 변환방식으로 제안된 것은 매우 다양하여 전부를 소개할 수 없으므로 여기서는 몇 가지만 설명한다.

(1) 가동물체형

파의 상하운동, 수평운동, 회전운동 또는 이것들의 연성운동을 기계적인 운동으로 변화시키는 것으로 raft식, shoulder cam식 등이 있다(그림 7.4.3(1)).

(2) 진동수주형

파의 운동을 공기의 흐름으로 변환하여 공기터빈을 구동하는 방식이다. 공기터빈을 부체에 장착시키는 방식과 연안, 방파제 등에 고정하는 방식이 있다(그림 7.4.3(2)).

(3) 수압면형

파의 변동압으로 직접 피스톤을 구동하여, 이것을 유압 에너지로 변환하는 방식이다(그림 7.4.3(3)).

(4) 파랑에너지 증폭집중형

파도를 빛처럼 굴절 또는 회절시켜서 광역의 파에너지를 좁은 장소에 모아 에너지 밀도를 높여, 이것에 의해 터빈을 구동하는 방식이다. Fresnel 방식, dam atoll 방식 등이 있다(그림 7.4.3(4)).

7.4.3 진동수주형 공기터빈 방식의 파랑발전 시스템

파랑발전 방식에는 위에서 말한 것처럼 여러 종류가 제안되고 있으나, 이 중에서 가장 유망한 방식으로서 폭넓게 실험연구(일부는 실용화)가 실시되고 있는 것은 그림 7.4.3(2)의 진동수주형이다. 이 형식의 파랑발전 방식에서는 1차변환장치로서 흡배기판을 구비한 공기실을 설치하고 파랑에너지를 공기압차로 변환한다. 2차변환장치로는 공기터빈 발전기를 사용한다. 시스템 전체의 효율을 올리는 데는 특히 1차변환 효율을 향상시키는 것이 중요한데 이를 위해서는 파주기와 공기실 내의 물기둥의 고유진동주기를 될 수 있는대로 일치시킬 필요가 있다. 이 방식은 그 특성상 단위장치당 출력을 크게 할 수 없기 때문에 어느 정도 규모의 발전장치로 만들기 위해서는 1차변환장치를 다수 설치할 필요가 있다.

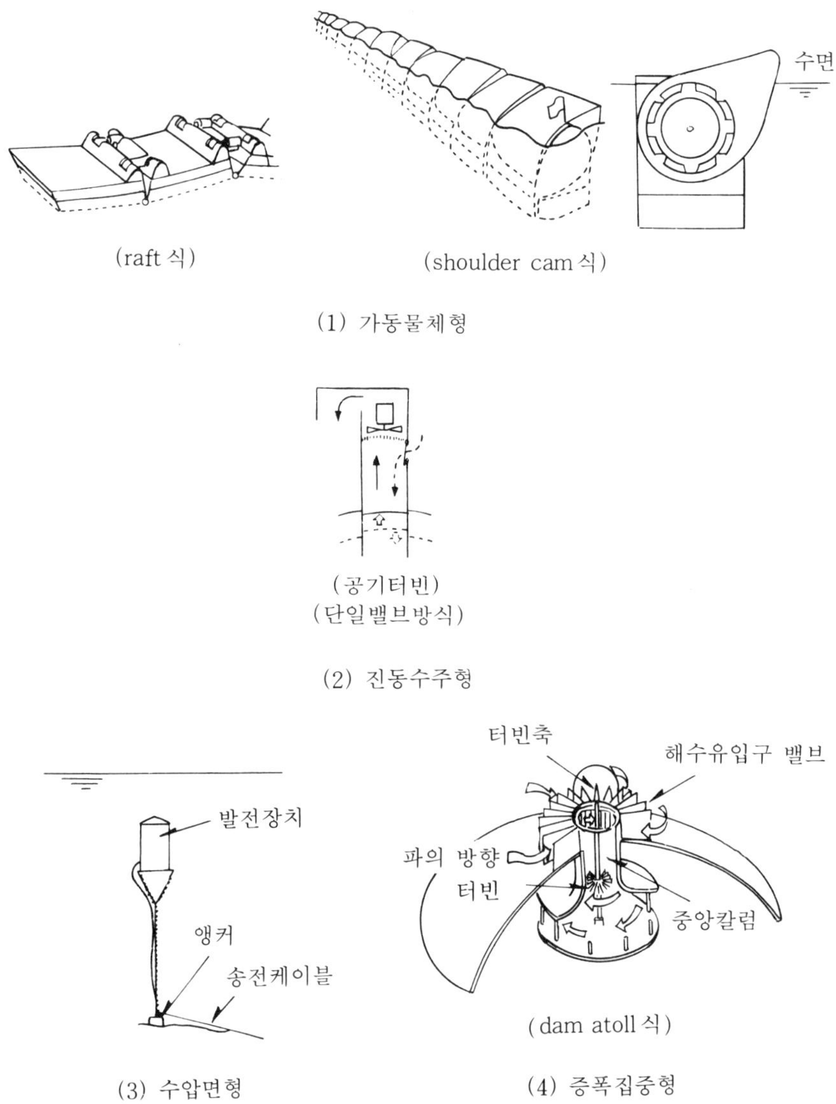

그림 7.4.3 파랑에너지의 1차변환 방식

최근 연구결과에 의하면 소규모의 디젤발전 시스템에 경제적으로 경쟁할 수 있을 전망이다.

7.4.4 공기터빈 방식의 파랑발전 시스템 사례

(1) 부이용 파랑발전장치

공기터빈식 파랑발전장치를 갖춘 항로표시용 부이가 실용화되어 있는데 파고

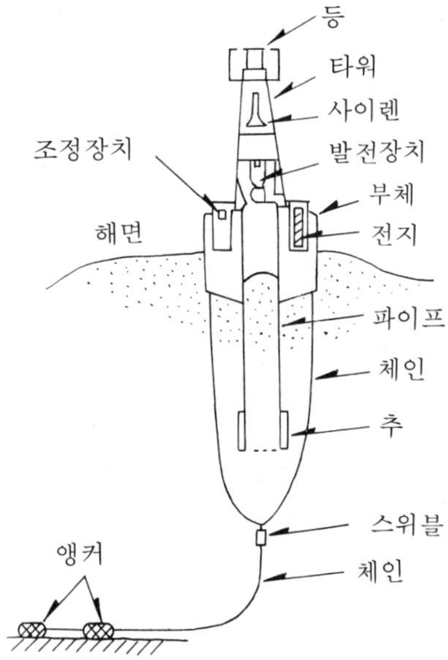

그림 7.4.4 부이용 파랑발전장치(에히메(愛媛)대학의 자료)

40cm, 주기 2.5초의 파도에서 30W 정도의 출력이 얻어진다(그림 7.4.4).

(2) 부유식 공기터빈-파랑발전선(KAIMEI(海明))

KAIMEI는 해양과학기술센터가 공기터빈 구동에 의한 파랑발전 시스템을 개발하기 위해 건조한 실험선이다. 실험은 야마가타(山形)현 유라(由良) 앞바다 3 km, 수심 40m의 해역에서 Ⅰ기 실험(1978년 8월~1980년 3월)과 Ⅱ기 실험(1985년 9월~1986년 3월)이 실시되어 소기의 성과를 얻을 수 있었다. 이 실험은 국제에너지기구(IEA)의 공동연구로서 실시되어, Ⅰ기 실험에는 일본, 영국, 미국, 캐나다, 아일랜드가 참가하였고, 그리고 Ⅱ기 실험은 일본, 영국, 미국, 아일랜드, 노르웨이, 스웨덴이 참여했다.

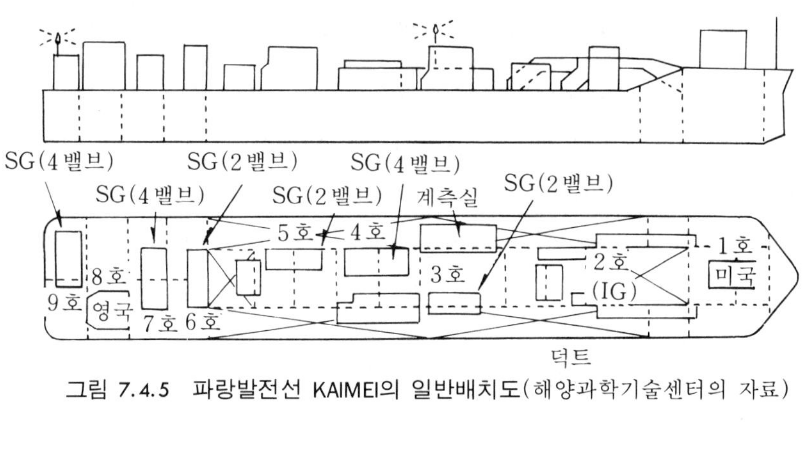

그림 7.4.5 파랑발전선 KAIMEI의 일반배치도(해양과학기술센터의 자료)

그림 7.4.5는 KAIMEI의 일반배치도로, 길이 79m, 폭 12m, 깊이 5m, 흘수 2.15m의 선체에, 공기실과 부력실을 배치한 구조로 되어 있고, 선상에 공기터빈 구동 발전장치, 계측장치 등이 설치되어 있고, 해저케이블에 의해서 육상으로 송전할 수 있도록 되어 있다. 또 계류방식은 체인에 의한 다점계류로 되어 있다.

발전장치는 I기 실험과 II기 실험에서 서로 다른데, 표 7.4.1, 표 7.4.2, 그림 7.4.6, 그림 7.4.7에 보이는 장치가 선상에 배치되었다. 또 II기 실험에는 I기 실험결과에서 개량된 신형 공기터빈도 탑재되었다.

표 7.4.1 I기 실험 발전장치

2 밸브식 공기터빈 구동	125kW × 3 일본제
4 밸브식 공기터빈 구동	125kW × 3 일본제
4 밸브식 공기터빈 구동	125kW × 1 영국제
4 밸브식, 공기댐퍼(damper) 부착 공기터빈 구동	125kW × 1 일본제

표 7.4.2 II기 실험 발전장치

무밸브식 McCormick 공기터빈 구동*1(단 발전기임)	125kW × 1 미국제
무밸브식 Wells 공기터빈 구동*2	60kW × 1 일본제
4 밸브식 공기류 위상제어장치 부착 공기터빈 구동*3	125kW × 1 일본제
4 밸브식 공기터빈 구동(제 I 기와 동일한 장치)	125kW × 2 일본제

(주) *1 두 개의 터빈이 배치되어 있고 이들이 파에 의해 발생하는 왕복의 공기흐름에 의해 서로 반대방향으로 회전하게 되지만 기어를 사용하여 동일방향의 출력이 얻어지도록 한 공기터빈(그림 7.4.7(1))

*2 왕복하는 공기의 흐름에 대해 언제나 일정한 방향으로 흐르도록 터빈 날개가 대칭으로 되어있는 공기터빈(그림 7.4.7(2))

*3 공기실의 노즐부에 위상제어 밸브를 설치해서 공기실내 물기둥의 고유진동수에 파의 주기를 될 수 있는대로 일치하도록 제어하는 방식

KAIMEI의 실험결과로부터 유의파고 2m에서의 파에너지 흡수효율(1차변환효율)은 약 11%이고, 또한 공기출력을 전력으로 변환하는 효율(2차변환효율)은 약 25%인 것을 알았다. 또한 3년간 평균 유의파고는 1.1m, 평균 파에너지는 약 9.2kW/m인 것이 확인되었다. 더욱이 KAIMEI형 파력발전장치는 본래의 발전장치로서의 기능뿐만 아니라 파를 감쇠시키는 소파(消波)기능, 물고기를 모으는 어초기능도 있는 것으로 확인되었다.

(3) 고정식 공기터빈 – 정압화탱크 방식의 파랑발전 시스템

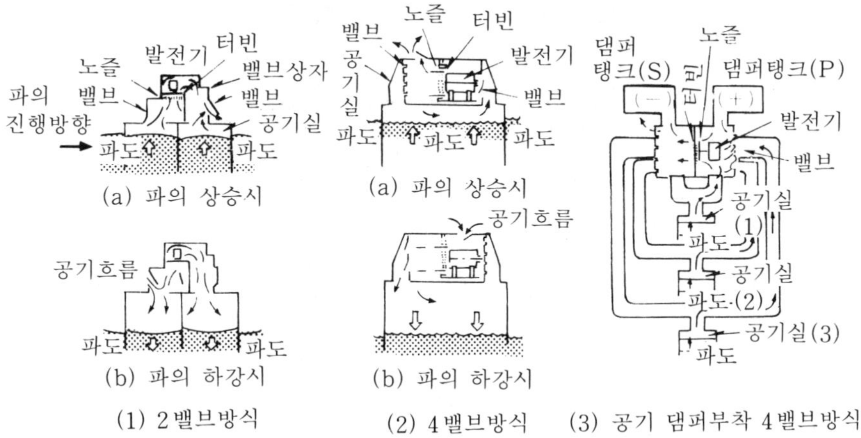

그림 7.4.6 공기흐름 제어방식의 종류(해양과학기술센터의 자료)

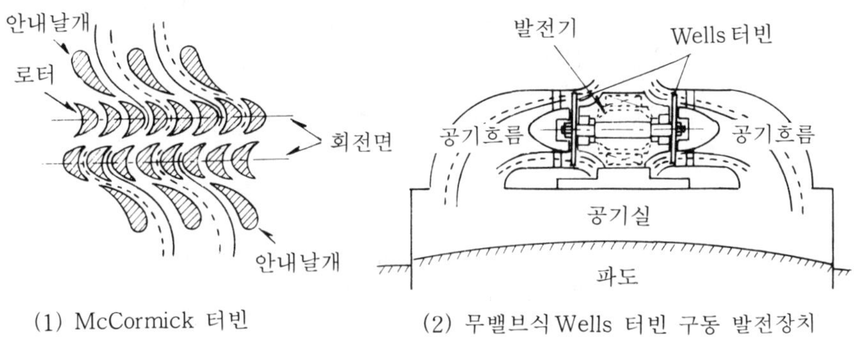

그림 7.4.7 Ⅱ기 실험의 발전기(해양과학기술센터의 자료)

그림 **7.4.8**은 엔지니어링 진흥협회의 위탁으로 다케나가 공무점(竹中工務店)이 개발한 정압화탱크 방식의 파랑발전 시스템의 원리이다. 이 시스템은 치바(千葉)현 쿠주쿠리(九十九里町)에서 1988년 3월부터 운전을 개시한 후 현재 어업협동조합 광어양식장의 동력원으로 이용되고 있다.

이 시스템은 바다 속에 다수 설치된 원통형의 공기실에서 파력을 공기압 에너지로 변환하고 공기흐름을 육상에 설치된 정압화탱크에 보낸다. 공기흐름은 정압화탱크에서 변동압이 정압화(定壓化)되어서 공기터빈에 보내진다. 이 때문에 공기터빈으로 구동되는 발전기로부터의 전력은 변동이 작은 양질의 것이 얻어진다. 표 **7.4.3**은 이 시스템의 개략적인 제원이다.

정압화탱크에는 압축기능도 있으므로 발전 시스템을 대형화하는 것이 가능하다. 또 연안부에 다수의 원통형 1차변환장치를 배치하기 때문에 파랑감쇄효과도

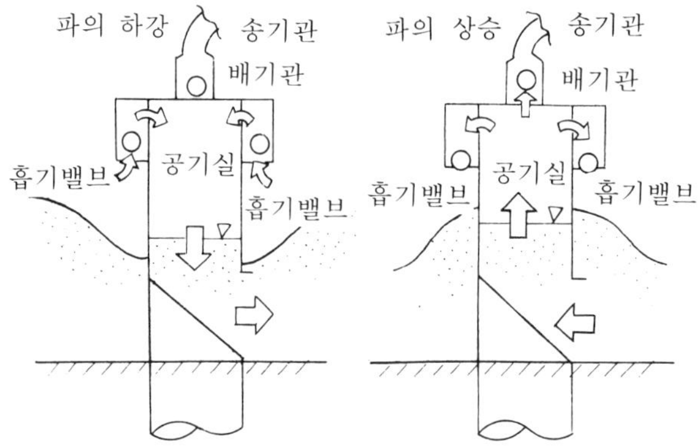

(1) 1차변환장치

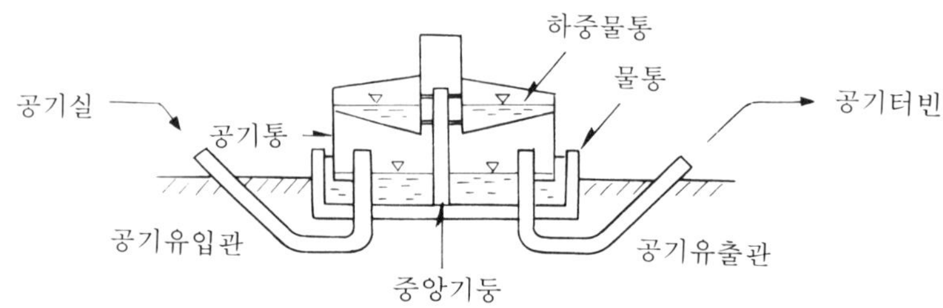

(2) 정압화 탱크

그림 7.4.8 정압화탱크 방식 파랑발전 시스템의 원리도(다케나가 공무점 자료에 의함)

어느 정도 있고 그 후방에 있는 잔잔한 해역은 수산자원 양식을 위한 공간으로 활용될 수 있다. 1988년 3월부터 약 1년간 시운전 결과 1차변환장치의 효율은 약 10%, 2차변환장치의 효율은 35~50%에 이르는 결과를 얻었다.

표 7.4.3 정압화탱크 방식 발전 시스템의 주요 제원

파랑에너지 흡수장치	형식	파랑에너지 공기압 변환장치
	지름 × 높이	2.1 m × 11.8 m(해저하부분 6 m)
	기수	10
	흡배기판	흡기판 × 4/기, 배기판 × 1/기
정압화탱크	형식	반지하 중앙지주방식
	지름 × 높이	9.3 m, GL + 5.4 m
	압력	최대 1300 mmAq
발전장치	공기터빈 구동	32.5 kVA × 1

7.5 열에너지의 이용

7.5.1 해양 온도차에너지

해수의 수직방향 온도분포는 표면으로부터 100m~1,000m 정도의 구간에서 급격히 저하되고, 그 이하의 심해에서는 4~6℃ 정도가 된다(그림 7.5.1). 온도차에너지는 해양의 표층과 심층의 온도차에 의해 생기는 열에너지이다. 이 열에너지를 전력으로 변환하는 시스템이 해양 온도차발전(ocean thermal energy conversion, OTEC)이다. 일본 근해에서 온도차 발전에 이용될 수 있는 곳은 큐슈(九州)남단, 오키나와(沖繩)제도 주변, 오가사와라(小笠原)제도 주변이며, 잠재적인 전력의 총량은 1.5×10^7kW 정도인 것으로 추정되고 있다.

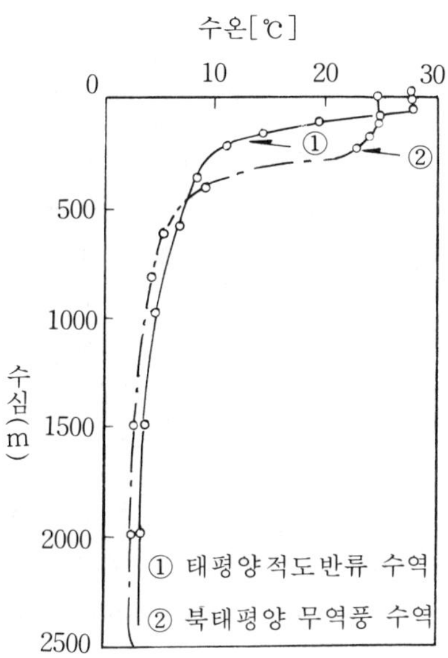

그림 7.5.1 해수의 수직방향 온도분포
(도쿄대학 해양연구소 자료)

(1) OTEC 시스템과 기기

① 발전방식

해양 온도차발전은 기본적으로 육상의 화력발전 시스템과 유사한데 다음과 같은 방식이 있다.

OTEC는 해수펌프에 의해 해수에 포함된 열에너지를 연속적으로 대량 모으는 것이 가능하므로, 이로 인해 다른 자연에너지를 이용하는 시스템에 비하면

- OTEC
  - 터빈 방식
    - closed cycle
    - open cycle
    - hybrid cycle
  - 열전(熱電) 방식

그림 7.5.2 OTEC의 방식

대규모 발전 시스템을 구축하는 것이 가능하다. 그러나 작동유체의 온도차가 대략 20℃ 전후밖에 되지 않아 현재의 기술로는 열효율이 3~4% 정도여서 효율향상이 커다란 기술적 과제이다. 또 OTEC의 전체 이용효율을 높이기 위해 전력이용 이외에 대량의 해수를 다른 시스템에 이용하는 방법이 검토되고 있다.

예를 들어, 냉각수의 영양염 농도가 표층해수보다 높으므로 이것을 양식어업에 이용하거나(제8장 8.2.2절 참조) 마찬가지로 냉각수를 담수화 시스템에 이용하는 것 등이 고려되고 있다. 또한, 망간단괴를 채취할 때에 심해저의 차가운 해수가 펌프에 의해 흡입되므로 그것을 OTEC 냉각수로 이용하는 것이 고려되고 있다. 아래에서는 OTEC 의 주요 방식에 관해 설명한다.

ⓐ closed cycle : 증발기(evaporator)에 15~25℃에서 증발하는 작동유체를 넣고 표층의 따뜻한 해수(18~30℃)를 흘린다. 작동유체는 증기로 되어 터빈을 구동시켜 발전기를 돌리고 터빈으로부터 나온 증기는 콘덴서에 들어간다. 그곳에서 증기는 심층의 냉각해수에 의해 냉각되어 액체로 되돌아간다. 이 액체를 펌프에 의해 다시 증발기로 보낸다. 작동유체는 15~25℃에 증발하고 0~12℃에 응축될 필요가 있다. 이 조건을 만족하는 작동유체 중에 암모니아와 프레온가스가 적당할 것으로 생각된다(그림 7.5.3).

ⓑ open cycle : open cycle은 작동유체로 수증기를 이용한다. 증발기 내부를 진공펌프 등에 의해 진공상태로 만들어 놓으면 표층의 따뜻한 해수는 증발기 안에서 증발되어 수증기가 된다. 터빈을 돌린 후에 증기는 콘덴서에서 냉각되어 물이 된다. 이 물은 담수이기 때문에 음료수 등으로 사용된다(그림 7.5.4).

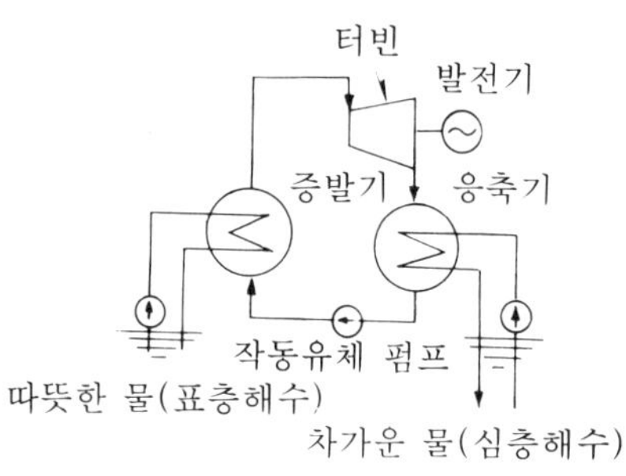

그림 7.5.3 closed cycle

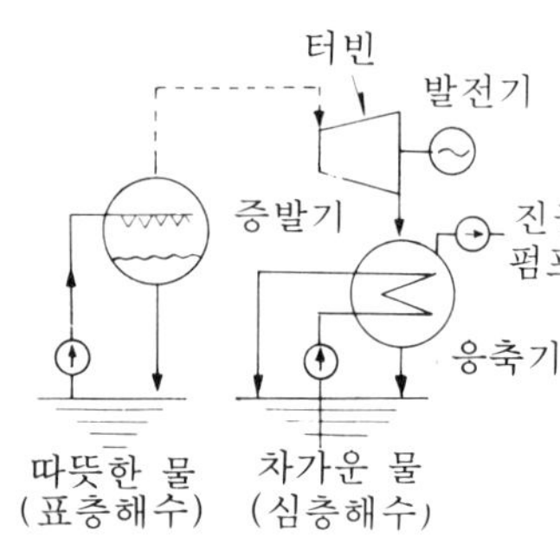

그림 7.5.4 open cycle

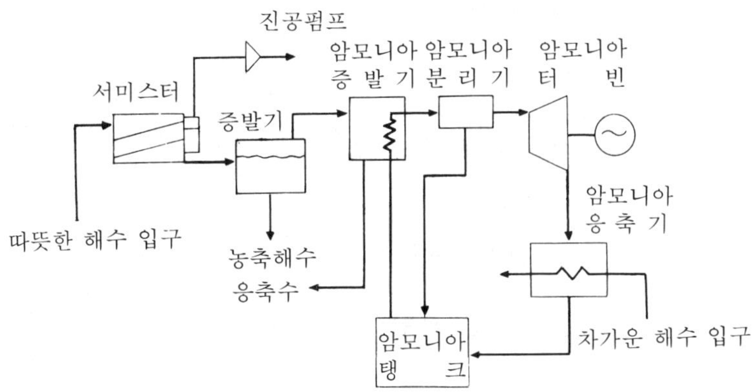

그림 7.5.5 hybrid cycle

ⓒ hybrid cycle : closed cycle과 open cycle을 조합한 것이다(그림 7.5.5).

② 발전소의 설치방식

발전소의 설치방식에는 다음과 같은 종류가 있다.

ⓐ 부유식 : 발전소를 부유식 구조물에 설치하고, 부체를 체인·와이어에 의한 다점계류 시스템으로 계류하는 방식이다. 발전된 전력은 해저케이블에 의해 육상에 송전된다.

ⓑ 착저식 : 발전소를 연안의 고정식 구조물에 설치하고 냉각수 파이프를 정해진 수심까지 연장하는 방식이다.

ⓒ 육상설치식 : 발전소를 육상에 설치하고 냉각수 파이프를 정해진 수심까지 연장하는 방식이다.

③ 냉각수 파이프

냉각수의 취수파이프 설계는 OTEC 계획상 중요한 문제의 하나이다. 파이프의 재료로는 합성수지, FRP, 강화 콘크리트, 철강재, 또는 티타늄 등이 고려되고 있다. 해수를 뽑아 올리기 위한 펌프의 동력은 방대한 것이어서 OTEC의 전체 효율을 올리기 위해서는 이 펌프의 소요동력을 감소시키는 것도 중요한 문제이다. 펌프의 소요동력은 $P \propto \ell \cdot Q^3 \cdot D^{-5}$($\ell$: 파이프의 길이, Q : 유량, D : 파이프의 지름)로 되어 파이프 지름이 동력에 가장 큰 영향을 미친다.

(2) OTEC의 사례

OTEC은 이미 대규모 실험과 개념설계가 여러 가지 발표되어 있으나 그 중에서 두세 가지에 대해서 서술하기로 한다.

① MINI-OTEC

하와이 주정부가 1979년 하와이 앞바다에서 행한 실험으로 소기의 성과를 거두었다. MINI-OTEC의 주요 제원은 다음과 같다(그림 7.5.6).

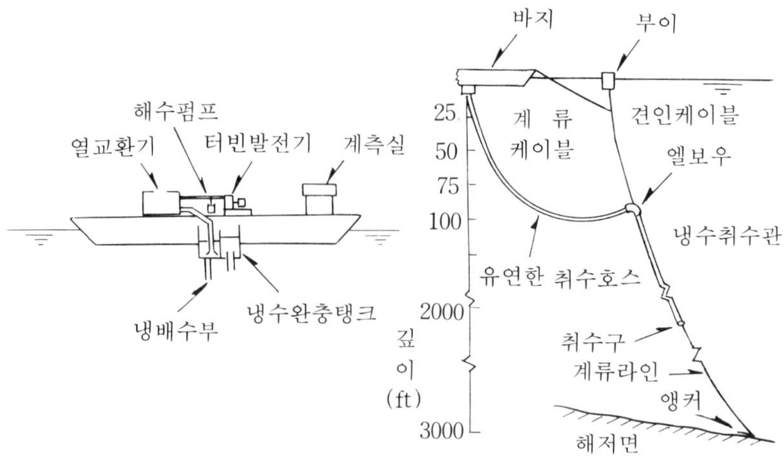

그림 7.5.6 MINI-OTEC

표 7.5.1 MINI - OTEC의 주요 제원

바지(barge)의 치수 L × B × d	31.5 m × 10.2 m × 1.1 m
바지의 배수량	272 ton
터빈방식	closed cycle(암모니아 사용)
발전기	50 kW × 1
냉각수 파이프	지름 × 길이 600 mm × 663 m 재질 폴리에틸렌
순출력	15 kW(표층온도 28℃, 심층온도 7℃) (최대 17.3 kW, 최저 5.5 kW)

실험 결과, 출력은 53.6 kW로 냉각수 펌프 등의 소요동력 35.1 kW를 공제하고 남은 순최대 출력 18.5 kW 를 얻었다.

② OTEC-1

OTEC-1은 미국의 에너지부(DOE)에 의한 OTEC의 실험발전소로서 T-2 유조선를 개조한 것이다. 실험은 1981년 1월부터 3월까지 하와이섬 케아호레 앞바다에서 이루어졌는데 발전출력 1,000 kW 상당의 열교환기 성능실험이 행해졌다. 이 실험에서 발전장치는 장착되어 있지 않았다(그림 7.5.7).

③ 일본의 OTEC 실험

일본에서도 토텐(東電)그룹, 큐텐(九電)그룹, 사가(佐架)대학, 전총련(電總研) 등이 OTEC 실험을 수행하고 있다. 그 중 토텐(東電)그룹이 나우루섬에 설치한 OTEC 실험 플랜트의 주요 제원을 표 7.5.2에 나타내었다. 실험은 1981년 10월

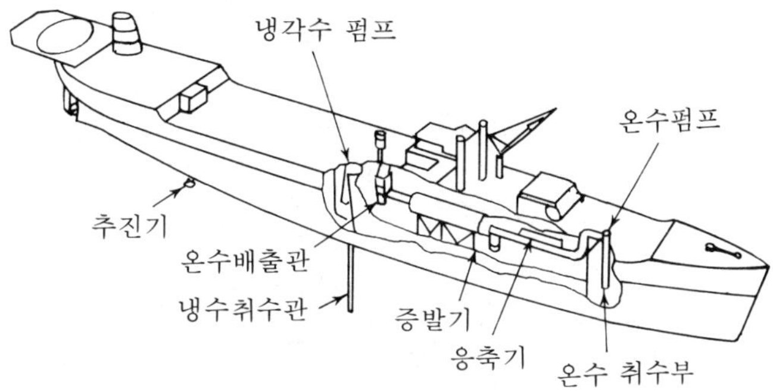

그림 7.5.7 OTEC-1

부터 약 1년간 수행되었고 정격발전출력 100.5kW(순수송전출력 14.9kW), 그리고 최대 출력 120kW(순수출력 31.5kW)를 얻었다.

표 7.5.2 나우루섬 100kW-OTEC 실험발전소의 주요 제원

발 전 출 력	100kW(송전단출력 11kW)
터 빈 방 식	closed cycle(프레온 22)
온 해 수 온 도	29.8℃
냉 각 해 수 온 도	7.8℃
냉 각 수 파 이 프	폴리에틸렌 750mmϕ × 932m
	PVC 732mmϕ × 161m
냉각수 취수구 수심	580m

④ 100,000kW 부유식 OTEC 계획(통산성 Sunshine 계획)

표 7.5.3 100,000kW OTEC 주요 제원

발 전 기	암모니아터빈 구동 4대(출력 합계 100,000kW) (순발전출력 77,200kW)
터 빈 방 식	closed cycle(암모니아)
응 축 기	8대
증 발 기	8대
냉각수 펌프	8대
온 수 펌 프	8대
온해수 온도	28℃
냉각해수 온도	7℃

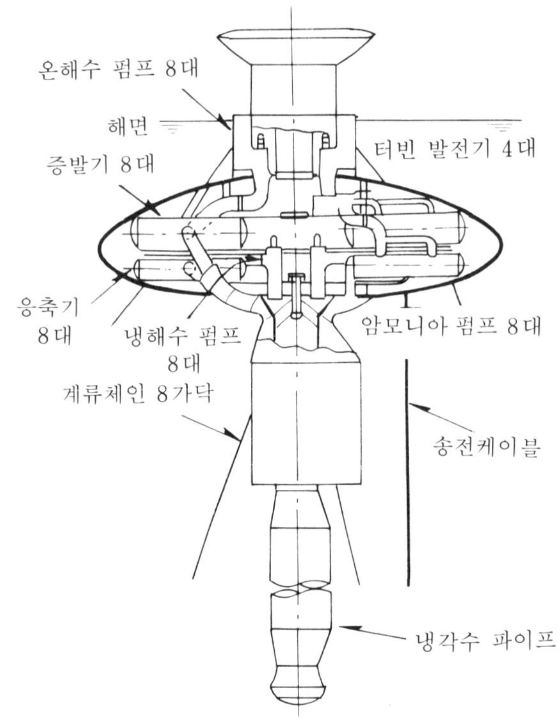

그림 7.5.8 100,000kW OTEC

7.5.2 솔라폰드

Solar pond(또는 salt pond라고도 한다)는 인공 연못의 저층에 고염분의 수층을 만들고(염수호의 물 등을 이용한다) 여기에 태양광에 의한 열을 축열하여 이 열원을 발전 시스템에 이용하는 방식이다. 발전 시스템은 OTEC(closed cycle)와 같은 방법이 채용되고 있다. 저층으로부터의 대류에 의한 열손실을 방지하기

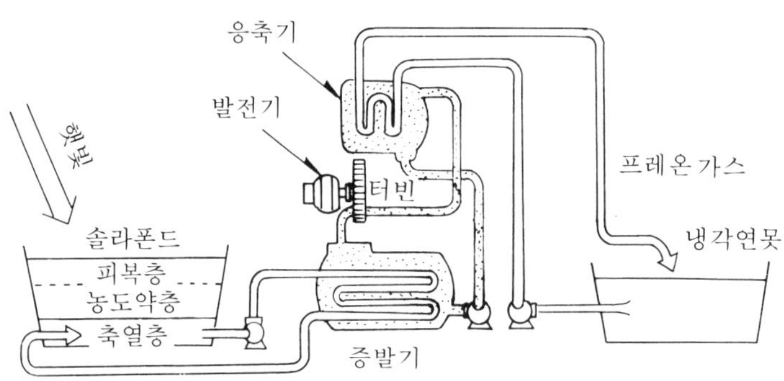

그림 7.5.9 솔라폰드의 개념

위해 표층(담수)과 저층 사이의 염분농도가 깊이와 함께 급격히 증가하는 농도약층(濃度躍層)을 만든다. 연못의 깊이는 태양광이 도달가능한 범위라는 조건 때문에 3~4m 정도가 된다. 저층의 온도는 70~100℃가 되므로 OTEC 보다 열효율이 좋다(그림 7.5.9).

제 8 장 해양 생물자원 개발

8.1 일 반

최근 각종 생물공학(biotechnology)의 진전과 함께 해양생물을 대상으로 하는 생물공학의 응용이 각광을 받고 있다. 이는 해양에서 성장하는 생물의 기능을 알고 이것을 효과적으로 이용함으로써 생물자원의 효율적인 증·양식을 기대할 수 있기 때문이다. 일본 농림수산성의 마리노포럼(Marinoforum) 21이나 과학기술청의 심해잠수정 SHINKAI 6500에 의한 심해생물의 조사를 통해 해양 생물공학은 새로운 과학기술의 진보와 함께 지속적으로 발전하고 있다. 해양 생물공학은 광범위한 문제를 다루고 있으나 여기서는 해양공학과 특별히 관련이 있는 항목의 개발과 그 이용 상황을 개략적으로 설명한다.

(1) 생물조사

해양 생물공학 연구의 대상은 미생물, 플랑크톤, 해조류 및 어패류와 같은 해양생물로서 그 서식범위는 심해저로부터 해면에 이르기까지 다양하게 분포한다. 특히 심해라는 특수환경에서 서식하고 있는 생물에 대해 알기 위해서는 제 4장에서 서술한 심해 유인잠수선과 ROV가 큰 역할을 하리라 기대된다. 또한 심해생물과 해수를 심해환경 그대로 압력, 수온을 보존하여 채취할 수 있는 특수한 채취장비도 개발되었다. 일본에서는 심해채수기나 육상에서 심해생물의 생태를 조사하는 고압 시뮬레이터의 개발이 과학기술청의 연구로 완성되었다.

(2) 해양목장

잡는 어업에서 기르는 어업(culture fishing)으로 수산업이 변화함에 따라 해양목장(marine ranching)의 구상이 각 방면으로 검토되고 있고 일부에서는 해양목장의 실용화 연구도 진행되고 있다. 해양목장은 지금까지 해 왔던 활어조

(活魚槽)에 의한 양식과는 달리 넓은 해역에서 이루어지기 때문에 목장의 유지와 관리에 필요한 여러 가지 기술이 응용되고 있다. 해양환경 감시를 위해서 무인부이, 특정한 음향을 발신하여 물고기에게 먹이를 주는 음향급이 시스템, 어류를 일정한 해역에 머물게 하기 위해 음향이나 전기를 사용한 울타리 등이 개발되고 있다. 뿐만 아니라 해양목장에 먹이를 확보하기 위해서 미세조류나 플랑크톤의 증식에 대한 연구와 영양염이 풍부한 심해수의 용승순환(湧昇循環)을 시행하여 먹이사슬의 회전을 빠르게 하는 시스템에 대해 많은 연구가 진행되고 있다.

(3) 해조류 배양

Marine biomass 이용의 한 예로서 다시마, 미역 등과 같은 대형해조류(海藻類)를 대규모로 재배해서 식용 이외에도 고가의 알긴산, 아미노산 등을 추출해내고 남은 찌꺼기는 비료나 가축의 사료로 이용한다든지 또는 메탄발효에 의해 에너지로 전환하는 연구가 행해지고 있고 일부는 실용화되어 있다. 바이오매스(biomass)라는 것은 생물계유기자원(生物系有機資源)을 말하는 것으로서 주로 에너지나 화학원료로 이용되는 식물, 동물, 생물계폐기물(生物系廢棄物) 등의 총칭이다.

(4) 증·양식용 해중구조물

최근 석유개발과 해양에서의 작업을 수행하기 위한 각종 해양구조물이 많이 건조되고 있으나 어패류, 대형해조류의 증·양식을 위한 해중구조물의 필요성도 대두되고 있다. 해중구조물은 해저의 영양이 풍부한 심해수를 상승시키기 위한 인공용승류(湧昇流) 발생장치, 어패류가 상주하며 번식하기 위한 인공어초, 파랑으로부터 목장과 관련 설비를 보호하기 위해 설치하는 부유식 소파제 등이다.

(5) 해양생물 센서

해양생물에는 육상생물에는 없는 뛰어난 기능을 가진 것이 있다. 예를 들어, 연어는 담수에서 부화한 후 강을 따라 내려가 바다에서 성장하고 다시 산란을 위해 강으로 되돌아오는 특별한 성질을 가지고 있다. 또 심해의 생물은 저온 고압에서 살아가기 위한 내압 메커니즘이나 신체특성을 가지고 있다. 이들 기능과 유사한 성능을 가진 인공센서를 만들 수 있다면, 정보전달 시스템, 에너지생산 시스템에 일대 변혁을 일으키는 것이 가능할 것이다.

이상과 같이 해양 생물자원의 개발은 금후 커다란 희망을 가져다 줄 기술로서 폭넓게 발전을 계속하고 있지만, 여기서는 해양목장과 대형해조류의 대규모 재배 시스템 및 이것을 지원하는 각종 해양구조물에 대해서만 기술하기로 한다.

8.2 해양목장

8.2.1 개 요

최근까지도 수산업은 어업자원이 무한한 것으로 생각해서 오직 잡기만 하는 어업으로 일관해 왔다. 그러나 1980년대에 들어와 200해리 경제수역 해양분할시대를 맞이하면서, 종래 수산자원의 보고이기도 했던 어업이 근해를 제외하고는 더이상 불가능하게 되었다. 게다가 해안에서 200해리까지의 해역을 제외한 공해에서의 어획량도 국제적인 자원평가에 기초하여 제한받고 있다.

이와 같은 이유로 앞으로 수산업이 가장 힘을 기울여야할 것은 잡는 어업에서 기르는 어업으로의 전환이다. 이 재배형 어업은 자연의 생태계를 파괴하지 않고 배양, 증식에 의해 안정되고 영속적으로 수산자원의 생산성을 높이는 것이다. 이를 위해 재배어업의 대상으로 되어 있는 수산생물의 성장과정에 인간이 관여하여 환경생태를 관리할 필요가 있다. 이와 같은 재배형 어업의 바람직한 형태로서 연안역에 설치되어 있는 활어조(活魚槽)에 의한 양식이나 어린 물고기를 자연의 바다에 방류해서 성장한 후 어획하는 종래의 증·양식(增養殖) 어업 대신 해양목장이 고려되고 있다.

해양목장에 의한 어업 시스템이란 '어떤 일정한 넓은 해역에서 어류를 산란부터 사육, 수확까지 그 행동 및 수량을 제한, 관리하여 계획적이고 효율이 높은 수확량을 달성하려는 생산 시스템'이라고 할 수 있다. 일본의 수산청이 계획하고 있는 마리노베이션(Marinnovation) 구상은 이러한 해양목장의 필요성을 강조하고, 대상 어종의 종묘생산과 부가가치가 높은 어획을 그 중심과제로 하고 있다.

8.2.2 구성 시스템과 기기

해양목장 시스템에서 중요한 것은 방류한 치어(稚魚)의 재포획율을 향상시키는 것이다. 이 때문에 생물공학을 이용하여 어류품종을 개량해 가는 기술 및 물고기의 사육, 행동, 생육환경 등을 제어 관리하는 공학적인 기술 양자가 모두 필요하지만 이 책에서는 공학적 기술에 대한 것만 기술한다.

해양목장 시스템에 대한 많은 아이디어가 제안되고 있지만 아직은 연구개발단계일 뿐이다. 그러나 일부 시스템에 대해서는 실용화를 위한 실험이 수행되고 있다. 현재 고려대상인 어류의 해양목장을 구성하는 주요 시스템과 기기는 그림 **8.2.1**에 보이는 바와 같다. 구성 시스템은 크게 나누어 ① 사육에 필요한 각종 먹이 및 영양염 함유수 등을 인위적으로 조절하는 급이·수환경 제어 및 개선 시스템, ② 어군이 흩어지는 것을 막고 특정의 장소에 유도하거나 체류하게 하는 어군행동 제어 시스템 그리고 ③ 각종 지원 시스템(물고기의 수량 및 행동을 계측·모니터링하는 장치, 파랑으로부터 해양목장을 보호하는 장치, 바다에 있는 동력장치나 계측장치에 전기를 공급하는 장치 등)의 세 가지로 구성된다. 그러나 ①과 ②는 상호 밀접하게 관련되어 있어서 서로 구분할 수 없는 장치도 많다(예를 들면 인공어초). 해양목장은 이들 장치를 적당히 조합함으로써 여러 가지 방식이 가능하다.

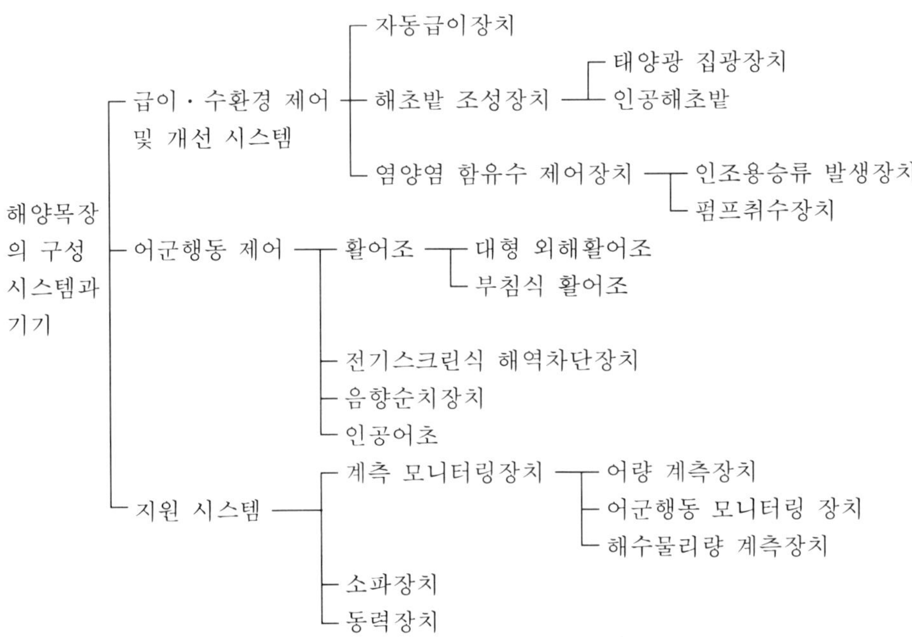

그림 8.2.1 해양목장의 구성 시스템과 기기

아래에서는 각 시스템 및 기기의 개요에 대해서 설명한다.

(1) 급이·수환경 제어 및 개선 시스템

① 자동급이(自動給餌)장치

넓은 해양목장 내에서 물고기를 치어로부터 효율적으로 키우기 위해서 목장

내의 물고기를 일정한 장소에 모아 급이하는 장치가 설치되어 있다. 활어조에서는 컴퓨터를 이용하여 기후와 물고기의 수를 고려하여 최적급이량을 결정하는 것이 가능하지만, 울타리가 없는 해양목장에서는 치어때의 음향순치(音響馴致)에 의해 물고기를 급이장치에 모으는 방법도 행하고 있다.

② 해초밭 조성장치

해초밭은 다음과 같은 역할을 한다.

ⓐ 목장내의 사료생물을 증가시킨다.

ⓒ 어린 물고기를 보호하고 서식하는 장소를 만들어 준다.

ⓓ 과잉영양염을 흡수함으로써 해수정화를 수행하는 효과가 있다.

해양목장의 생산성을 향상시키기 위해서 태양광이 닿지 않는 수광층 이하의 수중(수심 50~100m)에 인공의 해초밭을 설치하고 거기에 인공광 또는 자연광을 비추어서 조류의 성장을 꾀하는 연구가 진행되고 있다. 그림 **8.2.2**는 인공광에 의한 해초밭 조성장치로서 수심 20m의 해서에 기둥 모양의 스파부이(spar buoy)를 설치하고 부이의 하부에 해조류를 키우기 위한 선반을 설치한 후, 여기에 인공광을 비추어 해조류를 키운다. 그림 **8.2.3**은 태양광을 자동집광장치에 모아서 이것을 광섬유로 해저에 유도하여, 해저에서 클로렐라를 광합성에 의해 증식하는 장치이다.

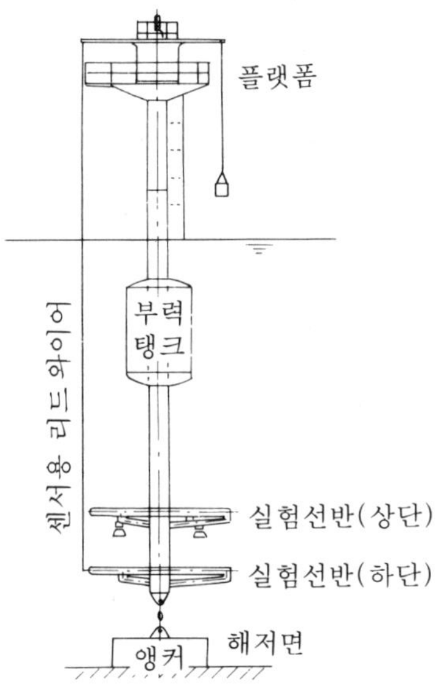

그림 8.2.2 인공광에 의한 해초밭 조성장치
(해양과학기술센터의 자료)

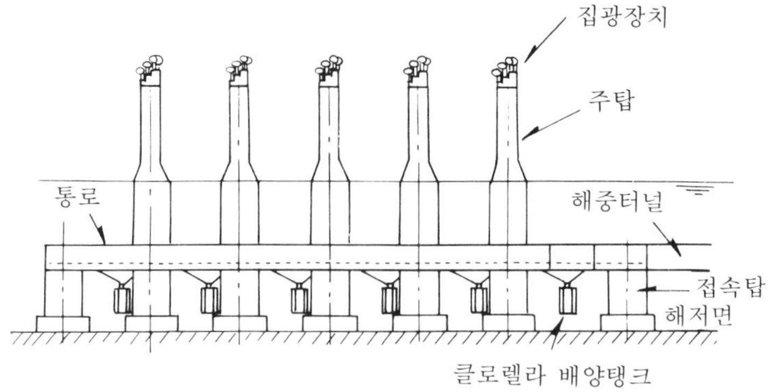

그림 8.2.3 태양광에 의한 클로렐라 증식장치
(케이오(慶應)대학의 자료)

③ 영양염 함유수 제어장치

수심 80m 이하의 심층수는 해조류, 플랑크톤의 생장에 필요한 영양염류가 풍부하고, 유기물 함유량이 적으며 잡균 및 세균이 적다. 또한 수온이 낮다는 특성을 가지고 있다. 해양 중에서도 자연용승류가 있는 곳에서는 심층수가 표층까지 상승하므로 어류의 생산성이 좋은 것으로 알려져 있다. 그래서 자연용승을 대신해서 인공으로 심층수를 뽑아 올려 어장에 사용하는 연구가 진행되고 있다.

ⓐ 고정 구조물 방식 : 해류가 있는 지역의 해저에 고정구조물을 설치하여 심층수의 상승을 일으키는 방식이다(그림 8.2.4).

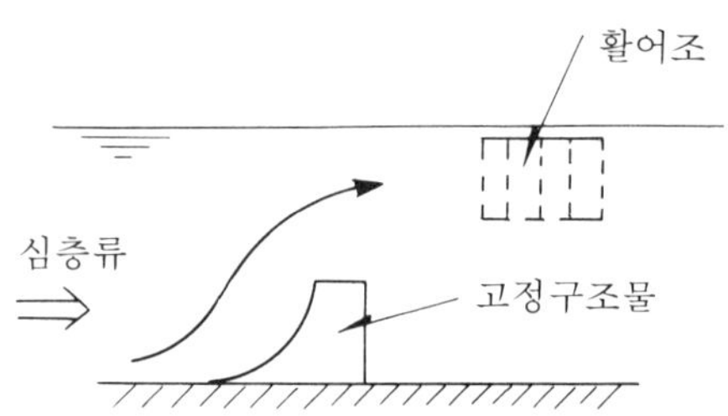

그림 8.2.4 고정구조물 방식

ⓑ 펌프 방식 : 심층수를 펌프로 끌어 올려 표층수와 혼합하여 어패류의 양식에 이용하는 방식이다.

ⓒ 기포발생 방식 : 수중으로부터 기포를 발생시켜 기포상승에 동반되어 생기는 연행상승류에 의해 심층수의 상승을 촉진하는 방식이다.

(2) 어군행동 제어 시스템

어업생산을 향상시키기 위해서는 어종의 산란, 치어육성, 방류를 통하여 높은 투자회수비율로 어획하는 것이 중심과제인데 그를 위해 대상이 되는 어류의 행동을 인위적으로 제어할 필요가 있다. 그 행동제어의 방법으로서 어류의 차단, 유도, 체류, 급이 등으로 분류되는데, 해양목장에서는 이러한 것들이 조합되어 실시되고 있다. 아래는 그 주요한 예이다.

① 활어조(살아 있는 물고기를 가두어 두는 곳)

활어조의 형태는 모기장을 거꾸로 해서 뜨게 만든 작은 활어조와 지주를 망으로 둘러싼 어망 등이 양식용으로 사용되어 왔다. 보다 수심이 깊은 곳에서 양식을 하기 위해서는 플랑크톤 등 먹이가 풍부한 해역에 대규모의 활어조를 설치해서 이용하는 방법도 있다. 그러기 위해서는 활어조와 계류장치의 파랑에 대한 안전성을 확보하지 않으면 안된다. 또 해수는 수심에 따라 빛, 압력, 온도, 파랑의 감쇠 등 수심에 따라 그 물리적 성질이 변화하기 때문에, 어패류가 좋아하는 서식조건을 수심에 따라 선택해서 이곳을 양식장으로 하는 부침식(浮沈式) 활어조가 제안되고 있다(그림 **8.2.5**). 부침식 활어조는 깊이 변화가 자유롭고 수중에서의 안정성이 유지되어야 한다.

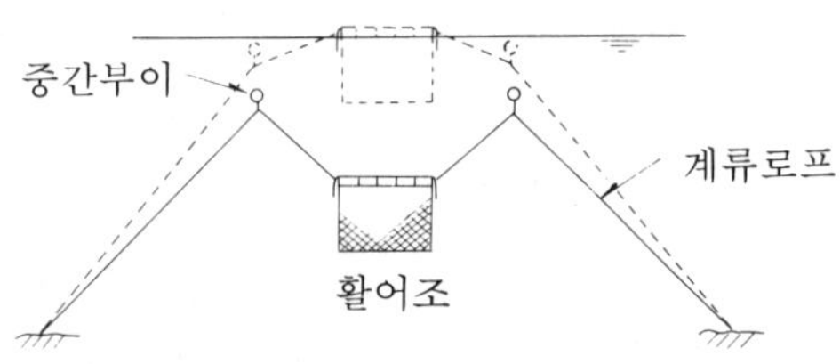

그림 8.2.5 부침식 활어조(해양산업연구회의 자료)

② 전기스크린식 해역차단장치

위에서 말한 활어조에 의한 방법은 물고기의 종묘를 외부와 차단하기 위해서 가는 그물눈이 필요하지만 그물눈이 막히거나 파랑에 의한 손상의 우려도 있다. 그러므로 해수 흐름의 자연적인 순환이 방해받지 않고 어류를 차단할 수 있는 그물눈이 없는 스크린이 이상적이다. 이렇게 하기 위한 방법으로 목장의 경계에 전류를 흘리고 물고기에게 자극을 주는 전기스크린식 해역차단장치가 연구되고 있다. 그림 **8.2.6**에 나타낸 것과 같이 목장의 경계에 전극스크린(P_1, P_2, P_3)을 설치하여 목장쪽 P_2, P_3의 전극간에는 치어가 밖으로 나가는 것을 방지할 수 있을 정도의 전기강도로 전기충격을 주고 P_1과 P_2 전극간에는 외부 물고기의 접근을 막을 수 있는 정도의 전기강도로 전기충격을 주어 외부 물고기의 침입을 불가능하게 한다.

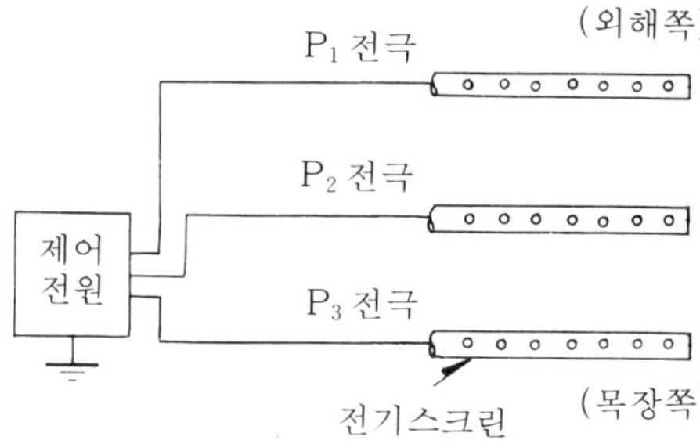

그림 8.2.6 전기스크린식 해역차단장치의 원리
(히타치(日立)조선의 자료)

③ 음향순치(音響馴致)장치

물고기는 종류에 따라 특정한 소리에 민감하게 반응한다. 이 특성을 이용해서 그물로 둘러싸지 않고도 물고기를 특정지역에 가두는 음향순치장치가 연구되고 있다. 이 방식은 치어 때부터 먹이를 줄 때마다 어떤 정해진 소리를 스피커로 내보내 음의 신호에 맞추어 급이를 학습하여 습관으로 익히도록 하고, 이렇게 성장한 고기는 바다로 방류되어 성장하지만 소리는 기억하고 있어서 그 소리를 들으면 먹이를 먹기 위해 음원에 가까이 오는 성질을 이용하는 것이다.

④ 인공어초

인공어초는 바다에 지형적 변화를 주어 물고기를 모으는 도구이다. 어초의 기능은 어획대상어종을 모으고, 살아가는 곳을 부여하며, 생산동식물을 보호, 번식시키고 육성하는 장소를 형성하며 어업환경을 개선하는 데 있다. 본래 어초는 설치지역에 하나의 생태계를 구축하여 그 기능을 수행하는 것을 목적으로 하고 있다. 인공어초의 재료로는 종래의 돌과 콘크리트 또는 철강재, 폐타이어, 폐선 등 여러 가지가 이용되고 있다(그림 8.2.7(1)).

그림 8.2.7(2)는 콘크리트 프레임 구조물을 해저에 설치하고 그 위에 돌을 채운 철망바구니를 얹어 놓은 것으로서, 자연석은 사료생물과 치어의 보호, 번식의 역할을 맡고 콘크리트 프레임 구조물은 성어를 키우는 효과를 노리고 있다. 그림 8.2.7(3)은 중층형 부어초(中層型浮魚礁)로서 해면 부근의 파랑의 영향을 피해 생물부착이 많은 수심 80~90m의 중간층에 설치한다. 부어초 본체는 철강재로서 해저에 계류되어 있다.

(3) 지원 시스템

① 계측 모니터링 장치

해양목장에 있어서 환경과 어군에 관한 데이터를 얻는 것은 목장관리에 중요

(1) 콘크리트 블럭방식

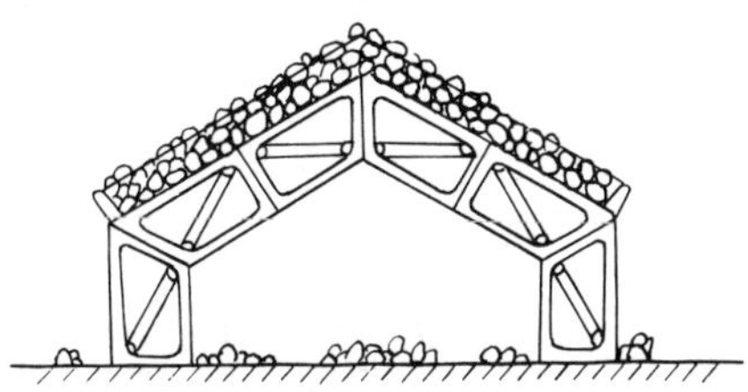

(2) 돌을 채운 철망방식(니폰대학 자료)

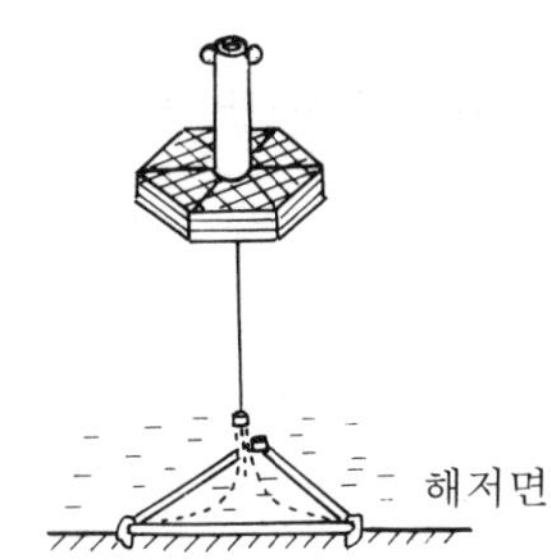

(3) 중층형 부어초[가와사키(川崎) 중공업 자료]

그림 8.2.7 인공어초

하다. 그래서 이 데이터를 해상의 부이에서 계측하여 무선으로 육상의 기지에 보내는 역할과 정보의 처리, 표시 및 보존하는 계측 모니터링 장치가 해양목장에 필요하게 된다. 이 장치의 개략적인 계통도를 그림 **8.2.8**에 나타내었다.

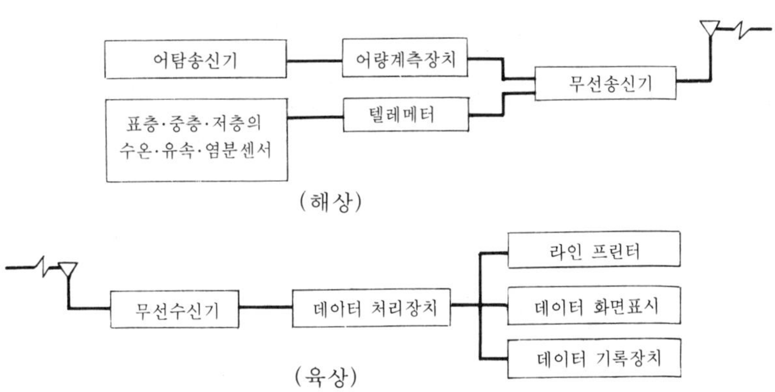

그림 8.2.8 해양목장의 계측 모니터링 시스템

② 소파장치

지금까지 내해의 얕은 바다에 설치된 증·양식 시설과 또는 위에 언급한 해양목장은 앞으로 훨씬 자연조건이 열악한 근해, 외해로까지 진출해 가리라 예상된다. 따라서 이들 시설을 파랑으로부터 보호하기 위해서 종래에 설치되어온 중력식 소파제를 대신하는 소파장치(消波裝置)가 필요하게 된다.

파의 특성은 수심/파장이 1/2 이하일 경우 수면하 20%까지의 수심에 파랑운동에너지의 70%가 집중되어 있다. 따라서 수면 부근에 물체를 놓아 파를 반사·흡수함으로써 파에너지를 감쇠시키는 것이 가능하다. 소파장치에는 여러 가지 아이디어가 제안되어 있는데 그림 8.2.9에 있는 경사판 제방이나 부유식 소파제는 그 예이다. 경사판 제방은 해면과의 경사각도가 크지 않은 콘크리트판을 설치해서 파를 효과적으로 감쇠시키는 고정식 구조물이다. 부유식 소파제는 해면에 계류된 부체에서 파를 감쇠하는 것을 목적으로 하고 있다.

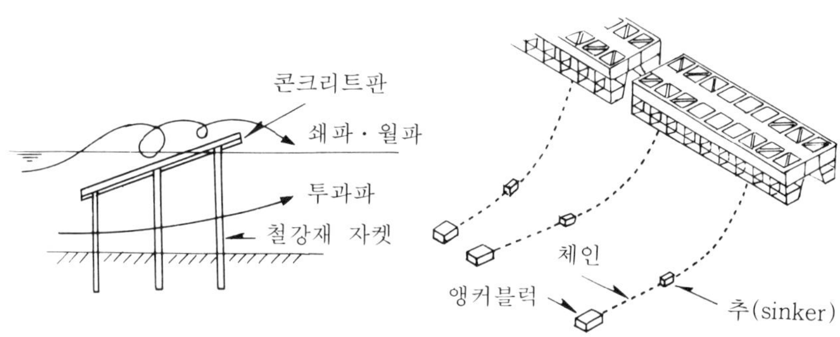

(1) 경사판 제방　　(2) 철강재 부유식 소파제

그림 8.2.9 소파장치

③ 동력장치

해양목장의 급이부이나 각종 계측장치, 무선장치 등의 전원용으로 발전장치가 필요하다. 발전장치로는 태양광 발전장치, 파랑 발전장치, 온도차 발전장치가 연구되고 있다. 그림 8.2.10은 태양광 발전장치의 한 예로서 태양전지판에 의한 발전 시스템과 바지 그리고 제어계측 시스템으로 구성되어 있다. 바지는 원통형으로 3개의 계류라인(mooring line)으로 고정되어 있다. 발전 및 외부환경 상황은 자동적으로 제어계측 시스템을 경유하여 육상기지로 보내진다. 태양광 발전은 무보수, 무보급, 무인운전 그리고 무공해 등 뛰어난 특성을 가지고 있어서 앞으로의 발전이 기대된다.

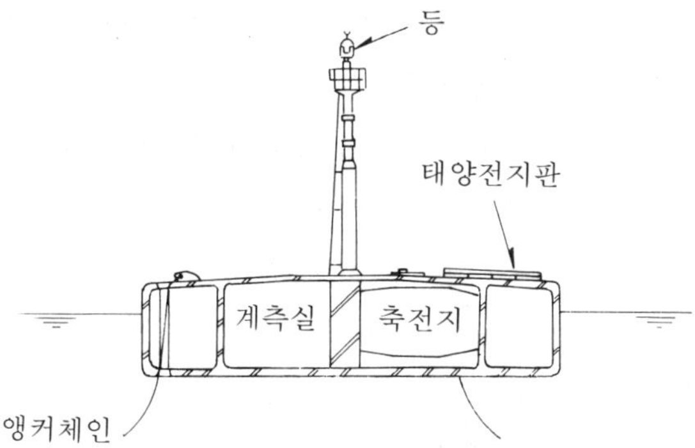

그림 8.2.10 태양광 발전장치(시미즈(清水)건설의 자료)

8.2.3 해양목장의 설치사례

(1) 음향순치 방식

앞의 항목 (2)의 ③에서 기술한 음향순치 방식에 의한 해양목장이 1980년대 오이타(大分)현 사에키만에 개설되었다. 목장의 크기는 음향발신기와 급이장치

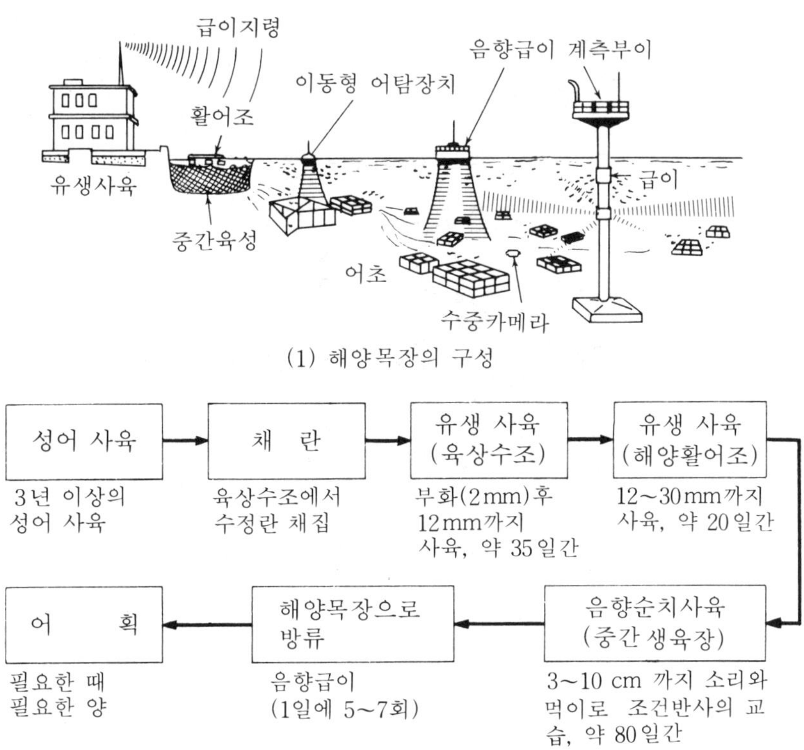

그림 8.2.11 참돔의 음향순치에 의한 해양목장(오이타(大分) 해양목장의 자료)

를 가지고 있는 원통형 부이를 중심으로 해서 지름 2km 의 원형으로서 그 가운데에 철제 및 콘크리트 어초 28개가 설치되었다. 이 목장에서는 참돔을 소리와 먹이에 의해 관리하고 있다. 참돔의 경우 300Hz의 소리에 반응하고 음이 미치는 범위는 2km이다. 그림 8.2.11에 이 장치를 사용한 해양목장의 구성과 생육계통도가 나타나 있다. 여기에서 생육된 참돔은 1년에 21~22cm로 성장하고 시장에 출하되며 재포획율(= 포획수/방류수)은 연간 약 20% 이다.

(2) 대형 외해활어조

구마모토(熊本)현 야츠시로해(八代海)에서는 1985년에 해안으로부터 3km 떨어진 바다에 컴퓨터 사료창고를 갖춘 무인 해상 스테이션과 대형활어조(20m×20m, 깊이 15m)로 구성된 해양목장을 설치하였다. 컴퓨터에 의해 기후와 물고기의 수효로부터 최적급이량을 결정하여 활어조에 먹이를 자동적으로 투입하고, 활어조의 수온, 염분농도 등의 데이터는 무선으로 육상의 기지에 보내진다. 1986년에는 활어조를 8개로 늘리고 방어, 돔, 넙치, 줄전갱이 등의 양식을 개시하였다(그림 8.2.12).

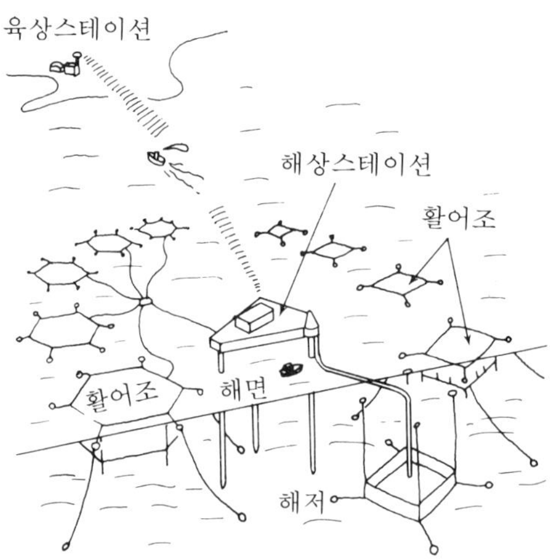

그림 8.2.12 대형 외해활어조에 의한 해양목장
(마리노포럼 21의 자료)

제 9 장 해양공간의 이용

9.1 일 반

9.1.1 해양공간의 이용분야

해양공간은 오래 전부터 해상수송, 항만, 어업의 터전으로서 중요한 역할을 해왔다. 또한 공업화의 진전에 수반되는 각종 공업제품의 생산, 공업원료 및 제품의 저장, 물류기지 등으로서 널리 이용되어 왔지만, 최근에는 도시 주변의 친수공간(親水空間, waterfront) 개발을 통해 근대적인 기능을 갖춘 새로운 도시의 건설과, 바다가 가진 쾌적성을 요구하는 해양 레크레이션 기능에 대한 사회적 요구가 증대하여 해양공간의 이용은 점점 다양한 분야로 확대되리라 기대된다.

해양공간을 이용하기 위해서는 해면에 철강제 혹은 콘트리트 해양구조물(부유식, 고정식)과 매립식 인공섬을 만들어 다음에 설명하는 여러 시설을 설치하고, 각종 기능을 부여하는 방법을 취하고 있다. 또한 바다 속도 현재는 주로 레저 용도로 개발이 진행되고 있지만 장래에는 도시공간으로 이용하는 것도 여러 가지로 검토되고 있다.

해양공간의 이용분야로는 다음과 같은 기능을 가진 시설들이 고려된다.

① 도시기능

금융, 정보, 서비스 등 3차산업을 중심으로 한 인텔리전트(intelligent) 빌딩, 상업용 빌딩, 호텔, 주거용 건물, 학교, 병원 등

② 교통, 물류기능

선박계류장, 창고, 곡물비축시설, 도매시장, 공항, 여객선 선착장(ferry port), 주차장, 각종 교통시설 등

③ 문화, 연구기능

회의장, 전시장, 미술관, 도서관, 이벤트 홀, 연구소 등

④ 레저, 스포츠 기능

마리나, 인공해안, 낚시터, 해양 스포츠 기지, 유원지, 해중공원, 옥내 및 옥외 경기장, 리조트 맨션 등

⑤ 공업생산기능

발전시설, 도시가스 플랜트, 각종 공업원료 저장시설, 폐기물 처리시설, 각종 공업제품 생산 플랜트, 수산가공시설 등

해양공간의 이용 형태로는 상기의 시설을 한 가지 용도만으로(예를 들면 발전용으로) 이용하는 경우와 각종 시설을 조합하여 복합적인 기능으로 이용하는 경우가 있다. 또한 각종 시설물을 설치하는 플랫폼의 역할을 가진 것으로는 앞서 서술한 해양구조물과 매립식 인공섬이 있다.

9.1.2 해양구조물에 의한 해양공간의 이용

철강제 혹은 콘크리트 해양구조물은 해저석유자원의 개발과 함께 현저하게 발전되었으며, 이러한 기술을 응용하여 해양공간을 이용하는 각종 구조물이 건조되었거나 검토되고 있다. 이미 각종 공장시설을 탑재한 플랜트 바지와 석유 및 광물 등의 부유식 저장설비 등은 다수 건조된 바 있다. 또한 대형 부체의 특성을 이용한 부유식 인공섬에 의한 해상공항 및 해상도시의 건설도 검토되고 있다.

해양구조물을 이용한 각종 시설의 장단점으로는 다음과 같은 것을 생각할 수 있다.

[장점]

① 어느 정도 수심이 깊은 곳에도 설치할 수 있다.

② 육상에 비해서 설치장소의 제약이 비교적 적다.

③ 용지수용비가 필요없다.

④ 해양환경에 대한 영향이 적다.

⑤ 건설기간이 비교적 짧다.

⑥ 지진의 영향이 적다(고정식, 착저식은 제외).

[단점]

① 부식방지 대책을 충분히 고려해도 수명에 한계가 있다.

② 제2장에서 서술한 바와 같이 재래식의 계류방식으로는 부체의 동요와 이

동을 완전히 멈추기 곤란하다.

앞으로 이들 장점을 살려 도시권의 친수공간 개발과 리조트 개발에 관련된 각종 부유식 구조물, 예를 들어, 해상호텔, 해양레저시설 등의 건조가 증가하리라 예상된다.

9.1.3 매립식 인공섬에 의한 해양공간의 이용

일본은 국토면적이 37만여 km²로 좁지만 복잡한 해안형상 때문에 해안선은 총 약 33,000km로 길다. 또한 국토의 중앙부에 산맥이 위치해 있기 때문에 평지는 전체 육지면적의 30%에 지나지 않아 도시, 공업 및 농업용지는 극히 한정되어 있다. 하지만 수심 50m 이하의 해역이 약 8만 km²에 달해 연안역의 매립과 인공섬 조성에 의해 귀중한 육지를 만들어낼 수 있는 가능성을 간직하고 있다.

일본에서는 옛날부터 바다가 조용하고 수심이 얕은 해안을 간척과 매립에 의해 토지조성을 해왔지만, 1950년대부터 60년대 후반에 걸쳐 도쿄(東京), 오사카(大阪), 이세(伊勢)의 만내 해역, 세토내해의 연안역을 중심으로 각지에 매립에 의한 공업용지가 많이 조성되었다. 70년대 초반에는 경제, 산업구조의 변화에 따라 공업용지의 매립은 감소하고 대신 해양공간 이용의 관점에서 새로운 도시, 물류와 정보기지, 해양레저시설 등의 건설로 방향이 바뀌어지면서, 이전의 공업용지 조성이란 단일 기능에서부터 복합이용형으로 변화해 가고 있다.

매립식 인공섬의 장점과 단점으로 다음과 같은 것들을 생각할 수 있다.

[장점]

① 임의 크기의 토지를 비교적 자유롭게 얻을 수 있다.

② 호안의 보수를 제외하면 부가가치는 완전히 육지와 같다.

[단점]

① 해양환경의 변화에 대한 충분한 고려가 필요하다.

② 이용 해역의 수심에 한도가 있다.

③ 건설기간이 비교적 길다. 또한 매립용 토사를 용이하게 얻을 수 있는 지역에 한정된다.

이상과 같은 장점을 살려, 최근 중앙부처와 지방자치단체가 중심이 되어 지역발전을 위한 새로운 형식의 해양공간이용 프로젝트가 다수 제안되었다(9.5.2절 참조). 또한 연안역의 매립이 진행됨에 따라 천해역에서는 매립에 적합한 토지

(수심 20m 이하)가 점차 감소하여, 이제는 대상해역도 수심이 깊은 외해(20~40m)로 옮겨져서 외해 인공섬을 건설하는 방식이 검토되고 있다. 외해 인공섬의 정의는 명확하지는 않지만 일반적인 통념으로 육지에서 1~2km 정도 이상 떨어진 곳에 조성된 인공섬을 말한다.

9.2 해양구조물의 용도와 구조

9.2.1 용도별 분류

해양구조물은 지금까지 주로 단기능적인 용도로 많이 이용되어 왔다. 그러나 부유식 대형 인공섬에 의한 해상도시와 같은 시설이 각 방면에서 검토는 되고 있지만 현재(1994년)까지는 건조된 실적은 없다. 앞에서 설명한 해양구조물을 용도별로 분류하면 표 **9.2.1**과 같다.

표 9.2.1 해양구조물의 분류

분 류		기 종 의 예
플랜트 바지	발전설비	발전설비 플랜트 바지
	공업제품 생산설비	석유화학 플랜트 바지 석유정제 플랜트 바지 가스액화 플랜트 바지 해수담수화 플랜트 바지 종이 펄프 플랜트 바지 시멘트 플랜트 바지 기 타
	폐기물 처리설비	쓰레기 처리 플랜트 바지 하수처리 플랜트 바지 기 타
해상	저장설비	원유해상 비축기지 액화가스 저장선 시멘트 저장선 곡물 저장선 광석 저장선 부유식 창고
		바다 버스 부유식 잔교

설	교통・수송설비	해상공항 부유식 주차장
비	도시・주거시설	해상도시 해상호텔 컨벤션홀 주거용 바지
	레저시설	해중전망대 부유식 레저시설 바다낚시 공원 요트 계류장

9.2.2 구조형식

해양구조물을 구조형식에 의해 분류하면 그림 9.2.1과 같다.

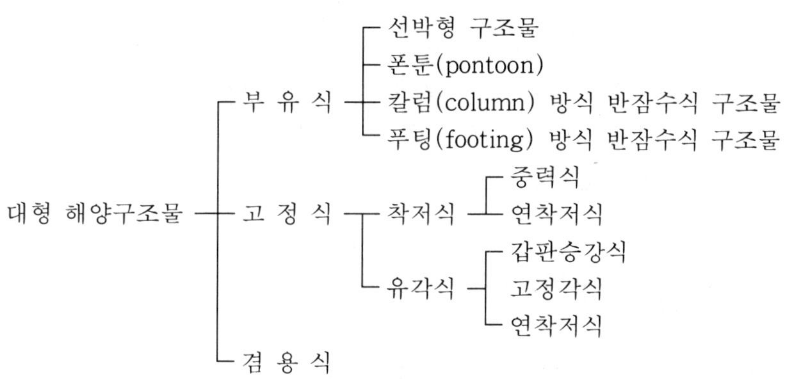

그림 9.2.1 해양구조물의 형식

(1) 부유식 구조물

부유식 해양구조물에는 선박형, 바지(barge)형, 반잠수식 등이 있다. 바지형은 해상플랜트, 석유저장탱크 등 중량물을 적재하는 구조물로 널리 사용되고 있다. 반잠수식은 적재하중이 비교적 작으면서, 동요성능이 엄격히 요구되는 구조물, 예를 들면, 해상공항 등에 적합한 구조형식이다. 부유식 구조물의 계류에 대해서는 제2장의 2.3절, '부체의 위치유지'에서 설명하였으므로 이를 참조하기 바란다.

(2) 고정식 구조물

① 착저식(着底式)

육상의 도크 혹은 해상에서 구조물을 조립하여 정해진 장소로 예인하여 해저면에 착지시키는 구조물이다. 착저식 구조물은 파랑하중 외에도 지진하중에 의한 수평동요가 일어나지 않도록 할 필요가 있다. 한편 해양구조물의 장점을 살린 연착저식(軟着底式, 부체에 약간의 부력을 주는 방식)도 고려되고 있다. 연착저방식의 구조물은 파랑 외력에 대해서는 미끄러지는 움직임이 없지만 지진에 대해서는 약간의 미끄러짐을 허용하여 내진효과를 기대하는 구조물이다. 부유식 플랜트 바지를 육상에 고정시켜 설치하는 방법으로는 그림 9.3.4에 제시한 방법도 쓰여진다.

② 유각식(有脚式)

유각식은 구조물을 기둥으로 받치는 방식으로, 갑판승강식과 고정각식 및 연착저식이 있다. 갑판승강식은 갑판승강식 해양구조물이나 해상작업대(SEP, 제5장 5.5.2절 참조)와 같은 방식으로 비교적 소형구조물에 사용되는 것이다. 고정각식은 자켓과 같은 형태의 기둥을 해중에 세우고 그 위에 구조물을 적재하는 방식(제5장 5.4.6절 참조)이다. 유각연착저식은 다리에 설치된 부력탱크에 해수를 주입 혹은 배수하여 착저압력을 조절하는 방식이다. 이것으로 내진효과를 기대할 수 있다(그림 9.2.2).

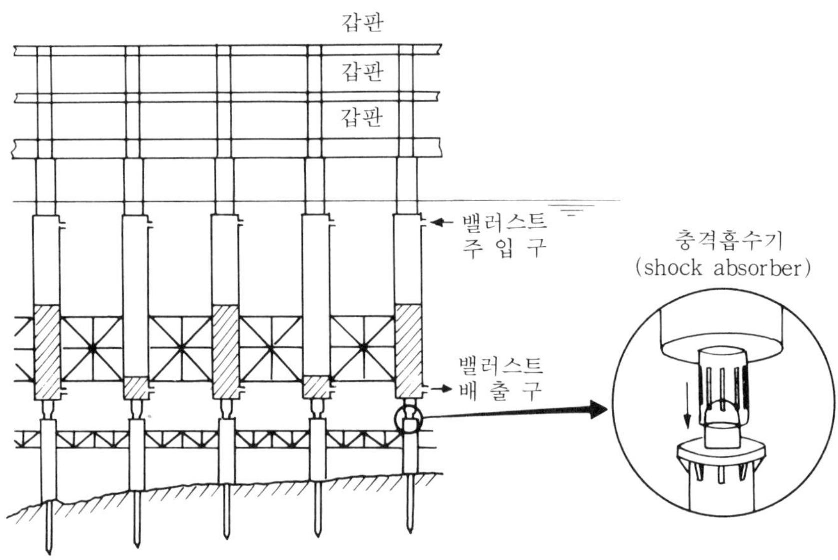

그림 9.2.2 유각연착저(有脚軟着底) 방식
(해양정보도시의 자료)

(3) 겸 용 식

겸용식은 부유식과 고정식을 겸용하는 방식이다. 그림 9.2.3에 나타낸 바와 같이 반잠수식 구조의 고리모양 부체를, 해저에 매설한 기초구조물로 지지시킨 것으로서 부체의 동요, 이동을 방지하는 구조로 되어 있다. 이 구조방식은 부유식의 대형 인공섬에 적합한 구조로 개발된 것으로서 통상의 계류방식으로는 피하기 어려운 부체의 이동과 동요를 방지할 수 있다.

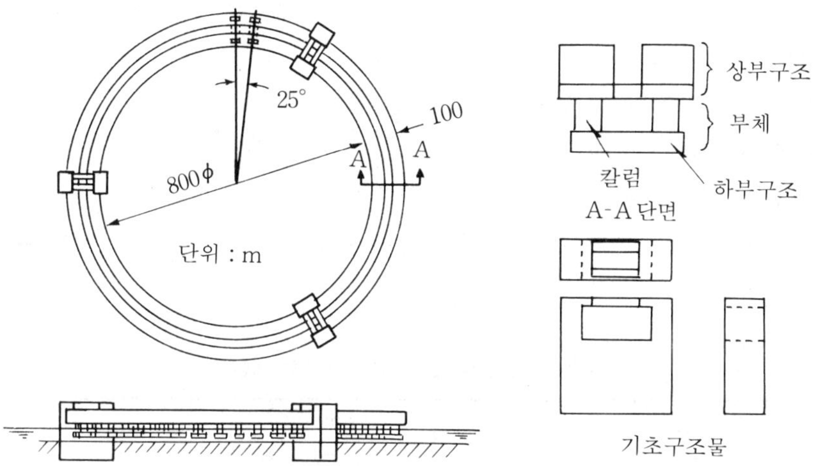

그림 9.2.3 중수심역 공간이용 구조체
(도쿄(東京)대학 자료)

9.3 해양구조물의 계획 및 건조사례

해양구조물에 의한 해양공간 이용의 계획과 건조사례로서 플랜트 바지 및 여러 가지 해상설비에 대해 설명한다.

9.3.1 해상플랜트 바지

(1) 개 요

플랜트 바지(plant barge)는 상자형의 바지에 발전설비 플랜트, 화학설비 플랜트, 폐기물처리 플랜트 등을 탑재한 것이다. 플랜트를 건설하는 경우, 일반적으로 기기류, 배관재료 등을 하나 하나 현지로 운반하여 거기서 조립하는 방법이 사용되어야 하지만, 플랜트 바지 방식에서는 조선소에서 플랜트를 바지 위에 거의 완전한 상태로 조립하고 이 바지를 현지까지 예인하여 해상에 계류, 착저

혹은 육상에 안착시켜 사용한다.

플랜트 바지는 i) 인도할 때까지의 공기가 짧고, ii) 현지에서의 공사량이 작으며, iii) 제품의 품질, 정도(精度)가 양호하다는 등의 이점이 있으므로, 사회간접자본(infrastructure)이 잘 갖추어지지 않은 저개발국에 적합한 방식으로서, 지금까지 상당수의 플랜트 바지가 건조된 바 있다. 플랜트 바지는 장기간에 걸쳐 해상에서 예인되므로 예항시의 동요특성, 강도 등에 대해 충분한 검토가 필요하다.

(2) 플랜트 바지의 건조사례

아래에 플랜트 바지의 건조사례를 기술하기로 한다.

① 발전설비 플랜트 바지

발전설비 플랜트(power generating plant)를 탑재시킨 바지로, 플랜트 바지로서는 가장 많이 건조되고 있다. 표 9.3.1 에 제원을, 그림 9.3.1 에 그 일반배치도를 나타내었다.

표 9.3.1 발전설비 플랜트 바지의 제원

설치장소	방글라데시
바지 주요 치수	45.6 m × 16.4 m × 4.0 m
발전장치	항공기용 가스터빈 발전기 × 2 28 MW × 2(기온 35℃)
계류방식	안벽계류(슬라이딩 가이드 방식)

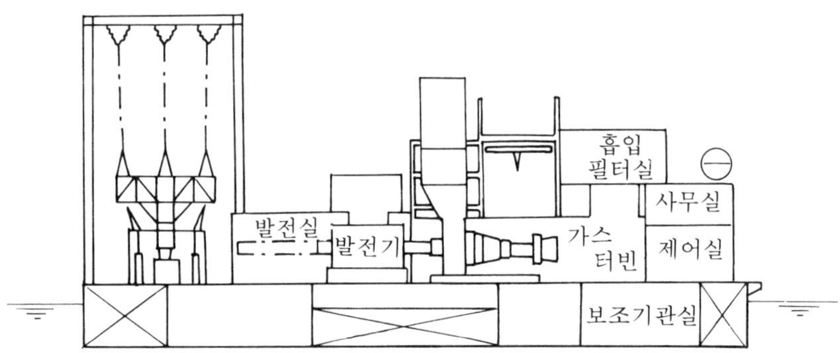

그림 9.3.1 발전설비 플랜트 바지의 일반배치도

② 해수담수화 플랜트 바지

해수담수화 플랜트(desalination plant)를 탑재시킨 바지로 중, 근동과 같이 담수의 공급이 부족한 지역에서 사용된다. 표 **9.3.2**에 제원과 그림 **9.3.2**에 그 일반배치도를 나타내었다.

표 9.3.2 해수담수화 플랜트 바지의 제원

설치장소	사우디아라비아
바지 주요 치수	65.0m × 20.0m × 6.0m
해수담수화 장치	다단플랜지형
	682ton/day × 3기
보일러	6ton/h × 3기
디젤발전기	820kW × 2대
청수탱크 용량	2,079m^3
계류방식	잔교계류

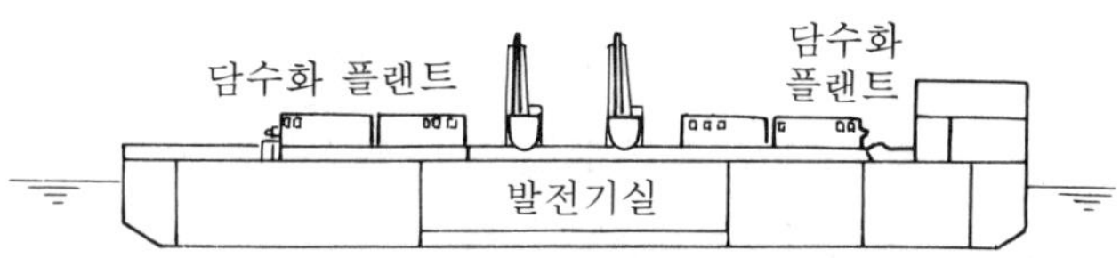

그림 9.3.2 해수담수화 플랜트 바지의 일반배치도

③ 펄프 플랜트 바지

표 **9.3.3**과 그림 **9.3.3**에 제시한 펄프 플랜트 바지는 브라질의 아마존강 유역에 건설하는 펄프공장용으로 건조된 것이다. 이 플랜트 바지는 펄프 플랜트를 탑재한 바지와 펄프생산에 필요한 전력, 증기의 공급 및 약품을 회수하는 장치를 탑재한 발전설비 플랜트 바지로 되어 있다.

표 9.3.3 펄프 플랜트 바지의 주요 제원

(펄프 플랜트)	
바지 주요 치수	230m × 45m × 14.5m
제품	제지용 craft 펄프
플랜트 능력	750ton/day
(발전설비 플랜트)	
바지 주요 치수	220m × 45m × 14.5m
보일러	140ton/h × 2기
발전기	증기터빈 구동 55,000kW × 1기
약품회수설비	1세트
설치방식	육상설치

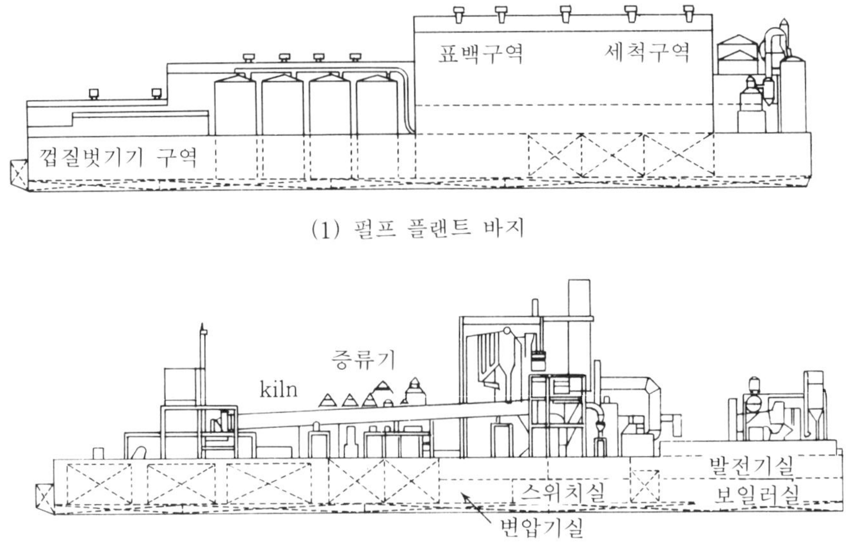

그림 9.3.3 펄프 플랜트 바지의 일반배치도

이 플랜트 바지를 수면보다 높은 육상에 설치하기 위해 그림 9.3.4에 제시한 방법이 사용되었다.

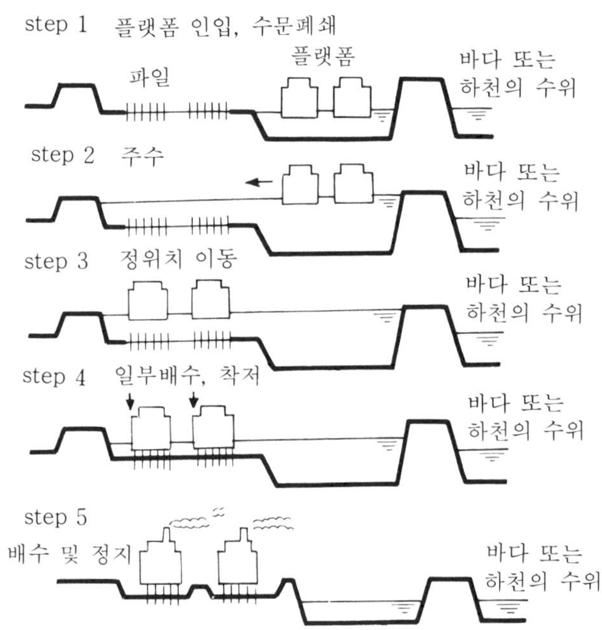

그림 9.3.4 펄프 플랜트 바지의 육상설치 방법

9.3.2 해상설비

(1) 개 요

해양공간을 이용한 해상설비로는 저장설비, 교통 및 수송, 주거, 레저시설 등이 있다.

① 저장설비

해저석유의 생산설비의 하나로서 선박형, 바지형의 해상 원유탱크가 다수 건조되어 있고 최근에는 세계 최초로 대규모 바지형 석유수입기지가 일본에서 완성되었다. 액화가스의 저장과 적출설비로 LPG를 저장했던 실례가 있으나 LNG에 대해서는 설계사례는 다수 있지만 아직 현실화되지는 않았다. 그외에 광석, 시멘트, 곡물 등의 저장설비도 검토하고 있으며 일부는 실용화되고 있다.

② 교통, 수송설비

교통 및 수송설비로는 대형선의 입출항용 계류장(sea berth), 일반 화물선용 부유식 잔교, 도심부의 주차공간을 확보하기 위한 부유식 주차장, 부유식 공항시설 등이 고려되고 있다. 이중에서 부유식 공항은 실제 건조된 예는 없지만 그 외의 구조물은 모두 건조된 실적이 있다.

③ 주거시설

해상호텔 등 해상의 주거시설은 당초 해저석유개발시 개발도상국의 건설작업원을 수용하기 위해 주거용 바지(accomodation barge)를 제법 많이 건조하였다. 최근 해양 레저시설의 일부로 해상에 부유식 해상호텔이 건조된 예가 있다. 또한 육상의 용지난을 해소하기 위해 해상호텔과 컨벤션 홀의 건설도 검토되고 있다.

④ 레저시설

바다가 가진 평온함과 해방감을 즐기기 위해 각지에서 해상공원과 각종 레저시설이 건설되었거나 계획중에 있다. 레저에 이용되는 구조물로는 해중전망탑, 바다낚시 공원, 각종 레저시설을 수용한 부유식 구조물, 해상 마리나(요트 계류장) 시설 등이 있다.

(2) 해상설비의 계획 및 건조사례

① 해상 석유비축기지

표 9.3.4와 그림 9.3.5는 上五島에 설치된 해상 석유비축기지의 개요이다.

② 해상공항(floating airport)

표 9.3.4 해상 석유비축기지의 주요 제원(上五島 기지)

구 분	항 목	구 분	항 목
개 요		항 만 시 설	
위 치	나가사키(長崎)현 上五島	부두설비	30만 DWT 고정돌핀
소요면적 : 육상	약 10ha	계류설비	
해상	약 40ha(저장선 묘박지)	횡방향	계선돌핀 6기
시설용량	약 440만 kl		펜 더 1세트
저장선 시설		종방향	하역계선돌핀 5기
저장선 설비			연결로드 1세트
길이×폭×깊이	390m×97m×27.6m×	안전방재시설	
×만재흘수	24.5m	불활성가스 공급설비	공급능력 12,500Nm³/hr
저장선 형태	직육면체 형상	원유가스 처리설비	처리능력 11,000Nm³/hr
용 량	약 88만 kl	용수 공급설비	中通島연결 파이프라인 1세트
척 수	5척	자가발전설비	공급전력 500kW
저장선 의장설비			디젤발전기 1,900kW×3기
원유 입출하 설비	유류펌프 2,500m³/hr×2기	소화설비	소화펌프(육상) 800m³/hr×2기
해수 주배수 설비	해수펌프 2,000m³/hr×2기		〃 (하역계선돌핀상) 1,500m³/hr×2기

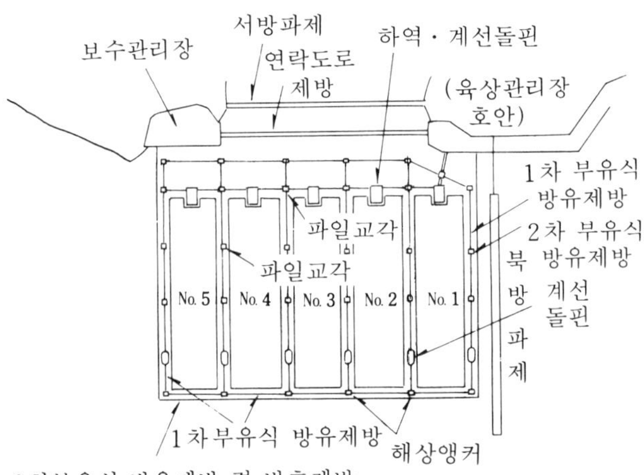

그림 9.3.5 해상 석유비축기지의 전체 배치도
(上五島 석유비축(주)의 자료)

표 9.3.5와 그림 9.3.6은 부유식 해상공항으로서 칸사이(關西)공항으로 계획된 것이다(실제는 매립식 인공섬으로 건설되었다. 그림 9.5.2 참조).

표 9.3.5 해상공항의 주요 제원

구 분	주활주로용 부체	보조활주로용 부체
부체형식	반잠수식	반잠수식
주요치수	5,000 m × 840 m × 10 m	4,000 m × 410 m × 10 m
흘 수	6.5 m	6.5 m
배 수 량	약 4,781,300 ton	약 1,916,800 ton
부체요소		
배수량	256 ton / 개	265 ton / 개
개 수	18,648	7,182
계류방식	돌핀연결방식	좌 동

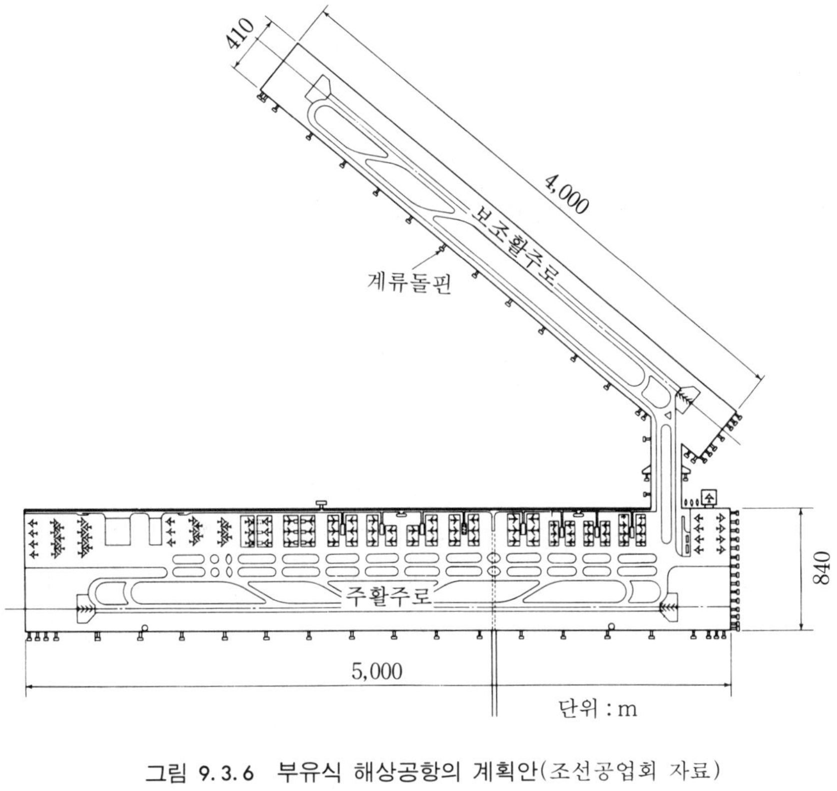

그림 9.3.6 부유식 해상공항의 계획안(조선공업회 자료)

③ 해상호텔

해상의 쾌적한 생활을 즐기고, 해양레저 스포츠시설의 편리성을 만끽하며, 게다가 환경을 훼손하지 않는 시설을 설치할 수 있다는 장점을 살려 해상에 부유식 호텔(floating hotel)이 설치되고 있다. 표 9.3.6과 그림 9.3.7에는 호주의

Townsville 앞바다 72km, 수심 6~10m의 Great Barrier Reef에 설치된 해상 호텔의 주요 제원과 외관을 제시하였다. 그후 1989년에 이 호텔은 베트남의 호치민시 사이공강에 이설되었다.

표 9.3.6 해상호텔의 주요 제원

길이×폭×높이(선저로부터)	89.2m×27.6m×27.2m
흘 수	3.0m
최대 수용 숙박객	356명
계류방식	1점계류방식 + 백업앵커 2개

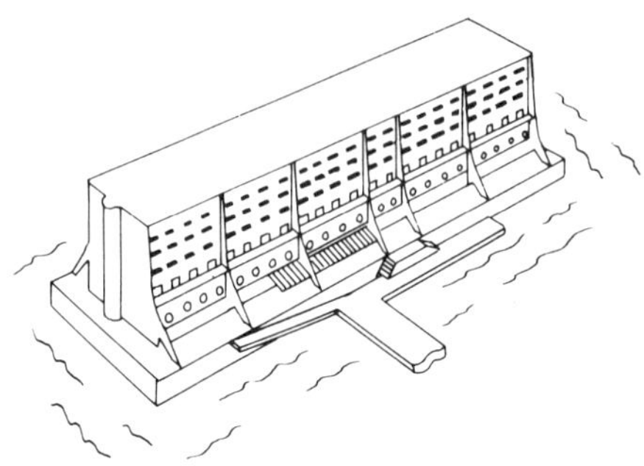

그림 9.3.7 해상호텔의 외관

④ 주거용 바지(accomodation barge)

표 **9.3.7**과 그림 **9.3.8**은 아랍에미레이트연방의 아부다비 앞바다 80km에 설치된 주거용 바지의 주요 제원과 일반배치도이다. 조선소에서 일체의 설비를 탑재시킨 바지를 건조하여 이것을 현지까지 예인하였다. 현지에서는 다리의 파일을 해저에 박고 플랫폼을 특수잭을 사용하여 수면상 일정 높이까지 밀어 올려 용접으로 고정하였다. 이 바지는 해저석유생산을 위한 작업원을 수용하는 거주시설로서 발전기, 조수기(造水機) 등의 공동설비(utility)를 완비하고 있다.

표 9.3.7 주거용 바지의 주요 제원

L	71.0m	다리	지름 1.80m×8개
B	32.0m	수용인원	180명
D	7.0m	주발전기	11,000V×2,000kW×3기
수심	12.27m	비상용 발전기	400V×1,300kW×2기
air gap	10.53m		

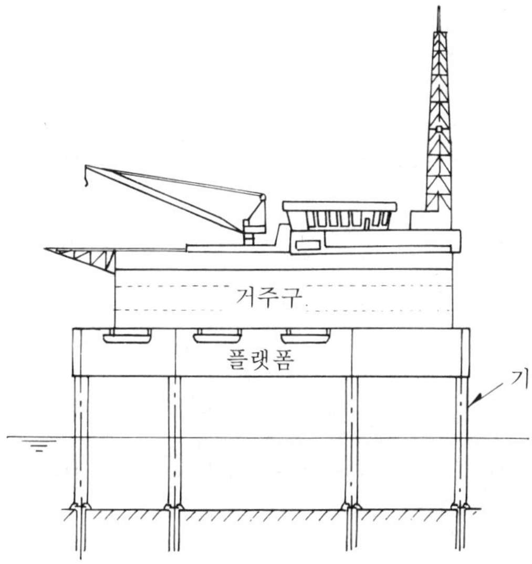

그림 9.3.8 주거용 바지의 일반배치도

⑤ 해중전망탑

해중전망탑은 일반인이 바다 속의 어패류와 해조류를 있는 그대로 볼 수 있도록 할 목적으로 설치되고 있다. 치바(千葉)현 카츠우라(勝浦)에 설치된 시설의 예를 보면 전망탑과 연결다리로 이루어져 전망탑 본체는 해안선에서 100m 정도 떨어져 있으며, 수심 7~8m의 해저에 건설되어 다리로 연결되어 있다. 견학자는 전망탑 내의 창을 통해 바다 속을 볼 수 있다. 표 **9.3.8**과 그림 **9.3.9**에 해중전망탑의 주요 제원과 일반배치도를 나타내었다.

표 9.3.8 해중전망탑의 주요 제원(치바현 카츠우라)

전체 높이(해저면-탑꼭대기)	26.70m
지름(해저기단부)	12.3m(6각형)
지름(수면상)	8.2m(원)
수용인원	50명
연결다리 길이	115m

⑥ 해상레저시설

표 **9.3.9**와 그림 **9.3.10**은 히로시마(廣島)현 쿠레(吳)시 외곽의 유원지 안벽에 계류시킨 부유식 레저시설(쿠레 포트피아랜드)이다. 육상의 유원지에는 건물과 정원을 배치하고 해상의 배와 일체로 하여 밝고 풍부한 친근감과 충족감을

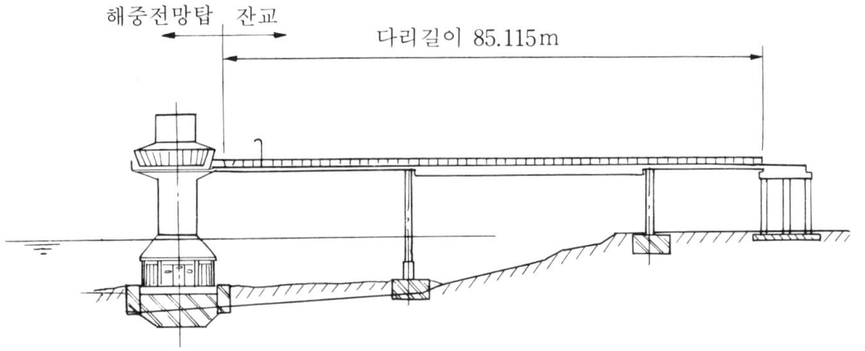

그림 9.3.9 해중전망탑의 일반배치도(치바현 카츠우라)

얻을 수 있는 복합 레저시설를 고려하고 있다. 안벽의 선내에는 극장, 레스토랑 등이 있어 선상생활을 즐길 수 있다.

표 9.3.9 해상레저시설 주요 제원(쿠레 포트피아랜드)

L_{OA}	127.0m	설비내용
B	38.0m	극장
D	8.0m	야외극장
d	2.0m	전망레스토랑
정원	3,094명	게임하우스, 보트하우스

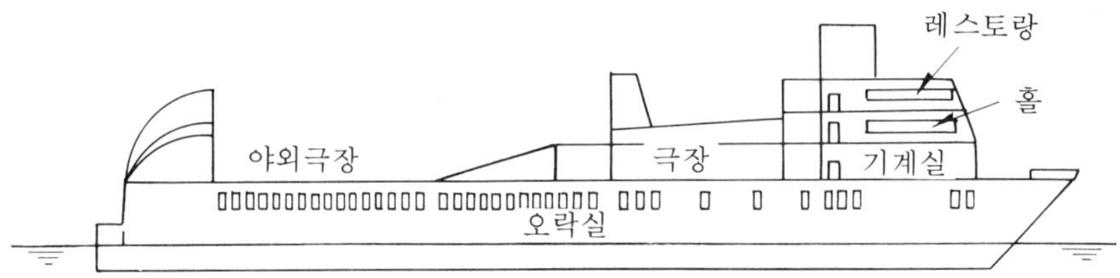

그림 9.3.10 해상레저시설 일반배치도(쿠레(吳)시 자료)

⑦ 부유식 인공섬-해상도시

표 **9.3.10**과 그림 **9.3.11**은 1976년 해양박람회를 위해 하와이 오아후섬 앞바다 5km, 수심 1,000m 해역에 설치계획했던 해상도시의 구상이다(계획만으로 그쳤고 건설되지는 않았음). 해양박람회 이후는 도시로서 활용하고, 또한 해양 레크레이션 기지의 기능도 가지고 있다. 해상도시는 그림의 (1)과 (3)에 나타낸 바와 같이 중심을 이루는 고층부 유니트와 그 주변을 이루는 저층부 유니트로 되어 있다. 각 유니트는 그림의 (2)와 같이 36° 부채꼴 모듈 10개로 구성되어 있

으며, 각 모듈은 3개의 부력칼럼으로 지지되어 있다. 고층부와 저층부 유니트 사이는 구조물로 연결되어 그 사이를 모노레일이 달리게 된다. 고층부 유니트 상갑판보다 위쪽에는 호텔, 사무실, 쇼핑시설, 주거시설이 있다. 저층부 유니트의 상부는 텐트로 덮은 전시장으로 되어 있다.

표 9.3.10 하와이 해상도시의 주요 제원(계획안)

최대 지름	720m	주요구조재	콘크리트(강도 560kgf/cm^2)
전체 높이	154m	거주인구	10,000명
흘 수	84m	계류장치	체인·와이어 방식

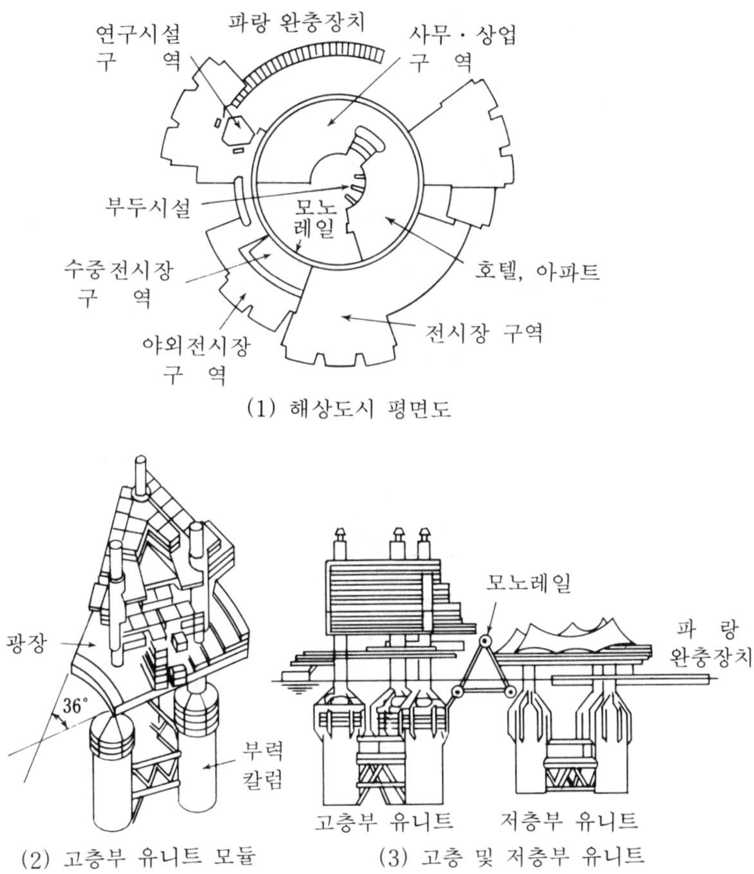

그림 9.3.11 하와이 해상도시 계획(Hawaii's Floating City Development Program Tech. Report No.9)

9.4 매립식 인공섬의 구조와 건설

9.4.1 매립식 인공섬의 구조

매립식 인공섬에는 비교적 수심이 얕은 곳에 건설되는 연안역 인공섬과 외해에 건설되는 외해 인공섬이 있으나, 어느 것이든 일반적으로 주위를 보호벽(護岸)으로 둘러싸고 내부를 토사로 매립한 구조로 되어 있다. 또한 요트계류장 등의 주위에는 방파제를 설치한다. 호안(護岸)이나 방파제의 구조는 이용조건, 해상조건, 시공조건 등에 의해 형식이 결정되는데, 일반적으로는 그림 9.4.1에 나

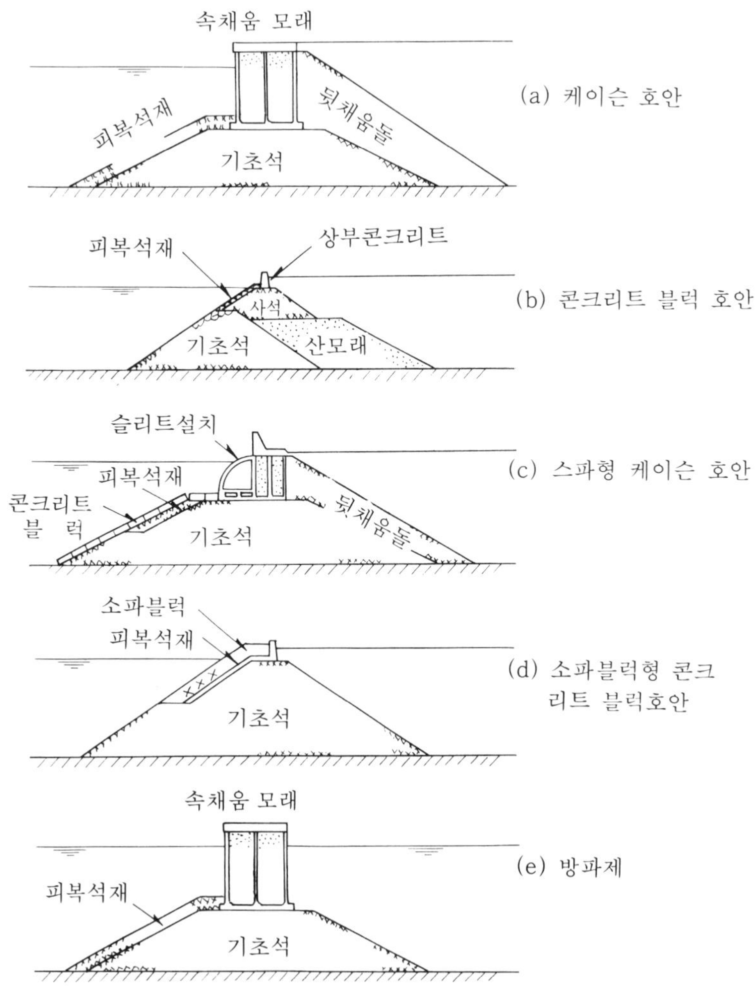

그림 9.4.1 호안 및 방파제의 단면구조

타낸 것과 같이 기초가 되는 사석(捨石) 위에 콘크리트 케이슨이나 콘크리트 블럭을 설치한다. 또한 외해에 면해 파랑을 직접 받는 곳에는 소파(消波)기능을 가지는 케이슨이나 콘크리트 블럭으로 호안을 배치한다.

9.4.2 매립식 인공섬의 건설

(1) 개 요

인공섬의 건설에는 앞에서 설명한 바와 같이 호안이나 방파제의 건설이 필요하다. 이 건설공사의 시공순서를 콘크리트 케이슨식 호안공사의 경우에 대하여 개요를 나타내면 다음과 같다(그림 9.4.2).

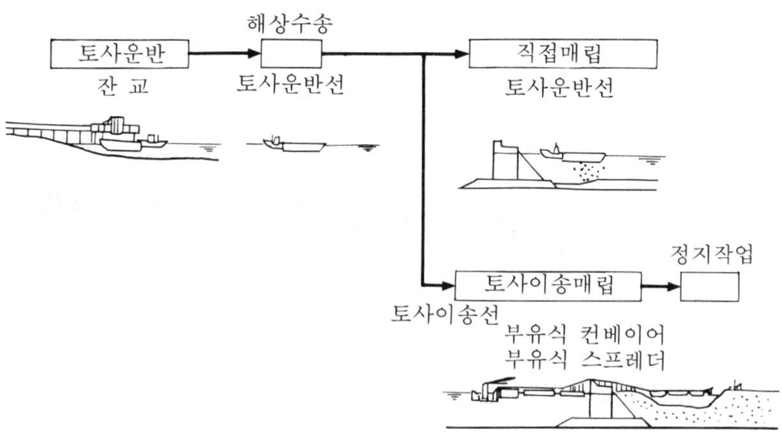

그림 9.4.2 인공섬의 건설순서

① 방파제, 호안의 기초가 되는 사석을 투입한다.

② 사석의 상면을 고른다(잠수부에 의한 수작업이나 수중 불도저).

③ 콘크리트 케이슨을 기초사석 위에 설치한다.

④ 콘크리트 케이슨 내에 모래를 채우고 덮개를 한다.

⑤ 피복 블럭의 설치

⑥ 뒷채움돌 투입

⑦ 매립공사(토사는 육지의 구릉이나 해면의 준설토를 이용한다)

이 작업을 위해서는 각종 준설선, 토사운반선, 크레인 바지 등의 작업선이 이용된다. 아래에 이 작업선들을 개략적으로 설명한다.

(2) 작업선

① 굴착흡입 준설선(cutter suction dredger)

선수에 흡입래더(suction ladder)를 장착하고 그 선단에 부착된 굴착기(cutter)로 해저면을 굴착해가며 토사를 흡입한다. 준설작업은 선미에 설치한 스퍼드(spud)를 해저에 박아넣고 이것을 중심으로 선체를 흔들어서 수행한다(swing). 선체를 흔드는 것은 흡입래더 앞에서 좌우로 뻗어 있는 스윙로프를 윈치로 감고 풀면서 수행한다. 어떤 한 점을 중심으로 여러 번의 스윙을 통해 소정의 수심까지 파들어간 후, 스퍼드를 바꾸어 굴착기 길이만큼 전진하여 다음의 위치에서 다시 스윙에 들어간다. 굴착흡입 준설선은 준설토사를 선미에 접속한 배송관에 의해 500~5,000m 정도 배송할 수 있어서 준설과 동시에 매립도 수행할 수 있다. 배송을 위한 준설펌프는 대마력의 용량이 필요하다(그림 9.4.3).

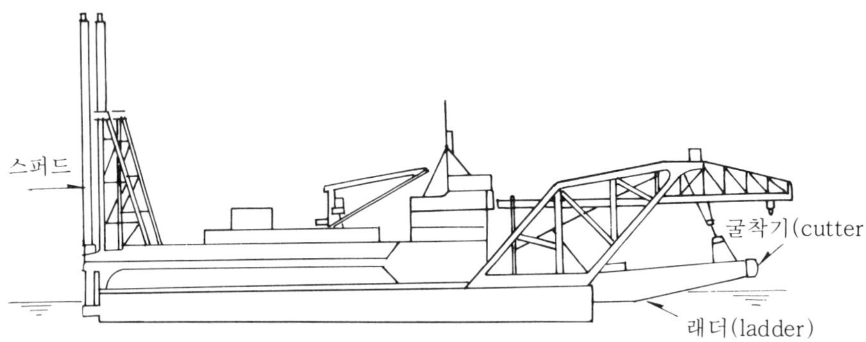

그림 9.4.3 굴착흡입 준설선(cutter suction dredger)의 일반배치도

② 케이슨 도크(caisson dock)

방파제, 호안용의 콘크리트 케이슨을 만들기 위한 전용 부유식 도크이다(그림 9.4.4).

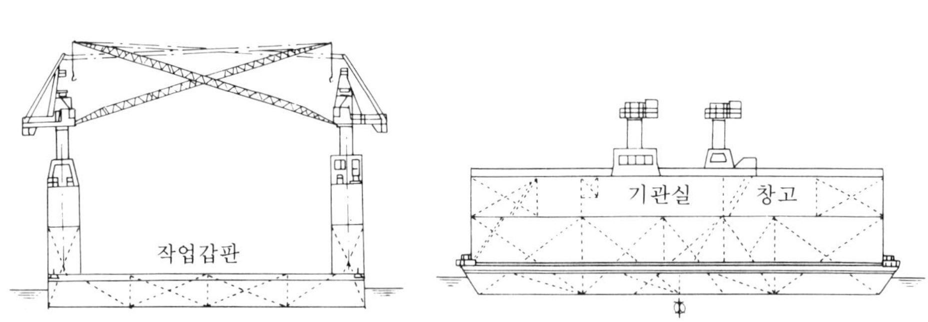

그림 9.4.4 케이슨 도크(cassion dock)의 일반배치도

③ 토사이송선(reclaimer)

토사이송선은 회전식 버켓토취기(bucket wheel excavator)를 장치하고 콘베이어를 이용하여 토사운반선으로부터 토사를 퍼서 바로 케이슨이나 매립장소에 이송하는 작업선이다. 해저의 준설과 토사이송이 동시에 가능한 구조의 토사이송선도 개발되고 있다(그림 9.4.5).

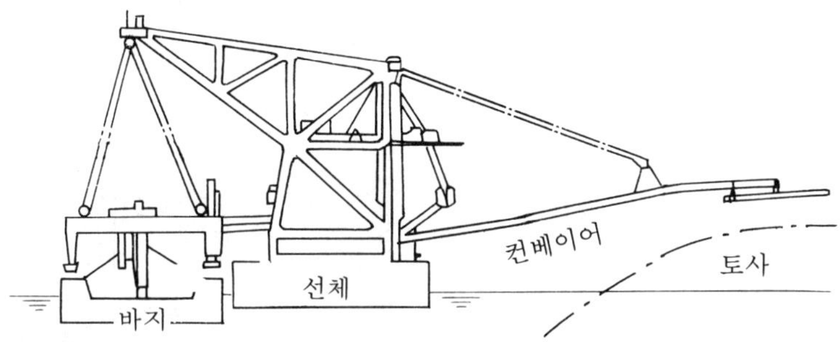

그림 9.4.5 토사이송선의 일반배치도

④ 토사운반선

토사를 운반하는 바지로 토사창 하부가 개폐식으로 되어 있는 것도 있다(그림 9.4.6).

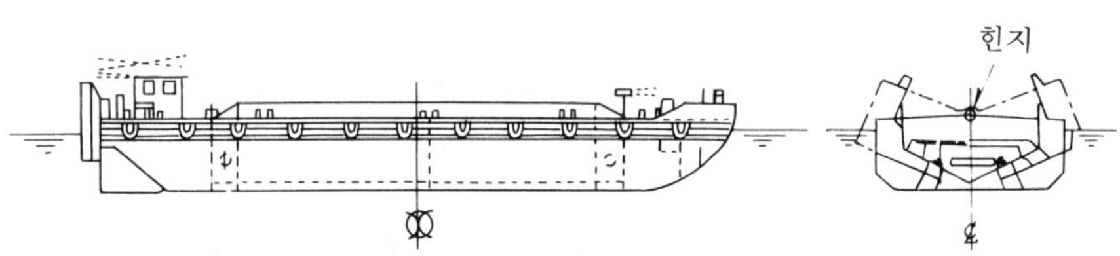

그림 9.4.6 토사운반선의 일반배치도

⑤ 해저지반개량선

해저지반이 연약한 장소에 구조물을 건설하거나 매립을 행하면 지반침하의 위험성이 있다. 연약지반층이 얇을 때는 하부의 굳은 지반에 도달할 때까지 준설작업을 하여 모래와 치환하는 방법이 있지만, 연약지반층이 두꺼울 때는 지반개량을 하여 지반강도를 증가시킨다. 연약지반의 개량공법에는 많은 종류가 있지만 해저의 연약지반에 대해서는 일반적으로 다음과 같은 방식이 채용된다.

ⓐ 모래배수(sand drain, SD) 공법 : 모래파일을 조성해서 연약지반의 수분을 배출하는 공법이다.

ⓑ 모래압축파일(sand compaction pile, SCP) 공법 : 충격하중 혹은 진동하중에 의해 모래를 연약지반에 압축 투입시켜 지반과 모래파일의 복합효과에 의해 지반을 개량하는 공법으로 대하중을 지지하는 지반에 적합하다.

ⓒ 심층혼합처리(cement deep mixing, CDM) 공법 : 시멘트계의 경화제를 연약지반내에 주입하여 연약한 뻘층을 뒤섞어 경화시키는 공법으로 공기단축이 가능하다. 이 공법은 DMM(deep mixing method) 공법이라고도 불리고 있다.

그림 9.4.7에는 모래압축공법에 의해 모래파일을 조성하는 장치를 갖춘 모래압축선의 일반배치도를 나타내었다.

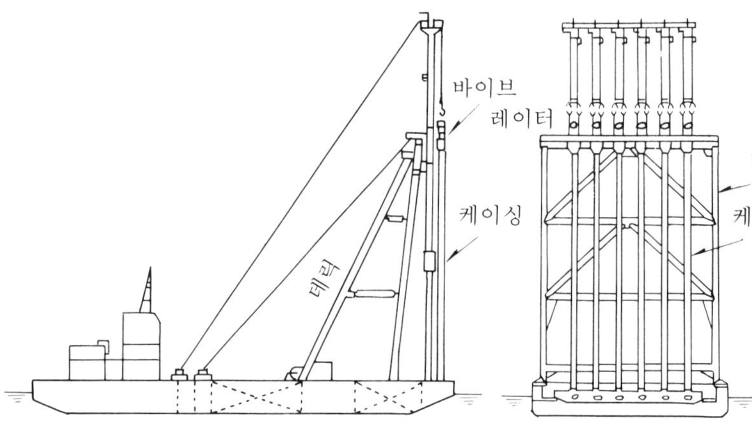

그림 9.4.7 모래압축선(sand compaction)의 일반배치도

9.5 매립식 인공섬의 계획 및 건설사례

아래에서는 매립식 인공섬의 예를 소개한다.

9.5.1 연안역 인공섬

연안역 인공섬의 예로 포트아일랜드(Port Island)의 개요를 설명한다. 고베(神戶)시는 국제항만도시로서 발전해 왔지만 그 배후지가 산으로 둘러싸여 있어서 시가지는 좁고 긴 지역에 한정되어 있다. 항만물동량을 증가시키고, 더불어 도시인구 증가를 흡수하기 위해 일본에서 처음으로 해상도시 포트아일랜드가 축조되었다. 포트아일랜드는 그림 9.5.1에 나타낸 바와 같이 고베항의 끝 부분에 위치하고, 수심 12m의 수역을 매립에 의해 조성하였다. 조성면적 436ha, 매립

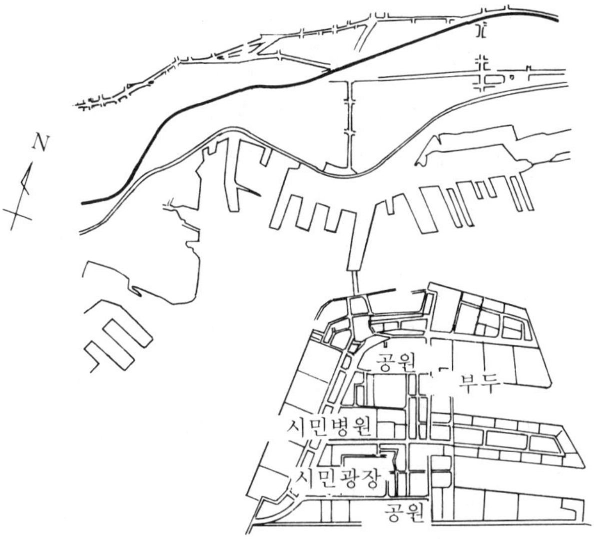

그림 9.5.1 고베(神戶)시 포트아일랜드의 개략도

토사량 8,000만 m^3로 이 흙은 해안에서 1km 내륙에 있는 산을 깎아서 얻고, 벨트 콘베이어에 의해 해안으로 운반하고 여기서 다시 토사운반선으로 매립지까지 운반하였다.

이 인공섬에는 항만시설, 주택, 병원, 호텔, 스포츠센터, 국제회의장 등 여러 가지 도시기능이 건설되어 있다. 포트아일랜드는 매립공사에 착공하여 준공까지 5년이 소요되었다. 고베시에서는 계속하여 로코(六甲)아일랜드(580ha)를 완성하고(1992), 포트아일랜드 2단계 공사(390ha)를 시행하고 있다.

9.5.2 외해 인공섬

(1) 칸사이(關西) 신공항

오사카(大阪)시 국제공항의 항공수송량 증가와 주변의 소음문제를 해결하기 위하여 칸사이 신공항은 해상에 건설하기로 하였다. 신공항은 육지에서 5km 떨어진 수심 17~21m 해역에 인공섬을 축조, 여기에 24시간 이착륙이 가능한 공항을 정비하는 것이다. 1단계 공사로서 그림 **9.5.2**에 제시한 공항섬을 1987년~1994년의 8년간 축조하여 1994년 9월에 개항하였다.

공항섬은 우선 모래배수(sand drain) 공법, 모래압축(sand compaction) 공법 및 심층혼합처리 공법에 의해 건설부지 해저의 지반개량을 행하고, 다음으로 주위를 완경사 석적(石積)호안으로 둘러싸며(일부는 강재(鋼材)호안), 마지막으로

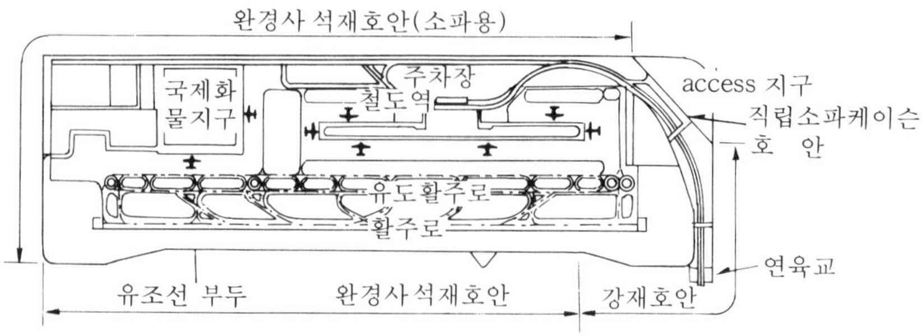

그림 9.5.2 칸사이(關西) 신공항용 인공섬

토사운반선으로 운반된 토사로 매립한다. 매립면적 511ha, 매립토의 양은 1억 8,000만 m^3에 달한다. 역시 공항섬과 육지와는 연육교에 의해 연결된다.

(2) 요코스카(橫須賀) 해상도시 구상

그림 9.5.3은 요코스카(橫須賀)시가 계획하고 있는 외해 인공섬에 의한 도쿄(東京)만의 해상도시 구상이다. 요코스카시의 외해쪽 800m, 수심 15~40m의 해역에 면적 130ha의 인공섬을 조성하고, 여기에 상업·업무기능, 연구개발기능, 문화교류·교육연수기능, 주거기능, 유통거점기능, 친수기능(공원, 인공해안)을 건설하는 계획으로 되어 있다. 또한 가네다(金田)만, 사가미(相模)만에도 각각 인공섬을 건설하여, 3개의 인공섬을 유기적으로 결합시킨 삼각해상도시를 구상하고 있다.

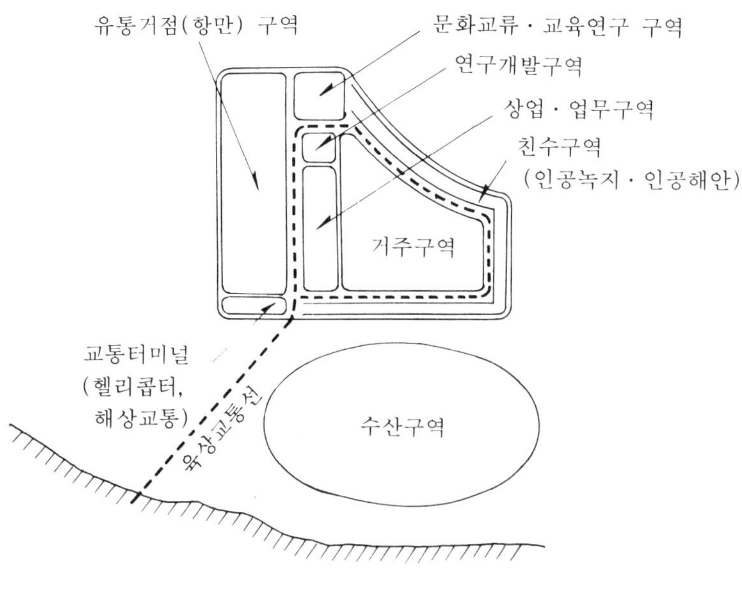

그림 9.5.3 도쿄(東京)만 해상도시(일본해양개발산업협회의 자료)

제 10 장 빙해역의 해저석유개발

10.1 일 반

빙해역에 부존된 광물자원으로는 석유, 천연가스, 석탄, 철광석, 구리, 니켈 등이 확인된 바 있다. 그중 오늘날 가장 주목되고 있는 것이 북극해의 석유자원이다. 북극해 주변에 석유자원이 풍부하게 매장되어 있다고 추정된 것은 오래 전인 1950년대의 일이지만, 혹독한 자연환경과 입지조건 때문에 개발의 채산성을 맞추기에는 아직도 멀었다고 보는 것이 대세였기 때문에 그 동안 별로 주목을 받지 못하였다.

그러나 1970년대 이후 발생한 세계 에너지 위기와 석유가격의 급격한 상승 때문에 다국적석유회사(Major Oil Companies)를 중심으로 각 석유사가 북극권 자원의 개발에 본격적으로 착수하게 되었다. 1986년 알래스카의 노스슬로프(North Slope)에서 석유채굴을 수행한 이래 멜빌섬(Melville Island), 보퍼트해(Beaufort Sea), 특히 캐나다의 북극제도(Arctic Islands)에서 석유와 천연가스의 채굴에 성공한 바 있다. 현재는(1994년) 석유가의 약세로 인하여 개발이 늦어지고는 있지만, 앞으로 석유가격이 상승한다면 다시 개발이 활발하게 이루어질 것으로 예상된다.

북극권에서는 서시베리아 분지는 예외로 하고 대부분의 유망한 퇴적분지가 해양에 분포되어 있는 것이 특징이다. 북극권 전체의 석유매장량은 전세계 매장량의 약 1/6에 상당하는 것으로 추정된다.

10.2 해빙의 특성

10.2.1 개 요

빙해역에서 작업하는 선박이나 구조물의 설계에는 해빙의 상태, 얼음의 재료특성 및 빙하중의 크기 등을 파악하는 것이 필요하다. 그러나 얼음의 여러 가지 재료특성은 빙해수조(ice basin)에서의 모형실험이나 현장실험(field test)시 얼음의 종류나 채취장소에 따라 계측치가 큰 차이를 나타내는 것이 보통이다. 따라서 이러한 계측치로부터 설계에 필요한 빙하중 등 여러 수치를 결정한다는 것이 대단히 곤란하다. 이러한 이유 때문에 빙하중 수치는 빙해용 구조물을 설계할 때 중요한 핵심정보의 하나이다.

10.2.2 해빙의 분류

바다에 존재하는 얼음을 해빙(sea ice)이라 부를 수 있다. 해빙은 생성후의 연령, 이동성, 크기, 형태에 따라 여러 가지로 구분되는데 그중 몇 가지 구분방법은 다음과 같다.

(1) 생성연령에 의한 분류

① 1년생빙(first year ice) : 가을에 새롭게 생성되어, 겨울 동안 성장 사이클을 거친 얼음으로 얼음의 두께는 30~200cm가 된다(그림 10.2.1).

② 다년생빙(multi year ice) : 2년 이상 녹지 않고 존재하는 얼음으로 얼음 두께는 3m 전후가 된다.

두께 30cm 이하의 얇은 얼음도 두께에 따라 세분화된다.

(2) 이동성에 의한 분류

① 정착빙(定着氷, fast ice) : 해안가에 정착하여 이동하지 않는 얼음

② 유빙(流氷, pack ice) : 정착빙 이외의 해빙

(3) 크기에 의한 분류

① 빙반(氷盤, ice floe) : 크기가 20m 이하의 비교적 평탄한 빙판(20m를 넘지 않는 얼음은 ice cake라 부른다).

② 빙원(氷原, ice field) : 여러 크기의 얼음이 포함된 빙판으로서 길이가 10km를 초과하는 것. 10km 이하는 ice patch라 부른다. 빙반과 빙원은 다시 크기에 따라 세분화된다.

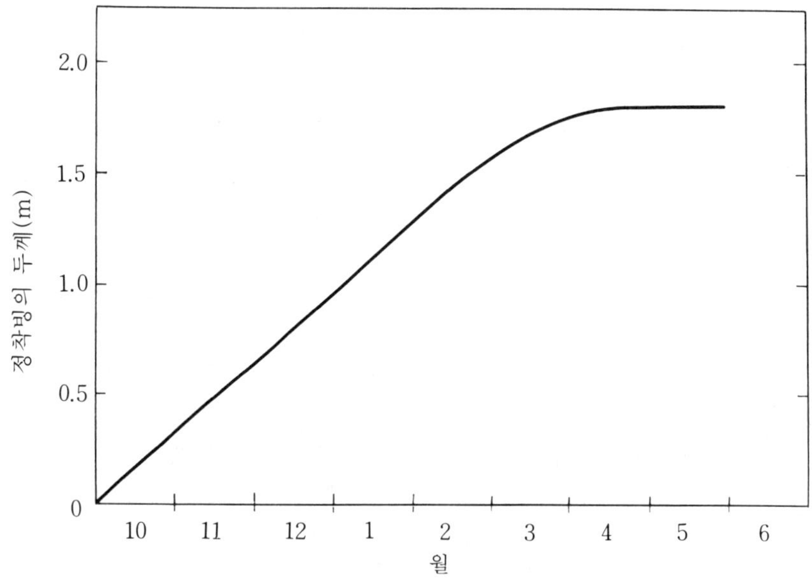

그림 10.2.1 보퍼트해에서의 얼음두께

(4) 결빙률(concentration)

어떤 해역의 면적에 대한 결빙된 면적의 비를 10단계로 표시한 것

예 : 10/10, 완전결빙해역(compact ice)

7/10~8/10, 밀접결빙해역(close ice)

1/10 이하, 개방해역(open water)

(5) 형상, 형태에 의한 명칭

① 평탄빙(平坦氷, level ice) : 표면이 비교적 평탄한 얼음판

② 뗏목형 얼음(rafted ice) : 얇은 빙판이 포개어 쌓인 상태의 얼음판

③ 빙맥(氷脈, ridge) : 평탄빙의 표면이 압축력에 의해 산맥처럼 길게 솟아오른 형태를 말한다. 독립된 상태의 빙맥을 hummock이라 부른다. 빙맥의 수면상부 높이를 sail height, 수면하부의 깊이를 keel depth라 부른다.

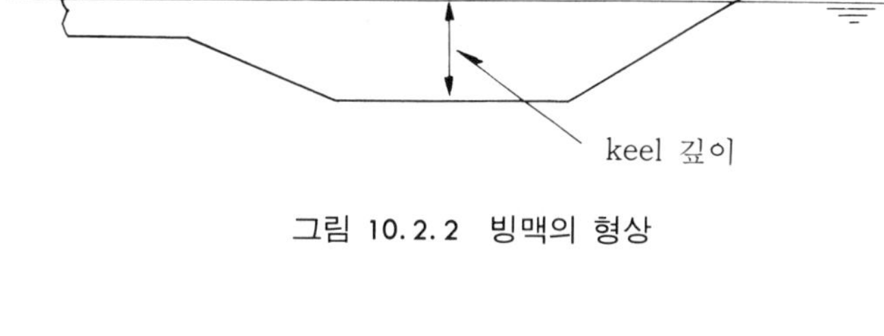

그림 10.2.2 빙맥의 형상

④ 부유빙(浮遊氷, floating ice) : 해면상에 떠있는 얼음의 총칭. 해저면에 닿아 있는 얼음은 **좌초빙**(grounded ice, stranded ice)이라 부른다.

⑤ 빙산(iceberg) : 육상의 빙하에서 바다로 떨어져 나와 흘러 다니는 얼음덩어리로 해면상의 높이가 5m 이상의 것을 말한다.

그림 **10.2.3**에는 보퍼트해의 빙상상태를 나타내었다.

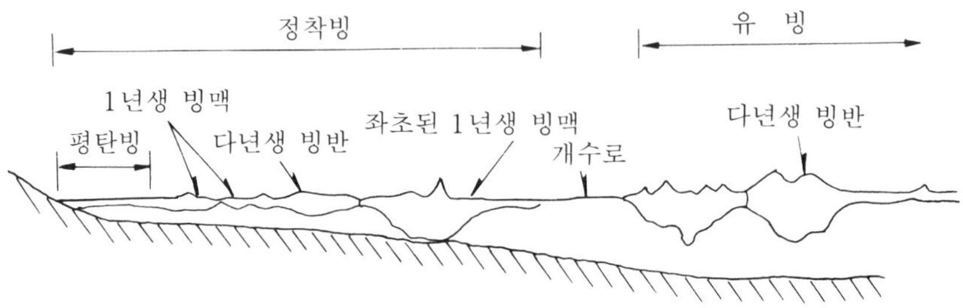

그림 10.2.3 보퍼트해의 빙상상태의 예

10.2.3 얼음의 재료특성

설계시 필요한 얼음의 기계적 성질은 압축강도, 굽힘강도, 인장강도, 전단강도, 탄성계수 등이다. 이러한 특성치는 얼음결정 속에 포함된 염수(brine)의 양, 변형률, 온도 등에 따라 크게 변하는데 북극해 해빙의 경우 다음과 같다.

(1) 압축강도 혹은 분쇄강도(compressive or crushing strength)

변형률을 일정하게 유지할 때의 1축압축강도 σ_c는 온도에 따라 크게 변하는데 평균 2~6MPa 정도이다(그림 **10.2.4**(1)). 또한 일정한 온도에서 압축실험을 하면 압축강도는 변형률에 따라 크게 변한다(그림 **10.2.4**(2)).

(2) 굽힘강도(flexural strength)

굽힘강도는 염수(brine)의 함유량에 따라 크게 변하는데, 1년생빙의 경우 평균치는 다음과 같다(그림 **10.2.5**).

$$\sigma_f = 0.96 - 1.92\sqrt{\nu_b}$$

여기서 σ_f = 굽힘강도(MPa)

ν_b = 염수의 부피(‰)

(3) 전단강도

전단강도와 염수농도와의 관계는 그림 **10.2.6**과 같다. 인장강도는 전단강도와 거의 같은 정도의 수치이다.

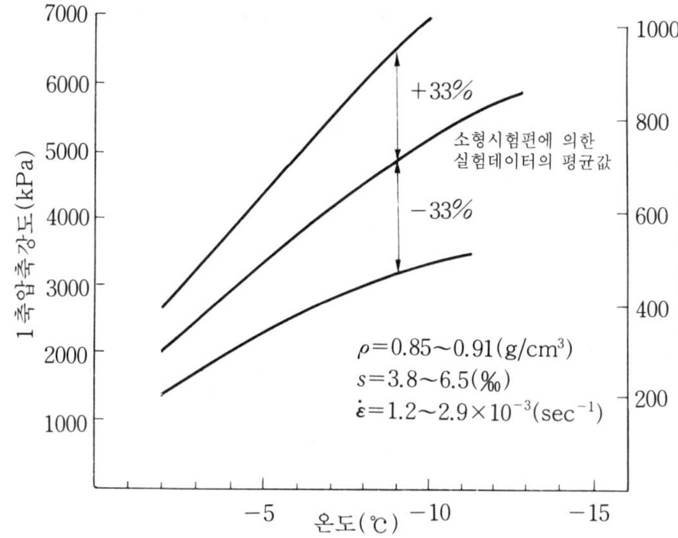

(1) 해빙의 1축압축강도에 대한 온도의 영향

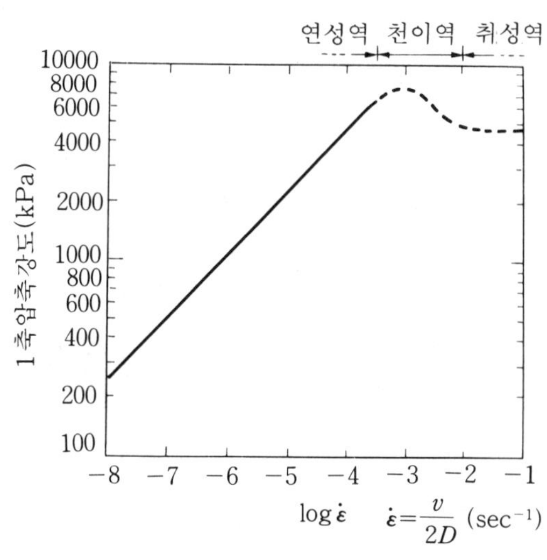

(2) −10℃에서 해빙의 변형률과 1축압축강도와의 관계

그림 10.2.4 얼음의 압축강도

(4) 탄성계수(Young's modulus)

탄성계수와 염수농도와의 관계는 그림 **10.2.7**과 같다.

(5) 비중

얼음의 두께나 채취장소 등에 따라 변하지만 보통 0.86~0.92 정도이다.

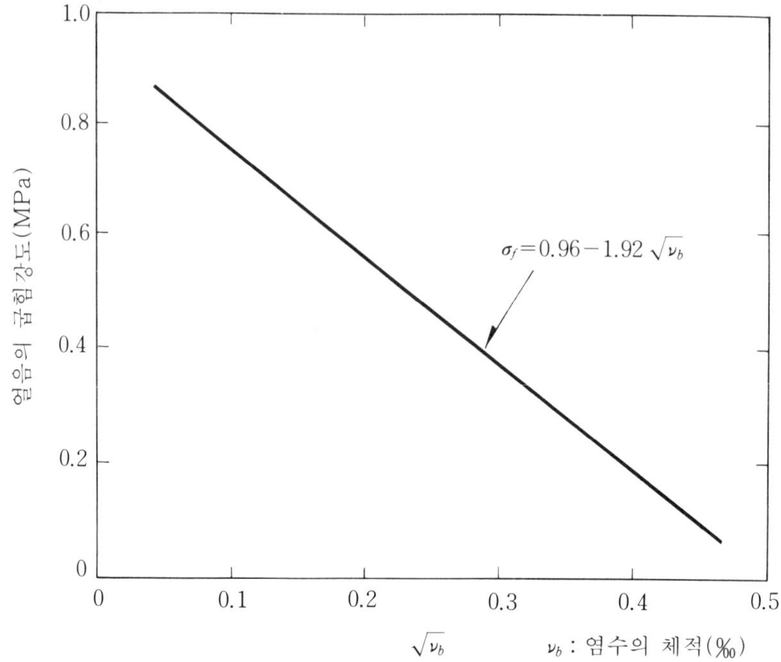

그림 10.2.5 얼음의 굽힘강도

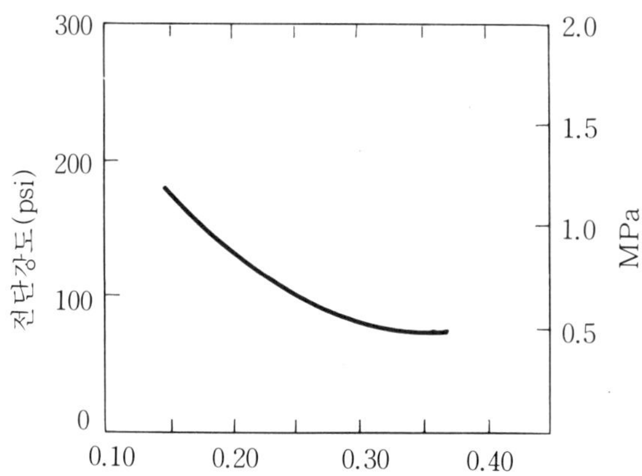

그림 10.2.6 전단강도

(6) 마찰계수

일반적으로 강구조물에 대해서는 약 0.15, 콘크리트 구조물에 대해서는 약 0.25 정도의 값을 사용한다. DNV 자료에 의하면 해빙의 강도에 관한 평균값(약간 높게 정한 값임)으로 다음의 수치를 사용하고 있다.

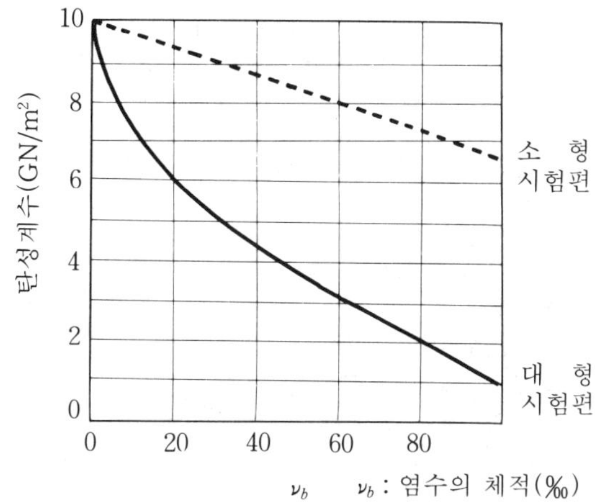

그림 10.2.7 탄성계수

표 10.2.1 해빙의 강도

1축압축강도	5～10 MPa(51～102 kgf /cm²)
굽힘강도	1.0～1.2 MPa(10.2～12.2 kgf /cm²)
인장강도	0.8～1.0 MPa(8.2～10.2 kgf /cm²)
전단강도	0.3～1.0 MPa(3.0～10.2 kgf /cm²)
탄성계수	2.0～5.0 GPa(2.0～5.1×10⁴ kgf /cm²)

표에서 보는 바와 같이 얼음은 압축강도에 비해서 굽힘강도와 전단강도가 낮기 때문에 얼음을 파괴하기 위해서는 굽힘, 전단이 유리하다.

10.3 빙 하 중

10.3.1 개 요

빙해역에서 가동중인 선박이나 해양구조물에는 대단히 큰 빙하중(ice load)이 작용한다. 승무원의 안전을 확보하면서 작업을 수행하기 위하여 이들 선박이나 해양구조물은 빙하중에 대하여 충분한 안전도가 요구된다. 따라서 선체나 구조물에 작용하는 빙하중과 그 분포를 자세히 살펴보고 어떠한 상황에서도 안전할 수 있도록 구조형식과 부재치수을 결정하고 또한 적합한 재료를 선정할 필요가 있다.

인공섬을 사례로 구조물 주변의 빙상상태를 설명하면 그림 10.3.1과 같다.

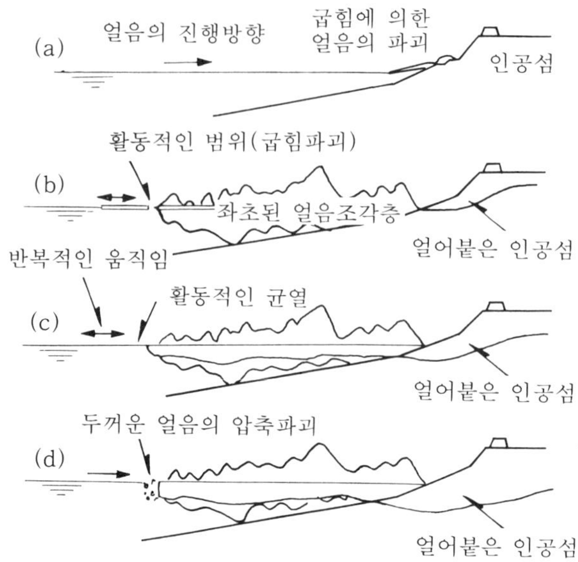

그림 10.3.1 인공섬에 대한 얼음조각층의 작용

① 인공섬 주변에 형성된 평탄빙은 굽힘파괴를 일으키며 얼음조각층(rubble)을 형성한다. 이때 빙판이 인공섬 위로 밀려 올라가는 경우도 있기 때문에 그것을 방지할 필요가 있다.

② 얼음조각층의 형성이 진행되면서 수면 아래쪽 해저면에도 착지하게 된다.

③ 빙판의 두께가 커져서 굽힘파괴가 발생하기 어려워지면 압축파괴가 발생한다. 이때 빙압력은 굽힘파괴에 비해서 훨씬 커진다.

④ 얼음조각층은 서로 동결하여 단단한 얼음층이 되어 인공섬을 둘러싸기 때문에 빙압력을 받는 폭이 증가한 만큼 인공섬이 받는 힘이 커지게 된다. 단 얼음조각층이 해저면에 닿아 있으면 미끄럼 저항으로 작용하기 때문에 인공섬에 가해지는 힘이 일부 감소하지만 전체적으로는 증가된다.

10.3.2 빙하중의 추정

착저식의 빙해용 해양구조물에 가해지는 빙하중의 설계조건에는 구조물 전체를 미끄러지게 하는 힘으로서의 전체 빙하중과 어떤 제한된 부분에만 작용하는 국부하중을 구분할 필요가 있다.

(1) 전체 빙하중

수직구조물에 대한 빙하중은 대체로 얼음의 압축파괴에 의해 일어나며 보통 다음과 같은 공식을 사용한다.

$$F = mI\sigma_c Dt \tag{10.3.1}$$

여기서 m : 형상계수

I : 관입계수(indentation factor)

σ_c : 얼음의 압축강도

D : 빙판과 접촉지점에서의 구조물 폭

t : 얼음두께

한편 원추형 구조물에 대한 빙하중은 대체로 빙판의 굽힘파괴에 의해 일어나며 여기에는 몇 가지 이론 및 실험 공식이 발표된 바 있는데 공식에 따라 차이가 있다. 이론식의 하나로 다음과 같은 Ralston의 공식이 있다.

$$R_H = A_4[A_1\sigma_f t^2 + A_2\rho g t D^2 + A_3\rho g t(D^2 - D_T^2)] \tag{10.3.2}$$

여기서 R_H : 수평방향 빙하중

$A_1 \sim A_4$: 계수(그림 10.3.2)

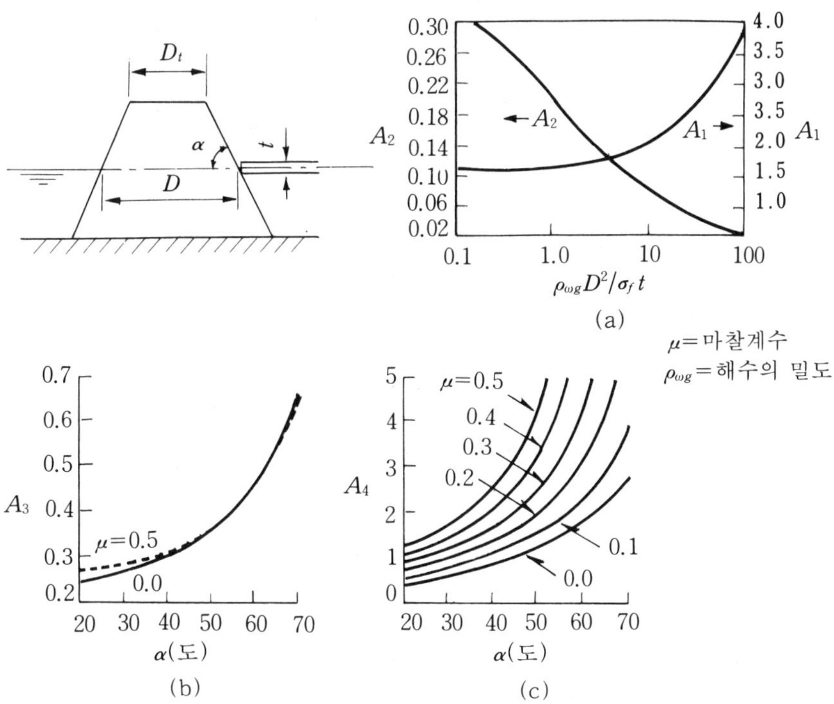

그림 10.3.2 Ralston 공식에서의 계수

σ_f : 얼음의 굽힘강도

t : 얼음두께

D : 흘수선에서의 원추의 지름

D_T : 원추의 꼭대기 지름

ρ : 얼음의 밀도

g : 중력가속도

보퍼트해에 설치된 케이슨식 구조물의 설계빙하중으로 700tonf/m를 사용한 사례가 있다.

(2) 국부하중

얼음이 직접 접촉하는 구조물의 외판과 늑골의 설계에는 국부하중을 사용한다. 국부하중은 하중이 작용하는 면적의 함수로 계산된다(그림 10.3.3).

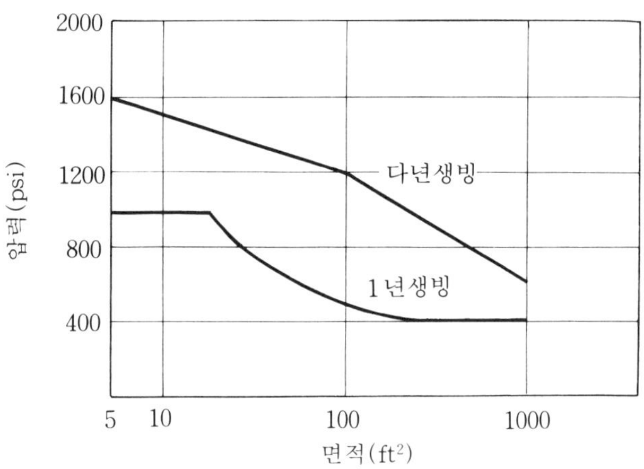

그림 10.3.3 설계빙압력과 접촉면적

10.4 빙해역의 해저석유 굴착설비

10.4.1 개 요

북극권의 에너지 자원 개발은 1960년대에 시작되어 주로 육상에서 추진되어 왔으나, 해상에서도 1973년 캐나다 보퍼트해의 멕켄지강 하구(McKenzie delta)에서 처음으로 해저유전을 개발하기에 이르렀다(인공섬 방식, 수심 10ft). 그 이후 해양에서 작업의 증가, 채굴해역의 수심증대, 작업해역의 확대로 인해 각각의 설치장소에 적합한 기능을 가진 해저석유 채굴설비가 많이 고안되었고 일부는 실제 건조된 바 있다. 이러한 채굴설비의 형식을 구분하면 다음 표와 같다.

- 빙해용 해양구조물
  - 착저식
    - 매립식 인공섬
      - 고정식
        - 케이슨식
        - 비케이슨식
      - 이동식
    - 케이슨식 인공섬
    - 타워형
      - monocone 형
      - monopod 형
  - 부유식
    - 선박형 및 바지
    - 반잠수식
    - 원추형
    - 케이슨식

그림 10.4.1 빙해용 해양구조물의 형식

이중 몇 가지 중요한 형식을 다음에 설명한다.

10.4.2 매립식 인공섬

(1) 고 정 식

인공섬은 수심이 비교적 얕은 곳에 주변의 토사를 쌓아서 건설한다. 매립에 사용되는 토사의 체적을 절감하기 위하여 콘크리트 또는 철강재 케이슨을 주위에 설치한 인공섬(caisson retained island, CRI)도 건설된 바 있다(그림 10.4.2).

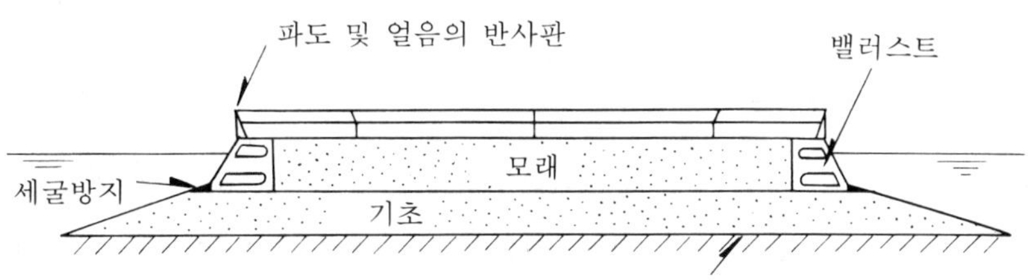

그림 10.4.2 매립형 고정 케이슨 인공섬(ESSO Canada 회사)

(2) 이 동 식

위에 기술한 케이슨식 인공섬과 유사한 형식이지만, 케이슨이 일체 구조로 되어 이동이 가능하다. 표 10.4.1과 그림 10.4.3은 걸프 캐나다(Gulf Canada) 회사의 주문으로 건조되어진 이동식 케이슨 인공섬 구조물(mobil Arctic caisson Rig, MACR)의 주요 제원 및 개략적인 배치도이다.

표 10.4.1 이동식 케이슨 구조물(MOLIKPAQ)의 주요 제원

형　　식	강재의 8각형 케이슨(이동가능)
케이슨 상부의 바깥쪽 폭	86.6m×86.6m
케이슨 하부의 바깥쪽 폭	111.0m×111.0m
케이슨 상부의 안쪽 폭	72.0m×72.0m
케이슨 하부의 안쪽 폭	74.4m×74.4m
케이슨의 높이	29.1m
데크의 폭과 높이	73.2m×73.2m×4.53m
흘수(착저시)	21.3m
중량	약 33,000ton

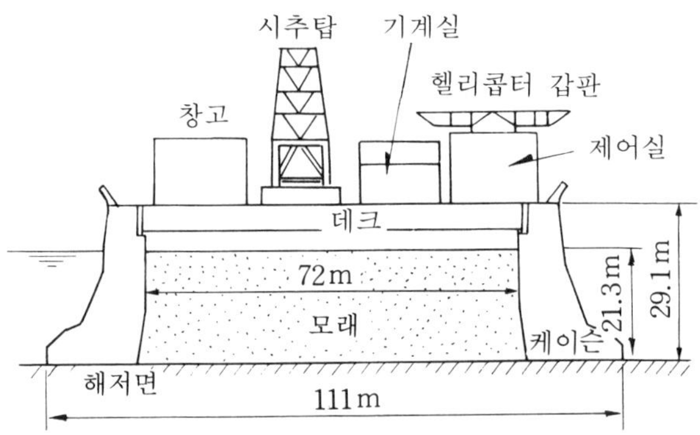

그림 10.4.3 이동식 케이슨 인공섬(MOLIKPAQ)의 일반배치도(Gulf Canada 회사)

10.4.3 케이슨식 인공섬

케이슨식 인공섬 구조물에는 강제, 콘크리트 또는 두 가지의 혼합형이 있으며, 자체 중량과 케이슨 내부의 해수 밸러스트에 의해 빙하중에 의한 구조물의 이동을 방지하고 있다. 자중을 늘리기 위해 일부 또는 전체를 콘크리트로 만든 것이 많으며 또한 바닥면에 스퍼드(spud)를 박아 놓은 것도 있다. 표 **10.4.2**와 그림 **10.4.4**는 글로벌 마린(Global Marine) 회사의 주문으로 건조된 혼합형의 케이슨식 인공섬 구조물이다.

표 10.4.2 콘크리트 케이슨식 인공섬 구조물(Concrete Island Drilling System, CIDS)의 주요제원

형식	콘크리트/강재 케이슨
케이슨 상부의 폭	88.5m×88.5m
케이슨 하부의 폭	95.3m×95.3m
케이슨의 높이	30.48m
흘수(착저시)	15.8m
CIDS(구성요소)의 상부	강재
CIDS의 중간부	콘크리트 honeycomb 구조
CIDS의 하부	콘크리트

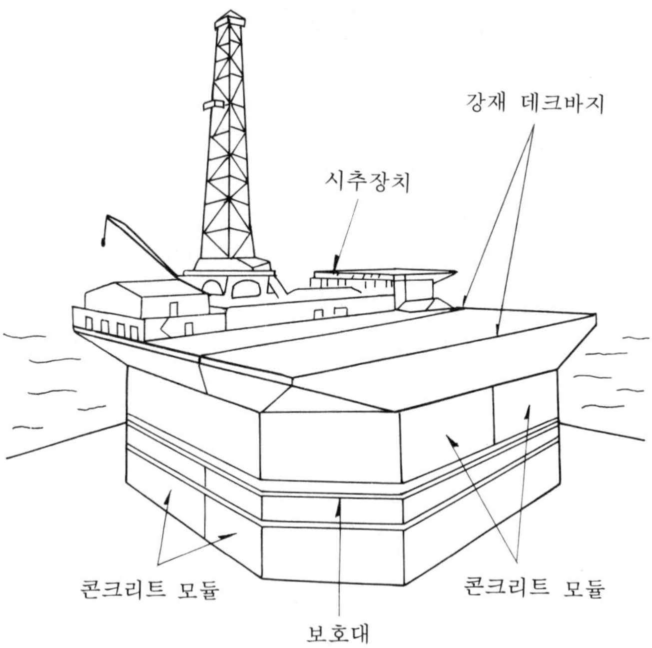

그림 10.4.4 케이슨식 인공섬 구조물(CIDS)

10.4.4 타워형 구조물

(1) monocone형

그림 10.4.5는 monocone형 구조물의 계획된 한 가지 예이다. monocone형은 원추형의 기초구조와 장방형의 상부구조로 되어있는 구조물이다. 착저시에는 해수 발라스트를 사용한다.

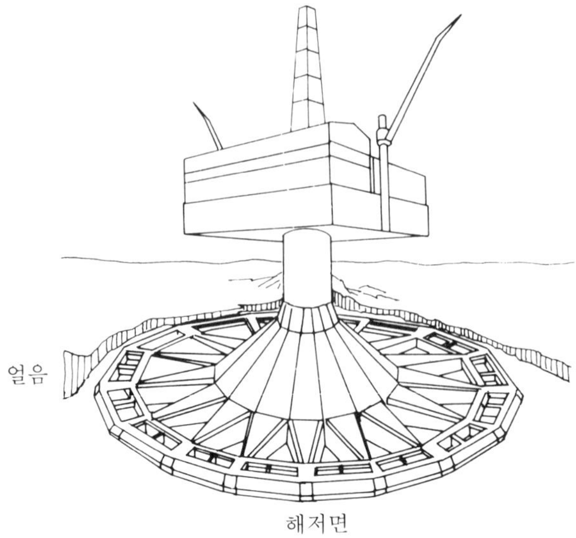

그림 10.4.5 monocone형 구조물(Chebron 회사)

(2) monopod형

그림 10.4.6은 monopod형 구조물의 예이다. monopod형은 기초구조로 원통형 기둥을 배치하고 상부구조를 들어올려(jack-up) 얼음이 직접 상부구조물에 닿지 않도록 하는 형식이다. 상부구조물을 잭업(jack-up)한 후에는 전체 구조물

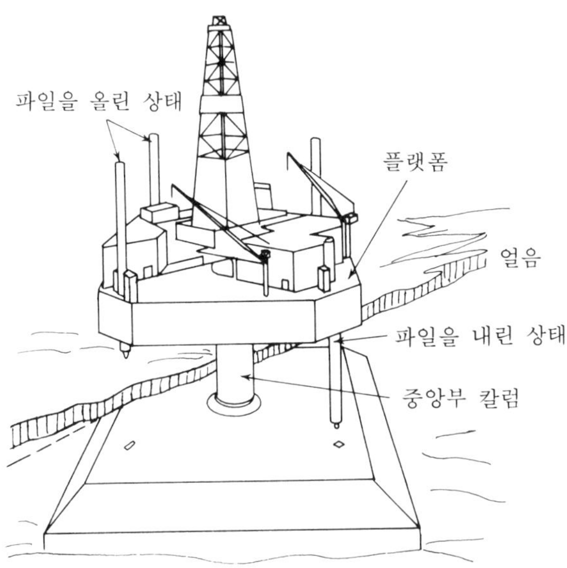

그림 10.4.6 monopod형 구조물(Global Marine 회사)

을 들어올리게 되어있다. 이러한 형식의 구조물이 실제 건조되어진 사례는 없다.

10.4.5 부유식 구조물

부유식의 빙해용 구조물에는 선박형, 바지형, 반잠수식이 있으나, 내빙구조라고 하는 것 이외에는 일반 부유식 해양구조물과 본질적으로 같은 양식이다. 표 10.4.3과 그림 10.4.7은 빙해용으로 특별히 건조된 원추형 부유식 구조물의 주요 제원과 일반배치도를 나타낸 것이다.

표 10.4.3 원추형 구조물 KULLUK의 주요 치수

형식	강제의 24각형 원추형 구조물
데크 상부의 지름	81.0m
깊이	18.5m
흘수	12.53m
내빙능력	Ice Class 4
가동수심	24~55m
계류장치	체인앵커 12점 계류

그림 10.4.7 원추형 구조물 KULLUK(Gulf Canada 회사)

10.5 쇄 빙 선

10.5.1 개 요

빙해역의 해저석유 개발에는 앞에서 기술한 여러 가지 채굴설비 외에도 쇄빙선이나 쇄빙보급선과 같은 특수한 작업선이 필요한데, 여기서는 그중 쇄빙선에 대해서 간단하게 설명한다. 쇄빙선(icebreaker)은 동결된 하천과 항만내에서의 수로유지, 얼음 속에 갇혀있는 선박이나 작업기기의 구조, 결빙해역에서의 선단 인도와 물자보급 등 여러 가지 용도로 사용된다.

선박의 쇄빙능력을 나타내는 기준으로 대표적인 것이 캐나다의 빙등급 규정(Arctic Shipping Pollution Prevention Regulations, ASPPR)이 있다. 이것은 선박의 연속쇄빙이 가능한 평탄빙의 두께를 feet 단위로 표시한 것이다. 예를 들어 ice class 8인 쇄빙선은 8ft 두께의 평탄빙을 연속하여 쇄빙할 수 있는 능력이 있다. 빙등급을 결정할 때 선박의 속도로는 3knots를 유지하는 것이 일반적이다. 쇄빙 방법으로는 다음과 같은 3가지를 들 수 있다.

① 연속쇄빙(continuous mode)

3knots의 속력으로 연속하여 쇄빙하는 방법이다.

② 충돌쇄빙(ramming mode)

미리 어떤 거리에 걸쳐서 선박을 전진가속하여 얼음에 충돌하게 하고, 선박이 정지하면 후진하여 다시 전진운동을 되풀이함으로써 쇄빙하는 방법이다.

③ 겸용방식(combined mode)

위 두 가지 쇄빙방법을 겸용하는 방식이다.

쇄빙선의 주기관의 출력은 위에 언급한 쇄빙능력이 충분히 발휘할 수 있도록 갖출 필요가 있으며 또한 빙하중을 받는 부위의 외판은 철판 두께를 증가시키고 견고한 늑골을 배치하도록 한다.

10.5.2 쇄빙선의 소요출력

정해진 두께의 평탄빙을 연속쇄빙하는 데 필요한 출력을 추정하기 위해서는 빙해수조에서의 실험에 의한 것이 가장 정확하지만, 설계 초기단계에서는 이론식이나 또는 실적선의 수치로부터 추정한다. 캐나다의 빙등급 규정(ASPPR)에서는 다음 식으로 연속쇄빙에 필요한 최대 마력을 규정하고 있다.

$$P_r = (579.4 - 2.6W^{1/3})BA^2 \qquad (10.5.1)$$

여기서 P_r = 최저 소요축마력(kW)(프로펠러 지름과 개수에 따라 수정이 필요)

B = 최대 선폭(m)

A = 각 빙등급에서의 얼음두께(m)

W = 배수량(ton)

10.5.3 선체의 형상

(1) 선수부 형상

쇄빙저항에 가장 큰 영향을 미치는 것이 선수부 형상이다. 선수경사각(bow angle, 그림 10.5.1)은 최근의 예에서 보듯이 20° 전후에서 선정하는 경우가 많다. 그것은 각도를 작게 함으로써 힘의 하향성분을 증가시켜 굽힘에 의하여 얼음을 깨뜨리기 쉽게 하기 위한 것이다.

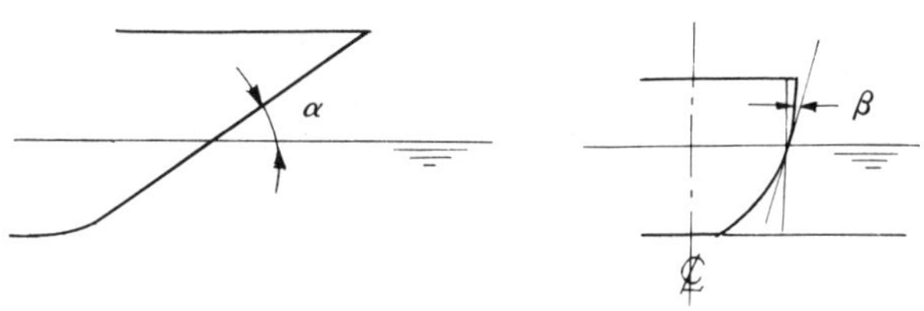

(1) 선수경사각 (2) 선측경사각

그림 10.5.1 쇄빙선의 선체형상

(2) 선측부 형상

선박이 얼음속에 갇혀 있을 때는 얼음이 가하는 외력을 선체를 위쪽으로 들어올리는 힘으로 변환하여 선체가 압축파괴를 피할 수 있도록 하는 형상으로 만들 필요가 있다. 이를 위해서 밥공기형이나 경사진 선측부 경사각(8°이상)을 채택한다(그림 10.5.1).

(3) 선미부 형상

선미부의 형상을 결정하는 데 가장 주의해야 할 점은 전진 혹은 후진시 얼음조각이 몰리는 것을 최소로 하여 프로펠러 및 타를 보호하는 일이다. 타의 상부를 보호하기 위하여 ice shoe를 장치한다.

10.5.4 추진기관

쇄빙선의 추진기관의 출력은 쇄빙능력으로부터 결정된다. 또한 프로펠러가 얼음조각을 휘감아 돌릴 때 주기관에 걸리는 충격 토오크(ice torque, 정격 토오크의 약 2배가 된다)에도 충분히 견딜 수 있어야 한다. 추진기관의 종류로는, 쇄빙시의 여러 특성을 고려할 때, 저속시 토오크가 큰 전기추진 방식(발전기는 디젤기관)이 가장 적당하며 대부분의 쇄빙선은 이 방식을 채택하고 있다. 원자력 추진의 쇄빙선도 소련에서는 다수 건조된 바 있다. 표 **10.5.1** 과 그림 **10.5.2** 는 핀란드에서 건조된 쇄빙선 OTSO호의 주요 요목 및 일반배치도이다.

표 10.5.1 쇄빙선 OTSO호의 주요 제원

전장	99.0 m
최대 형폭	24.2 m
형깊이	11.3 m
흘수	8.0 m
연속쇄빙능력	0.8 m(10.6 knots)
추진 방식	디젤-전기 추진
발전기 출력	7,540 kVA×4
축마력(합계)	20,400 ps
축수	2
항해속력	18.5 knots
정원(합계)	25 명

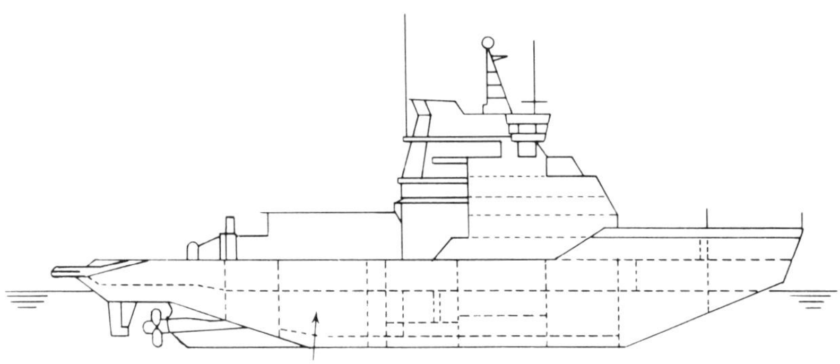

그림 10.5.2 쇄빙선 OTSO 호의 일반배치도(MASA 조선소 자료)

부 록

부록 1 단위환산표

	종래 단위				SI 단위
1. 질량	kg	lb			kg
	1 0.4536 1	2.205 1 2.205			1 0.4536 1
2. 힘	kgf	lb			N
	1 0.4536 0.1020	2.205 1 0.225			9.810 4.448 1
3. 길이	cm	m	in	ft	cm
	1 100.0 2.540 30.48 1	1.000×10^{-2} 1 2.540×10^{-2} 0.3048 1.00×10^{-2}	0.3937 39.37 1 12.00 0.3937	3.281×10^{-2} 3.281 8.333×10^{-2} 1 3.281×10^{-2}	1 100 2.54 30.48 1
4. 면적	cm^2	m^2	in^2	ft^2	cm^2
	1 1.000 × 104 6.452 929.0 1	1.000×10^{-4} 1 6.45×10^{-4} 9.290×10^{-2} 1.000×10^{-4}	0.1550 1550 1 144.0 0.1550	1.076×10^{-3} 10.76 6.944×10^{-3} 1 1.076×10^{-3}	1 1.000×10^{4} 6.452 929.0 1
5. 체적	cm^3	m^3	in^3	ft^3	cm^3
	1 1×10^{6} 16.39 2.832×10^{4}	1×10^{-6} 1 1.639×10^{-5} 2.832×10^{-2}	1.602×10^{-2} 6.1023×10^{4} 1 1.728×10^{3}	3.351×10^{-5} 35.31 5.787×10^{-4} 1	1 1×10^{6} 16.39 2.832×10^{4}
6. 용적	m^3	영국 gal	미국 gal	litre	m^3
	1 4.546×10^{-3} 3.785×10^{-3} 1.000×10^{-3}	220.0 1 0.8327 0.2200	264.2 1.201 1 0.2642	1.000×10^{3} 4.546 3.785 1	1 4.546×10^{-3} 3.785×10^{-3} 1.000×10^{-3}
7. 응력·압력	kgf/cm^2	kgf/mm^2	lb/in^2(psi)		Pa
	1 100 7.031×10^{-2} 1.02×10^{-5}	0.01 1 7.031×10^{-4} 1.02×10^{-7}	14.22 1.422×10^{3} 1 1.450×10^{-4}		9.810×10^{4} 9.810×10^{6} 6.895×10^{3} 1

	m/sec	km/hr	ft/sec	kts	m/sec
8. 속도	1 0.2778 0.3048 0.5144	3.600 1 1.097 1.852	3.281 0.9113 1 1.688	1.944 0.5400 0.5925 1	1 0.2778 0.3048 0.5144
	g/cm^3	kg/m^3	lb/in^3	lb/ft^3	kg/m^3
9. 밀도	1 1.000×10^{-3} 27.68 1.602×10^{-2}	1.000×10^{3} 1 2.768×10^{4} 16.02	3.613×10^{-2} 3.613×10^{-5} 1 5.787×10^{-4}	62.43 6.243×10^{-2} 1728 1	1.000×10^{3} 1 2.768×10^{4} 16.02
	kgf·m/sec	lb·ft/sec	ps		W
10. 출력	1 0.1383 75.00 0.1020	7.233 1 542.5 0.7376	1.333×10^{-2} 1.843×10^{-3} 1 1.360×10^{-3}		9.807 1.356 735.5 1

부록 2 반잠수식 구조물 부체의 (규칙파중) 상하동요 계산

그림 A2.1과 같은 형상의 반잠수식 구조물의 규칙파(횡파)에 대한 상하동요의 운동방정식을 풀어서 파의 주파수와 상하동요의 크기와의 관계(이것을 주파수 응답함수(response amplitude operator, RAO라 부른다)를 구하는 방법을 살펴보자(田戈 등, "semi-submersible catamaran hull의 규칙파중의 운동에 관하여", 서부조선회회보 No. 40 참조).

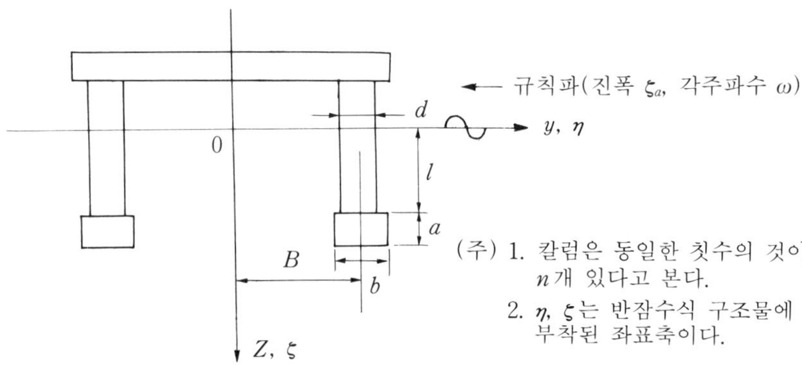

그림 A 2.1 좌표계와 치수의 정의

(1) 부체의 상하방향에 작용하는 외력의 근사적 표현

여기서 설명하는 근사계산법에서 외력은 모리슨 공식에 의한 방사력, 파강제력, 점성감쇠력으로서 각각 다음과 같이 표현한다.

① 방사력(radiation force, F_R)

방사력은 부가관성력과 조파감쇠력의 합이므로 다음 식으로 표현한다.

$$F_R = -m_z\ddot{Z} - N_z\dot{Z} \tag{A 2. 1}$$

여기서 m_z : 부가질량(added mass)

N_z : 조파에 의한 감쇠력계수(coefficient of damping force)

② 프루드-크릴로프의 힘(Froude-Krylov force, F_{FK})

뒤에 설명하는 (2)의 항 참조

③ 산란력(diffraction force, F_D)

산란력은 부체에 파도가 부딪치는 상태를 파도가 정지해 있고 대신 부체가 파입자의 운동과 반대방향으로 움직인다고 생각하여서 다음 식으로 근사 계산한다.

$$F_D = -m_z(-\ddot{\xi}_w) - N_z(-\dot{\xi}_w) = m_z\ddot{\xi}_w + N_z\dot{\xi}_w \qquad \text{(A 2.2)}$$

여기서 $\ddot{\xi}$, $\dot{\xi}$는 부재의 대표위치에서 파입자의 가속도와 속도이다.

④ 점성감쇠력(F_V)

점성감쇠력은 다음 식으로 나타낼 수 있다.

$$F_V = -1/2\rho C_D DU|U| \qquad \text{(A 2.3)}$$

여기서 C_D : 항력계수

D : 부체의 단면에 관한 대표치수

U : 부체와 파입자의 상대속도

이 식은 속도의 제곱에 비례하는 항을 포함하는 비선형식이기 때문에 다음과 같이 등가의 선형식으로 고쳐 쓰기로 한다.

$$F_V = -1/2\rho C_D DU|U| = -NvU$$
$$U = \dot{Z} - \dot{\xi}_W = U_0 \sin\omega t \qquad \text{(A 2.4)}$$

F_V 식의 왼쪽, 오른쪽 각 항이 한 주기 동안 수행한 일과 서로 같다고 하면 다음 식을 얻는다.

$$Nv = 4/3\pi\rho C_D DU_o \qquad \text{(A 2.5)}$$

⑤ 부체운동에 의한 복원력(F_{RE})

$$F_{RE} = -\rho g A_w Z \qquad \text{(A 2.6)}$$

여기서 A_W : 수선(水線)면적

⑥ 계류라인에 의한 복원력은 생략한다.

계류복원력을 고려할 때에는 계류라인을 선형스프링으로 대치해서 스프링상수 C_Z를 계산해서 $-C_Z Z$로 계산한다. 따라서 상하동요의 운동방정식은 다음과 같다.

$$(M + m_z)\ddot{Z} + (N_z + N_v)\dot{Z} + \rho g A_w Z = F_{FK} + F_D + N_v\dot{\xi}_W \qquad \text{(A 2.7)}$$

(2) 운동방정식의 근사해

운동방정식 (A2.7)의 근사해는 다음과 같은 순서로 구한다.

① 가 정

운동방정식을 풀기 위해 다음과 같이 가정한다.

ⓐ 입사파는 미소진폭의 파이론에 따르는 심해파로 가정한다.

ⓑ 물체의 운동은 평형점 주위의 미소조화진동으로 생각한다.

ⓒ 구성부재의 단면치수는 파도의 파장에 비해서 충분히 작다고 생각한다.

ⓓ 유체력은 요소부재별로 계산해서 합성한다. 부재 사이에 유체력의 상호간섭은 없는 것으로 생각한다(이와 같은 가정에 기초한 근사해법을 Hooft 법이라 부른다). 또 요소부재로는 칼럼과 하부선체(lower hull)만을 고려한다. 보강재(brace)는 생략한다.

하지만(A2.7)의 방정식을 직접 푸는 것은 곤란하기 때문에 점성감쇠력 F_V에 포함되어 있는 U_O값을 가정하여 몇 회를 반복계산(iterative solution)할 필요가 있다. 그러나 여기서는 계산을 간단히 하기 위해 감쇠계수를 다음의 ③에서 기술하는 바와 같이 간략화한다. 그리고 $\dot{\xi}_W$에 비례하는 항은 생략한다.

② 부가질량

상하운동의 경우는 하부선체만 고려한다. 부가질량은 근사적으로 무한유체중의 2차원 단면의 값을 사용하고 이것을 길이방향으로 적분하여 3차원의 부가질량으로 사용한다. 예를 들어 그림 **A2.1**의 하부선체와 같은 직사각형 단면에 대해서는 다음과 같다(부가질량계수는 DNV 공식을 사용한다).

$$m_z = 2\rho abL \times K_L \frac{\pi}{4}\left(\frac{a}{b}\right) \fallingdotseq \frac{\pi}{2}\rho Lb^2 \qquad \text{(A 2.8)}$$

여기서 L : 하부선체의 길이

K_L : 3차원 수정계수 $= \dfrac{1}{1+\left(\dfrac{b}{L}\right)^2} \fallingdotseq 1$

③ 감쇠계수

선체의 동요이론에 의하면 운동이 작을 때에는 감쇠량은 2차항 이상을 생략하면 $\triangle Z \fallingdotseq \alpha Zn$이 되고 α와 감쇠계수 N과의 관계는 다음과 같다.

$$N = 4\alpha(M + m_z)/T$$

여기서 T : 상하동요의 고유주기 $= 2\pi\sqrt{(M+m_z)/\rho g A_w}$

α : 계수, 반잠수식 구조물의 약 0.1

이 관계식을 반잠수식 구조의 부체에도 적용한다. 즉

$$N_z + N_v = 4\alpha(M + m_z)/T \qquad \text{(A 2.9)}$$

④ 파강제력

진폭 ζ_a 주파수 ω인 규칙파를 정측면으로 받을 때 파강제력은 다음과 같이 계산된다.

ⓐ 프루드-크릴로프의 힘(Froude-Krylov force, F_{FK}) : 프루드-크릴로프의 힘은 부체 표면의 입사파 파력을 적분하여 구한다. 수심 h에서 동적인 유체압은 $P = \rho \frac{\partial \phi}{\partial t}$ 로 나타내진다. 여기서 ϕ는 심해파의 속도포텐셜이다. 심해파의 속도포텐셜 ϕ는,

$$\phi = \frac{\omega}{k} \zeta_a e^{-kh} \sin(k\eta + \omega t) \qquad \text{(A 2. 10)}$$

여기서 $\omega = 2\pi / T$, $k = \omega^2 / g$

ζ_a : 파의 진폭

h : 수심

따라서 수심 h에서의 동적인 유체압 P는 다음 식으로 계산된다.

$$P = \rho \frac{\partial \phi}{\partial t} = \rho g \zeta_a e^{-kh} \cos(k\eta + \omega t) \qquad \text{(A 2. 11)}$$

따라서 하부선체 상하면에 작용하는 프루드-크릴로프 힘(F_{FK1}) 및 칼럼의 하면에 작용하는 프루드-크릴로프 힘(F_{FK2})는 각각 다음과 같이 계산된다. 칼럼의 측면에 작용하는 힘은 좌우에서 상쇄되어 0이 된다.

$$F_{FK1} = 4\rho g \frac{\zeta_a}{k} Le^{-ka} - 1) \sin \frac{kb}{2} \cos kB \cdot \cos \omega t$$

$$F_{FK2} = \rho g \zeta_a \frac{n\pi d^2}{4} e^{-kl} \cos kB \cdot \cos \omega t \qquad \text{(A 2. 12)}$$

F_{FK}는 위의 두 식을 합친 것이다.

ⓑ 산란력(diffraction force, F_D) : 입사파 표면은 다음 식으로 주어진다.

$$\zeta_w = \zeta_a e^{-kh} \cos(k\eta + \omega t) \qquad \text{(A 2. 13)}$$

따라서 파입자의 상하방향 가속도는 다음과 같다.

$$\ddot{\zeta}_w = -\zeta_a g k e^{-kh} \cos(k\eta + \omega t) \qquad \text{(A 2. 14)}$$

파입자의 평균치로서 $\eta = \pm B$, $h = l + a/2$인 곳의 값을 택하기로 하면 F_D는 다음 식으로 표현된다(ζ_w는 생략한다).

$$F_D = m\ddot{\zeta}_w = -\frac{\pi}{2} \rho g L b^2 \zeta_a k e^{-k(l+a/2)} \cos kB \cdot \cos \omega t \qquad \text{(A 2. 15)}$$

따라서 파강제력은 $F_{FK} + F_D = F_o \cos \omega t$ 의 형으로 표현되므로 (A 2. 7)식은

다음과 같이 된다.

$$(M + m_z)\ddot{Z} + (N_z + N_v)\dot{Z} + \rho g A_w Z = F_o \cos \omega t \quad \text{(A 2. 16)}$$

⑤ 상하동요의 응답함수

파고 $\zeta_a = 1$의 규칙파에 의한 상하동요의 주파수 응답진폭 $A(\omega)$는 식 (A2.

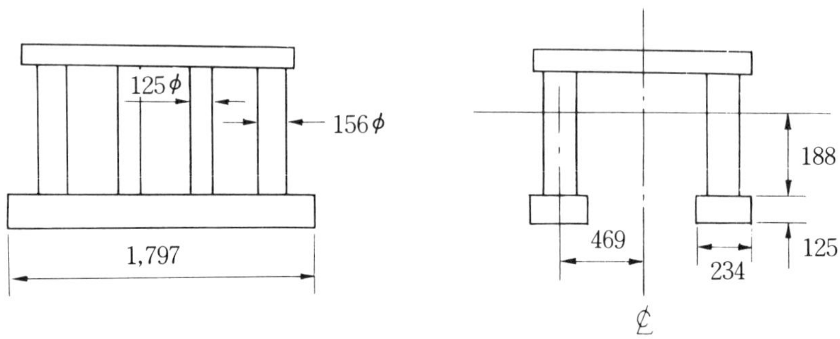

(주) 1. 배수량 128kg
2. 칫수단위는 mm
3. 감쇠계수 α=0.08
4. • 표시는 실험치를 나타낸다.

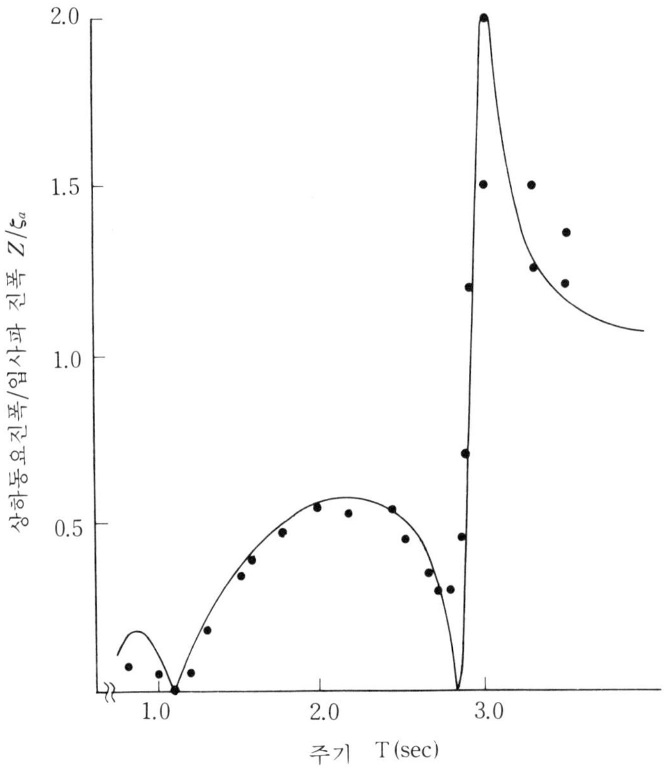

그림 A 2. 2 상하동요의 파강제력과 진폭응답함수

16)을 풀면 나오는데 다음과 같다.

$$A(\omega) = \frac{F_o}{\sqrt{\{\rho g A_w - (M + m_z)\omega^2\}^2 + (N_z + N_v)^2\omega^2}} \qquad \text{(A 2.17)}$$

$A(\omega)$를 그림 **A 2.2** 의 반잠수식 구조물 모델에 대하여 계산하면 다음 그래프를 얻는다(그림에서는 가로축을 ω 대신 주기 T로 사용하고 있다).

부록 3 다점계류 시스템의 장력계산

체인이나 와이어로프에 의한 다점계류 방식에 의해 계류된 부체가 바람이나 파랑, 조류 등의 외력에 의해 이동되었을 때 계류 시스템에 걸리는 장력을 현수선(catenary) 이론으로 계산하는 방법을 설명한다.

A 3.1 단일 계류라인의 장력

단일 계류라인의 장력을 현수선 식에 의해 표시하면 다음과 같다. 계류라인의 단위길이당 중량은 균일하고 또 자중에 의한 계류라인의 인장과 조류, 해류에 의한 항력은 무시한다.

(1) 현수선 식

계류라인의 하단부가 해저에 수평으로 접해있는 경우(그림 A3.1.1)의 현수선은 다음 식으로 표현된다.

$$
\begin{aligned}
S &= \sqrt{Z^2 + 2aZ} \\
Z &= a\left(\cosh\frac{X}{a} - 1\right) \\
X &= a\cosh^{-1}\left(\frac{Z}{a} + 1\right) \qquad \text{(A 3.1.1)} \\
T^2 &= T_H^2 + (wS)^2
\end{aligned}
$$

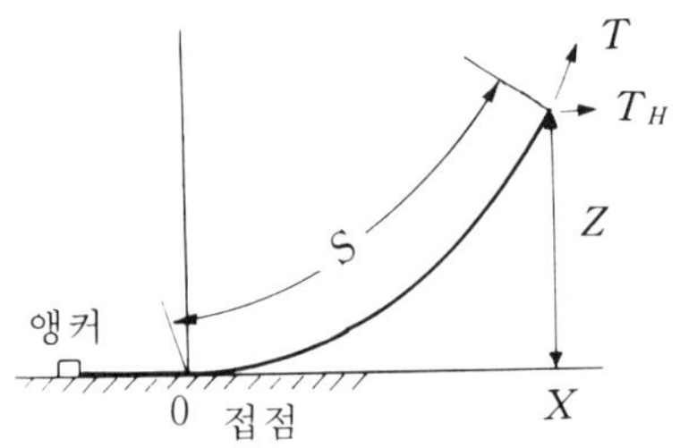

그림 A 3.1.1 현수선 곡선

여기서 S : 현수선 부분의 길이

w : 계류라인의 1m 당 중량(수중)

T : 장력

T_H : 수평장력

$a : T_H / w$

(2) 부체의 이동량과 계류라인의 장력

부체가 외력에 의해 ΔX 만큼 이동했을 때 ΔX 는 다음 식으로 나타내어 진다 (그림 A 3.1.2).

$$\Delta X = (X - X_o) - (S - S_o) \qquad (A\,3.1.2)$$

여기서 $S = S_o + \Delta S$ 이다. 다음으로 X, X_o, S, S_o 와 계류라인 장력 사이의 관계식은 (A 3.1.1)식을 변형시켜 다음과 같이 된다.

$$X = \left(\frac{T}{w} - Z\right)\cosh^{-1}\left(\frac{T}{T - wZ}\right)$$

$$X_o = \left(\frac{T_o}{w} - Z\right)\cosh^{-1}\left(\frac{T_o}{T_o - wZ}\right)$$

$$S = \sqrt{\frac{2ZT}{w} - Z^2}, \quad S_o = \sqrt{\frac{2ZT_0}{w} - Z^2} \qquad (A\,3.1.3)$$

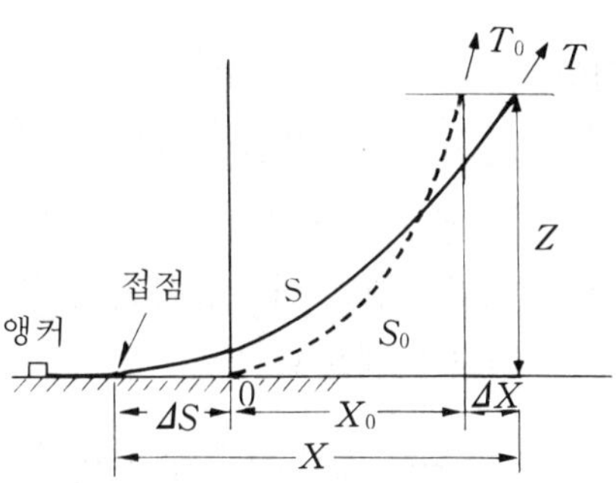

그림 A 3.1.2 수평이동량과 장력

(A3.1.2)식과 (A3.1.3)식으로부터 초기장력 T_o 와 부체의 수평이동량 ΔX 가 얻어지면 계류라인의 장력 T 가 계산된다. 또 부체에 가해지는 외력에 의해 계류라인에 생기는 수평장력 T_H(= 계류복원력)는 T 가 구해지면 (A 3.1.1)식으로부터 계산된다.

A 3.2 복수 계류라인의 장력

(1) 2 계류라인의 장력

계류라인의 최소 단위인 2개에 대해서 계류라인에 생기는 수평장력은 A 3.1 절의 (2)항과 같은 방법으로 계산된다. 즉 초기장력 T_o, 수평이동량 ΔX 를 설정하면 바람부는 쪽의 계류라인 장력 T_1과 바람 아래쪽의 계류라인 장력 T_2가 구해진다(그림 A3.2.1). T_1, T_2로부터 T_{H1}, T_{H2}를 계산하면 계류 시스템에 발생하는 조합된 수평장력은 $F_H = T_{H1} - T_{H2}$가 된다. 단 바람 아래쪽의 계류라인은 슬랙(slack, 느슨해짐)이 0이다.

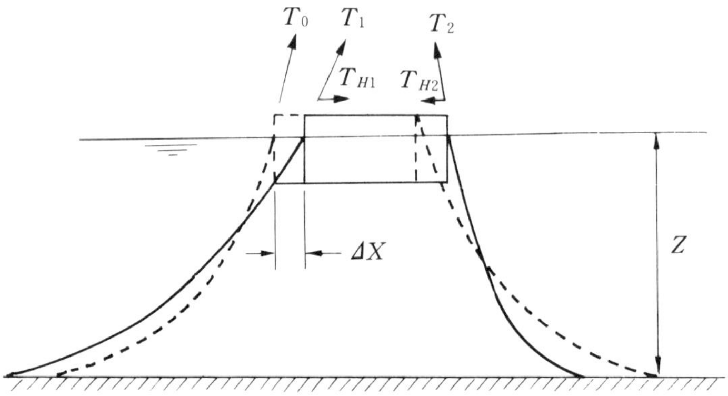

그림 A 3. 2. 1 2 계류라인의 변위와 장력

(2) 다점계류 시스템의 장력

다점계류 시스템의 수평장력은 2 계류라인의 수평장력을 벡터적으로 합성하여 구한다. 예를 들면 그림 A3.2.2에 보여주는 8점계류 시스템에서 F_H를 계류 시스템의 합계장력, F_{H1}, F_{H2}를 각각 30°, 60° 방향의 2 계류라인의 수평장력이라 하면 F_H는 다음 식으로 표현된다(A 3. 2. 1).

$$F_H = 2[F_{H1}(\Delta X \cos 30°)\cos 30° + F_{H2}(\Delta X \cos 60°)\cos 60°] \qquad (A\ 3.\ 2.\ 1)$$

여기서 $F_{H1}(\Delta X \cos 30°)$, $F_{H2}(\Delta X \cos 60°)$는 수평이동량이 각각 $\Delta X \cos 30°$와

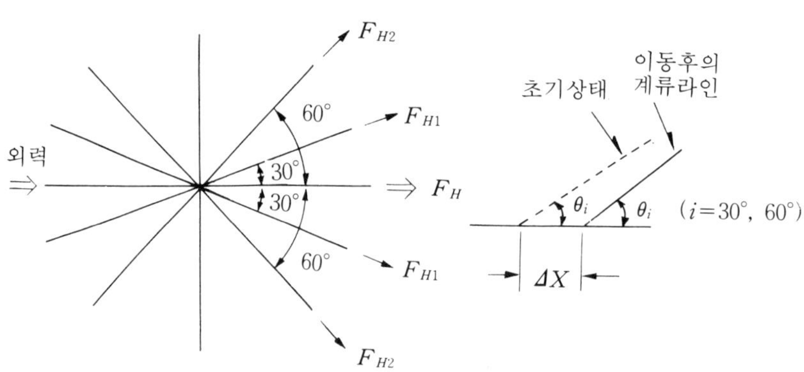

그림 A 3. 2. 2 다점계류 시스템의 변위와 수평장력

$\Delta X \cos 60°$ 일 때 2 계류라인의 수평장력이다. 단 부체의 이동량이 계류라인의 길이에 비해서 작으므로 $\theta_i (i = 30°, 60°)$는 이동 후에도 초기상태와 같다고 생각한다.

이상과 같이 부체의 변위에 의해 생기는 다점계류 시스템의 최대장력과 수평장력이 계산되므로 제 2 장의 그림 2.3.14에 나타난 계류 시스템의 장력과 변위의 관계가 구해진다.

부록 4 반잠수식 구조물의 피로강도 계산법

A 4.1 일 반

구조물에 발생한 응력이 작더라도 되풀이해서 작용한다면 그로 인해 균열(crack)이 발생하여 파괴에 이르기도 하는데 이것을 **피로(疲勞)파괴**라고 한다. 구조부재에서 피로파괴가 특히 문제가 되는 부분으로는 강판의 용접 이음부, 방요재의 브라켓 접합부, 기기받침대 구조 등의 불연속부가 대상이다. 피로강도는 다음 순서로 검토한다.

① 피로강도를 검토하는 부분에 작용하는 부재력을 단위파고의 규칙파에 대한 정적 강도해석으로부터 구한다.

② 복잡한 구조인 경우에는 응력집중계수를 유한요소법(FEM)에 의해서 계산한다.

③ 파고별 발생빈도에 대응하는 발생응력을 계산한다.

④ S-N 선도(피로강도선도)를 이용해서 Miner의 누적피해도, D를 다음 식으로 계산한다. $D \leq 1.0$이면 피로파괴는 발생하지 않는다고 판단한다.

$$D \geq \sum_{i=1}^{s} \left(\frac{n_i}{N_i} \right) \qquad \text{(A 4.1.1)}$$

여기서 S = 블럭수

n_i = 실제로 응력 σ_i가 발생한 반복회수

N_i = σ_i만으로 파괴되는 반복회수

D = 누적피해도

구조물의 수명기간 동안에 만날 것으로 예상되는 파랑에 의해 구조부재에 발생하는 응력을 추정하는 방법으로는 **2.1**절에서 설명한 장기예측에 의한 방법이 있으나 많은 시간이 걸린다. 반잠수식 구조물의 경우 **2.5.2**절에서 설명한 설계파에 의한 방법이 사용되고 있다. 즉 부재에 있어서 가장 위험한 설계파를 써서 피로강도를 간편하게 산정하는 방법으로 다음 순서에 따른다.

A 4.2 피로강도

제 **2**장의 **2.5**절에서는 설계파를 사용하여 100년 주기 최대파에 대응하는 부재의 상세한 국부응력을 구해 그로부터 20년 주기 최대파에 의해 생기는 응력을

구했다. 피로강도의 관점에서 이 응력에 대한 허용치를 아래에서 구한다.

① 부재의 변동응력의 장기분포는 다음 식으로 표현되는 와이불(Weibull) 분포라고 가정한다.

$$Q(\sigma) = 1 - \exp\left\{ -\left(\frac{\sigma}{q}\right)^{h} \right\} \qquad (A\,4.2.1)$$

$Q(\sigma)$: 변동응력이 σ를 초과할 확률

$h,\ q$: Weibull 분포함수의 파라메터

② 구조물의 S-N 선도(피로강도선도)를 다음 식으로 나타낸다.

$$N = a\sigma^{-m} \qquad (A\,4.2.2)$$

N : 변동응력 σ의 반복회수

$a,\ m$: 상수

③ $Q(\sigma)$로부터 확률분포 $P(\sigma)$를 구하면 다음 식을 얻는다.

$$P(\sigma) = \frac{h}{q^{h}} \cdot \sigma^{h-1} \exp\left(-\left(\frac{\sigma}{q}\right)^{\mathrm{h}} \right) \qquad (A\,4.2.3)$$

변동응력 σ의 1회 반복에 의한 피로피해도는 σ^m / a이므로 구조물의 일생을 통해서 되풀이되는 응력변동의 총수 N_T에 의한 누적피해도 D는 다음 식으로 계산된다.

$$D = \int_0^{\sigma_0} \frac{\sigma^m}{a} N_T P(\sigma)\, d\sigma = \frac{N_T {\sigma_0}^m}{a} \cdot \frac{\Gamma\left(\frac{m}{h} + 1\right)}{(\ln N_T)^{m/h}} \qquad (A\,4.2.4)$$

σ_0 : 최대 변동응력

Γ: 감마(Gamma) 함수

D를 어떤 값으로 설정하면 최대 변동응력의 허용치가 다음 식으로 구해진다.

$$\sigma_o = (\ln N_T)^{1/h} \times \left[\frac{a \times D}{\Gamma\left(\frac{m}{h} + 1\right)} \right]^{1/m} \qquad (A\,4.2.5)$$

응력값으로 변동폭의 1/2를 선택하고 반잠수식 구조물의 수명이라고 생각되는 20년간의 N_T를 108, Weibull 분포의 식 (A 4.2.1)에서 $h = 1.0$, 그리고 $D = 1.0$이면 피로피해는 생기지 않는다고 판단되므로 $D = 1.0$이라 놓으면 허용응력값 σ_{all}은 다음 식으로 계산된다.

$$\sigma_{\text{all}} = 9.21 \times \left[\frac{a \times 10^{-8}}{\Gamma(m+1)} \right]^{1/m} \qquad \text{(A 4. 2. 6)}$$

이 허용치를 앞서 구한 부재결합부의 핫스폿(hot spot, 응력집중부위) 응력과 비교해서 이것이 허용치 이하이면 피로강도는 만족한다고 할 수 있다.

④ 구조부재의 피로강도선도(S-N 선도)에 관해서는 몇 가지 표준규격이 명기하고 있으나 핫스폿의 정의에 따라 서로 다르다.

표 **A4.2.1** 에는 대표적인 표준규격인 DOE(Department of Energy, 영국)과 DNV(노르웨이)의 규정에 의한 핫스폿 변형도의 정의를 보여주고 있다. 이 변형도에 탄성계수를 곱하면 핫스폿의 가상탄성응력을 얻게 되는데 이에 대응하는 S-N 선도를 그림 **A4.2.1** 에 도시하였고 그 식은 아래에 기재하였다. 여기서 응력범위는 가상탄성응력범위 S_R 로 나타내고 있다.

표 A 4. 2. 1 핫스폿 변형도의 정의

표 준 규 격	정 의
DOE T곡선	$0.2\sqrt{(rt)}^{1/2}$과 $0.65\sqrt{(rt)}^{1/2}$ 또는 $0.2\sqrt{(rt)}^{1/2}$과 $0.4^4\sqrt{(rtRT)}^{1/2}$ 에서의 변형도를 연결하는 연장선과 귀퉁이살이 끝나는 지점에 세운 수선과의 교점에서 선택한 변형도 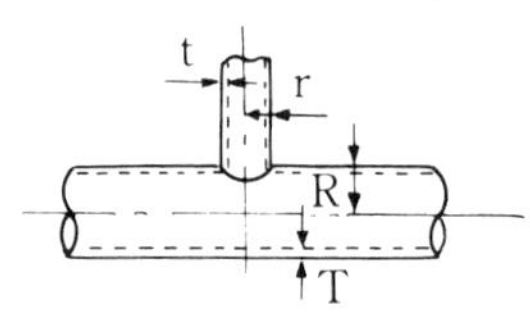
DNV X곡선	파이프의 공칭응력과 적절한 응력집중계수 Kt 와의 곱. 여기서 Kt 는 단순한 파이프 연결에서는 0.5 이상, 오버랩 연결의 경우 5.0 이상으로 한다.

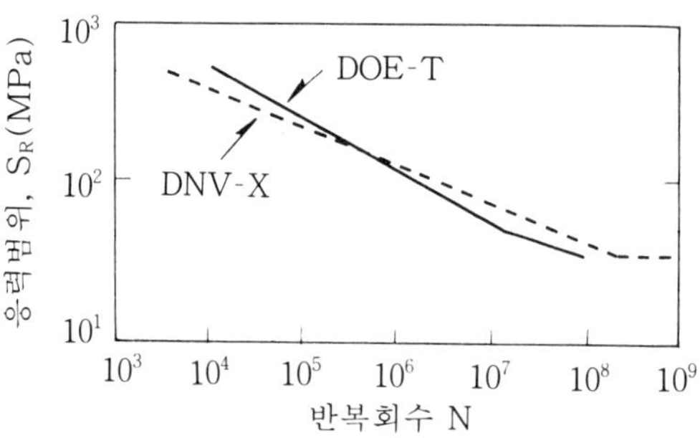

그림 A 4. 2. 1 핫스폿 변형도 기준에 의한 피로설계선도의 비교

DOE, T곡선

$$N = 1.41 \times 10^{12} S_R^{-3.0} \quad 1\times10^4 \leqq N \leqq 1\times10^7 \quad \text{(A)}$$
$$N = 3.80 \times 10^{15} S_R^{-5.0} \quad 1\times10^7 \leqq N \leqq 1\times10^8 \quad \text{(B)} \qquad \text{(A 4. 2. 7)}$$

DNV, X곡선

$$N = 3.72 \times 10^{14} S_R^{-4.1} \quad 3.2\times10^3 \leqq N \leqq 2\times10^8 \quad \text{(C)}$$
$$S_R = 34\,\text{MPa} \quad 2\times10^8 \leqq N \leqq 1\times10^9 \quad \text{(D)} \qquad \text{(A 4. 2. 8)}$$

(A4. 2. 6)식에서 허용응력치를 산출하는 데에는, DOE의 경우는 (A)식, DNV의 경우에는 (C)식의 a, m을 이용하여 계산한다. 피로강도를 검토하는 데에는 각각의 정의에 따라 구한 핫스폿 응력치와 그 허용응력치를 비교해서 전자가 후자보다 작으면 피로강도가 충분하다고 할 수 있다.

참 고 문 헌

[일반공통]

일본조선학회, 새로운 조선학(No. 1～No. 14)

일본조선학회, 해양공학 심포지엄 교재(No. 1～No. 9)

Offshore Mechanics and Arctic Engineering(OMAE) 논문집

Offshore Technology Conference(OTC) 논문집

잡지 ; 일본조선학회지, 란(관서조선협회), 선(船)의 과학, Marine, Offshore, Oil & Gas Journal, Offshore Engineer, Ocean Industry

일본조선학회, 관서조선학회, 서부조선학회 논문집

조선소 기보(造船各社技報)

조선소, 기기메이커 카탈로그

[제 1 장 해양개발의 개요]

해양개발관계연락회의, 해양개발추진계획(1988)

高梨正夫, 신해양법개설 〈성산당서점〉

酒匂 등, 해양환경 디자인 〈팽국사〉

일본총합연구소, 해양법조약 발효이후의 국제동향에 관한 조사보고서(1988)

[제 2 장 해양구조물 및 기기의 기초기술](*는 부록 2～4와 공통)

"해양공학－해양구조물과 해상" 특집, 일본조선학회지(No. 609)

해양공학위원회 설계분과회, 해양구조물의 설계가이드(1보～5보), 일본조선학회지(No. 669, 670, 671, 673, 674)

*元良誠三 등, 선체와 해양구조물의 운동학 〈성산당서점〉

*大楠, 부유구조물에 작용하는 유체력과 그의 운동, 일본조선학회지(No. 641, 647, 649, 650, 651)

*田才 등, Semi-Submersible Catamaran Hull의 규칙파중 운동에 대하여, 서부조선회보(No. 40)

*일본해사협회, 계류시스템 설계지침

*井上, 부유식 해양구조물의 계류설계, 작업선(No. 115)

*ECOR 일본위원회, 해양구조물의 계류기술

*API, The analysis of spread mooring for floating drilling units(API-RR 2P, 1984)

*佐尾, 1점계류 시스템에 대하여, 일본조선학회지(No. 714)

*田中, 계류기기와 강도, 일본조선학회지(No. 671)

*松本 등, 해양구조물에 장치한 다이나믹포지셔닝 시스템의 성능설계법, 일본강관기보(1985, No. 107)

橋口, 선박의 총합적 항법시스템의 동향, 새로운 조선학(1988), 일본조선학회

中西, 수중음향기술에 관하여, 새로운 조선학(1988), 일본조선학회

岡本, 최근의 항해용 측위장치, 일본조선학회지(No. 721)

岡本, 전파항법기기, 무선종사자교육협회

沖電氣(株), 수중작업 로봇에 있어서의 위치측정장치, 작업선(No. 175, 1988)

해양음향연구회, 해양음향-기초와 응용(1984)

*일본조선학회 해중기술 전문위원회편, 해중기술일반 〈성산당서점〉

*DNV, Rules for the classifications of mobile offshore units

*해양공학위원회 구조분과회, 반잠수식 해양구조물의 구조강도 개론, 일본조선학회지(No. 674,681)

*DNV, Classification note "fatigue strenth analysis"(1983)

熊倉, 타분야에 있어서 내구성 설계사례-부체식 해양구조물, 콘크리트공학(Vol. 26, No. 11, 1988)

조선텍스트연구회, 상선설계의 개요 〈성산당서점〉

永井 등, 해수중에 있어서 구조물의 피로강도, 미츠비시중공업기보(제13권 제4호, 1976)

[제 3 장 해양조사기기]

심해저 광물자원 개발협회, 심해열수광상에 관한 조사보고서(1985)

해양과학기술센터, 해양계측기술의 동향조사보고서(1981)

谷口, 기상청관측선의 현상과 장래, 일본조선학회지(No. 706)

野本, 해양계측로봇, 일본조선학회(No. 615)

齋藤, 기상관측부이 로봇의 근황과 정기관측에 관하여, 일본조선학회지(No. 615)

二谷 등, 측량선 拓洋의 해양조사와 관측기기, 조선기술(1983, 11월)

小林, 연구선 白鳳丸의 특징, 제 9 회 해양공학 심포지움, 일본조선학회(1989)

[제 4 장 잠수기기]

森鼻, 심해 잠수조사선의 개발동향, 일본조선학회지(No. 654)

遠藤, 심해잠수조사선의 건조와 조사기술, 새로운 조선학(1983), 일본조선학회

해양과학기술센터, 신카이 2000 및 나츠시마, 선(船)의 과학(1981, 12월)

森山, 심해조사선 내압각용 초고항복점강, 선의 과학(1983, 8월)

해양과학기술센터, 해중활동 신기술의 동향조사보고서(1982)

德永, 심해에의 도전, 일본조선학회지(No. 712)

浦, 자립형 잠수정, 새로운 조선학(1988), 일본조선학회

網谷, 해중작업실험선 카이요 탑재 씨빔에 관하여, 일본조선학회지(No. 670)

服部, 일본의 ROV의 운용상황에 관해서, Sci & Tech(1988, Vol. 1, No. 2), 국제해양과학기술협회

大野 등, 다이버 록인/아우트 잠수선, 미츠비시중공업기보(1976, 7월)

條原, 6,500m 잠수조사선의 건조, 제8회 해양공학 심포지움(1988), 일본조선학회

青木 등, 무인 잠수조사선의 건조, 제8회 해양공학 심포지움(1988), 일본조선학회

浦, 高川, 해중로봇 총람〈성산당서점〉

[제 5 장 해저석유개발]

석유기술협회편, 석유공업편람

藤井, 석유개발론〈동경대학출판회〉

석유개발공단, 해양석유개발〈일본석유콘설턴트〉

木中, 잭업리그 개론, 새로운 조선학(1984), 일본조선학회

爲廣, 반잠수식 해양굴착장치의 건조 및 조업실적에서 본 계획상의 문제, 조선학회논문집(152호)

山本, 부유식 석유생산 시스템, 선의 과학(1985, 1월)

豊田, 부유식 해양석유비축 시스템, 제4회 해양공학 심포지움(1979)

Graff, J. W., 해양구조물 입문〈기보사〉

松岡, 콘크리트제 중력식 해양구조물에 관하여(1보~3보) 일본조선학회지(No. 618, 619, 620)

武藤, 해양석유생산 시스템의 현상, 조선기술과 해양개발(Vol. 2, Vol. 3,

1987)

[제 6 장 해양 광물자원의 개발]

심해저 광물자원 개발협회, 해저열수광상에 관한 조사연구보고서(1981~1989)
심해저 광물자원 개발협회, 코발트리치 광상에 관한 조사연구보고서(1981~1989)
堀部 등, 해저광물자원〈요미우리과학신서〉
廣川, 해저광물자원과 그 개발의 현상, 일본조선학회지(No. 701호)

[제 7 장 해양에너지 이용]

ECOR 일본위원회, 해양에너지 상업화에 관한 시기와 조건에 관한 심포지움(1985)
前田 등, 파력발전, 생산연구 제33권 1호(1979)
일간공업신문사, 해양개발에의 도전
해양과학기술센타, 제1회 파랑에너지이용 심포지움(1984)
해양과학기술센터, 제2회 파랑에너지이용 심포지움(1987)
本間 등, 해양에너지 독본(오무 사)
上原, 해양 온도차발전 독본(오무 사)
일본광업회 관동지부, 바다의 에너지자원에 관한 연구회(1987)
ECOR 일본위원회, 해양과학센터, Ocean Energy System(1989)
奈須, 해양과학기술 핸드북, 제1장 지구와 해양의 환경〈조창서점〉

[제 8 장 해양 생물자원의 개발]

輕部, 뉴프론티어 테크놀로지로서의 해양, 일본의 과학과 기술(1989)
中村, 수산업의 현상과 수산공업기술의 전망, 제8회 해양공학 심포지움, 일본조선학회(1988)
大谷 등, 해양목장 구상과 어군행동 제어기술의 현상, 일본조선학회지(No. 712)
細野 등, 인공용승발생 구조물에 의한 신어장의 조성, 제8회 해양공학 심포지움(1988), 일본조선학회
高木 등, 다목적 인공어초에 관한 연구, 제8회 해양공학 심포지움(1988), 일본조선학회
三品, 부소파제에 관해서, 일본기계학회지(No. 726)

小林, 해초이용의 화학, MOL(1987)

海産研, 호적생활권의 확대수법과 환경모니터링의 현상 및 평가보고서(1982)

能津, 지역총합해양개발의 현상(2)－大分縣에 있는 해양목장의 조성에 관해서, Marine(1985. 1, 2월)

YOKOYOKO회, 천해저에서의 해양목장－어초의 장치화·신사부(新飼付)어장, Marine(1985. 11월)

沖野, 大分해양목장 어량계측 시스템, Marine(1986. 7, 8월)

Marine 편집부, 현지에서 본 大分해양목장, Marine(1986. 7, 8월)

[제 9 장 해양공간의 이용]

IHI, IP시스템에 의한 플랜트 건설, 관서조선협회지(No. 169)

寺井, 해양정보도시〈TBS 브리타니카출판〉

寶田, 부체공법에 의한 해상공항 건설에 대한 기술검토(1보～10보), 일본조선학회지(No. 638～652)

일본조선공업회, 반잠수식 부체공법에 의한 관서국제공항 구상

黑田, 부유식 석유비축 시스템, 제4회 해양공학 심포지움(1979)

운수성, 경단련, 강재구락부 편, 새로운 국토의 창조 (외해 인공섬에 관한 조사보고서 I ～ VI)

일본해양개발산업협회, 해양도시공간 개발에 관한 기초적 연구(1985)

사이언스포럼, 고도도시개발 선단기술 집대성

해양과학기술센터 해역제어기술위원회, 해역제어와 과학기술(대장성 인쇄국)

일본해양개발산업협회, 마린 코뮤니티 폴리스 구상보고서(1986, 1987, 1988, 1989)

尾崎, 관서국제공항의 건설, 란(欄)(제4호)

일본해양개발건설협회 발행, 해양공업기술위원회 편집, 인공섬 시공기술〈山海堂〉

일본해양개발건설협회 발행, 해양공업기술위원회 편집, 인공섬 시공계획 매뉴얼〈山海堂〉

吉田 등, 중수심역 공간이용구조체의 개발－반잠수식 環狀구조체의 검토, 조선학회논문집(165)

[제 10 장 빙해역의 해저석유개발]

大島, 빙해공학과 석유개발, JSSC(1982, 5월)

氷富, 빙해에 있어서의 굴삭장치, 석유기술협회지(Vol. 48, No. 5)

北川, 빙해, 새로운 조선학(1985), 일본조선학회

坂, 극지석유·가스 개발기술의 현상 및 동향(1보~6보), 석유의 개발과 비축(1987. 12월, 1988. 2, 4, 6, 8, 10월)

일본조선연구협회, 빙해용선박, 해양구조물의 설계건조에 관한 연구(SR 186)

堤, 고정식 해양구조물의 설계 및 기술의 진보, 새로운 조선학(1985), 일본조선학회

Kitagawa, H. and Matsushima, Y., On some arctic drilling units recently constructed in Japan, OMAE(1985)

雜賀 등, 저온장치와 재료, 용접, 제철 연구(No. 318)

찾 아 보 기

≪ㅈ≫

≪ㅊ≫

≪ㅋ≫

《ㅌ》

《ㅍ》

《ㅎ》

≪영문≫

역자소개

유 홍 선

1960년 서울대학교 문리과대학(물리학)

서울대학교 대학원 이학석사(해양학)

현재 한국해양대학교 조선해양공학부 교수

강 효 진

1973년 서울대학교 문리과대학(해양학)

미국 Old Dominion 대학교 이학박사(해양학)

현재 한국해양대학교 조선해양공학부 교수

강 신 영

1981년 연세대학교 공과대학(기계공학)

미국 Florida Atlantic 대학교 공학박사(해양공학)

현재 한국해양대학교 조선해양공학부 교수

최 경 식

1980년 서울대학교 공과대학(조선공학)

미국 MIT 공학박사(해양공학)

현재 한국해양대학교 조선해양공학부 교수

김 재 수

1981년 서울대학교 공과대학(조선공학)

미국 MIT 공학박사(해양공학)

현재 한국해양대학교 조선해양공학부 교수

박 한 일

1981년 한국해양대학교(기관공학)

영국 London 대학교 공학박사(해양공학)

현재 한국해양대학교 조선해양공학부 교수

노 일

1979년 서울대학교 문리과대학(해양학)

미국 Texas A & M 대학교 이학박사(해양학)

현재 한국해양대학교 해양환경공학과 교수

해양공학의 기초지식

1997년 8월 1일 초판발행 • 공역자 유홍선 외 6人
2012년 6월 5일 8쇄발행 • 발행인 최 국 주
• 발행처 동 명 사

경기도 파주시 교하읍 문발리 535-10 파주출판단지 30블록 4롯트
전 화 : 031) 955-7200(代), 955-7201~4, 7203 (편집부)
팩시밀리 : 031) 955-7205
출판등록 : 1950년 11월 1일(제1-76호)
E-mail : dms723@chol.com
홈페이지 : www.dmsbook.com

정가 21,000원

ISBN 978-89-411-0921-1 93450